HZ BOOKS

华章图书

一本打开的书，一扇开启的门，
通向科学殿堂的阶梯，托起一流人才的基石。

■ ■ ■ 智能系统与技术丛书

Deep Learning with Python and PyTorch

Python深度学习
基于PyTorch

吴茂贵 郁明敏 杨本法 李涛 张粤磊 著

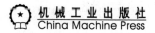

机械工业出版社
China Machine Press

图书在版编目（CIP）数据

Python 深度学习：基于 PyTorch/ 吴茂贵等著 . —北京：机械工业出版社，2019.10
（2022.1 重印）
（智能系统与技术丛书）

ISBN 978-7-111-63717-2

I. P…　Ⅱ. 吴…　Ⅲ. 机器学习　Ⅳ. TP181

中国版本图书馆 CIP 数据核字（2019）第 207405 号

Python 深度学习：基于 PyTorch

出版发行：机械工业出版社（北京市西城区百万庄大街 22 号　邮政编码：100037）

责任编辑：李　艺　　　　　　　　　　　责任校对：李秋荣

印　　刷：北京市兆成印刷有限责任公司　版　　次：2022 年 1 月第 1 版第 9 次印刷

开　　本：186mm×240mm　1/16　　　　印　　张：20

书　　号：ISBN 978-7-111-63717-2　　　定　　价：89.00 元

客服电话：（010）88361066　88379833　68326294　　投稿热线：（010）88379604

华章网站：www.hzbook.com　　　　　　　读者信箱：hzjsj@hzbook.com

Preface 前　言

为什么写这本书

在人工智能时代，如何尽快掌握人工智能的核心——深度学习，是每个欲进入该领域的人都会面临的问题。目前，深度学习框架很多，如 TensorFlow、PyTorch、Keras、FastAI、CNTK 等，这些框架各有优缺点，应该如何选择？是否有一些标准？我认为，适合自己的就是最好的。

如果你是一位初学者，建议选择 PyTorch，有了一定的基础之后，可以学习其他一些架构，如 TensorFlow、CNTK 等。建议初学者选择 PyTorch 的主要依据是：

1）PyTorch 是动态计算图，其用法更贴近 Python，并且，PyTorch 与 Python 共用了许多 Numpy 的命令，可以降低学习的门槛，比 TensorFlow 更容易上手。

2）PyTorch 需要定义网络层、参数更新等关键步骤，这非常有助于理解深度学习的核心；而 Keras 虽然也非常简单，且容易上手，但封装粒度很粗，隐藏了很多关键步骤。

3）PyTorch 的动态图机制在调试方面非常方便，如果计算图运行出错，马上可以跟踪问题。PyTorch 的调试与 Python 的调试一样，通过断点检查就可以高效解决问题。

4）PyTorch 的流行度仅次于 TensorFlow。而最近一年，在 GitHub 关注度和贡献者的增长方面，PyTorch 跟 TensorFlow 基本持平。PyTorch 的搜索热度持续上涨，加上 FastAI 的支持，PyTorch 将受到越来越多机器学习从业者的青睐。

深度学习是人工智能的核心，随着大量相关项目的落地，人们对深度学习的兴趣也持续上升。不过掌握深度学习却不是一件轻松的事情，尤其是对机器学习或深度学习的初学者来说，挑战更多。为了广大人工智能初学者或爱好者能在较短时间内掌握深度学习基础及利用 PyTorch 解决深度学习问题，我们花了近一年时间打磨这本书[⊖]，在内容选择、安排和组织等方面采用了如下方法。

　⊖　本书使用环境：Python 3.6+、PyTorch 1.0+、TensorFlow 1.5+，GPU 或 CPU。系统为 Linux 或 Windows。

（1）内容选择：广泛涉猎＋精讲＋注重实战

深度学习涉及面比较广，且有一定门槛。没有一定广度很难达到一定深度，所以本书内容基本包括了机器学习、深度学习的主要内容。书中各章一般先简单介绍相应的架构或原理，帮助读者理解深度学习的本质。当然，如果只有概念、框架、原理、数学公式的介绍，可能就显得有点抽象或乏味，所以，每章都配有大量实践案例，通过实例有利于加深对原理和公式的理解，同时有利于把相关内容融会贯通。

（2）内容安排：简单实例开始＋循序渐进

深度学习是一块难啃的硬骨头，对有一定开发经验和数学基础的从业者是这样，对初学者更是如此。其中卷积神经网络、循环神经网络、对抗式神经网络是深度学习的基石，同时也是深度学习的 3 大硬骨头。为了让读者更好地理解掌握这些网络，我们采用循序渐进的方式，先从简单特例开始，然后逐步介绍更一般性的内容，最后通过一些 PyTorch 代码实例实现之，整本书的结构及各章节内容安排都遵循这个原则。此外，一些优化方法也采用这种方法，如对数据集 Cifar10 分类优化，先用一般卷积神经网络，然后使用集成方法、现代经典网络，最后采用数据增加和迁移方法，使得模型精度不断提升，由最初的68%，上升到 74% 和 90%，最后达到 95% 左右。

（3）表达形式：让图说话，一张好图胜过千言万语

在机器学习、深度学习中有很多抽象的概念、复杂的算法、深奥的理论等，如 Numpy 的广播机制、梯度下降对学习率敏感、神经网络中的共享参数、动量优化法、梯度消失或爆炸等，这些内容如果只用文字来描述，可能很难达到使读者茅塞顿开的效果，但如果用一些图形来展现，再加上适当的文字说明，往往能取得非常好的效果，正所谓一张好图胜过千言万语。

除了以上谈到的 3 个方面，为了帮助大家更好理解、更快掌握机器学习、深度学习这些人工智能的核心内容，本书还包含了其他方法。我们希望通过这些方法方式带给你不一样的理解和体验，使抽象数学不抽象、深度学习不深奥、复杂算法不复杂、难学的深度学习也易学，这也是我们写这本书的主要目的。

至于人工智能（AI）的重要性，我想就不用多说了。如果说 2016 年前属于摆事实论证的阶段，2017 年和 2018 年是事实胜于雄辩的阶段，那么 2019 年及以后就进入百舸争流、奋楫者先的阶段。目前各行各业都忙于"AI+"，大家都希望通过 AI 来改造传统流程、传统结构、传统业务、传统架构，其效果犹如历史上用电改造原有的各行各业一样。

本书特色

本书特色概括来说就是：把理论原理与代码实现相结合；找准切入点，从简单到一般，把复杂问题简单化；图文并茂使抽象问题直观化；实例说明使抽象问题具体化。希望通过阅读本书，能给你新的视角、新的理解，甚至更好的未来。

读者对象

- ❑ 对机器学习、深度学习感兴趣的高校学生及在职人员。
- ❑ 对 Python、PyTorch、TensorFlow 等感兴趣，并希望进一步提升的高校学生及在职人员。

如何阅读本书

本书分为三部分，共 16 章。

第一部分（第 1 ~ 4 章）为 PyTorch 基础，这也是本书的基础，为后续章节的学习打下一个坚实的基础。第 1 章介绍 Python 和 PyTorch 的基石 Numpy；第 2 章介绍 PyTorch 基础；第 3、4 章分别介绍 PyTorch 构建神经网络工具箱和数据处理工具箱等内容。

第二部分（第 5 ~ 8 章）为深度学习基本原理，也是本书的核心部分，包括机器学习流程、常用算法和技巧等内容。第 5 章为机器学习基础，也是深度学习基础，其中包含很多机器学习经典理论、算法和方法等内容；第 6 章为视觉处理基础，介绍卷积神经网络的相关概念、原理及架构等内容，并用 PyTorch 实现多个视觉处理实例；第 7 章介绍自然语言处理基础，重点介绍循环神经网络的原理和架构，同时介绍了词嵌入等内容，然后用 PyTorch 实现多个自然语言处理、时间序列方面的实例。第 8 章介绍生成式深度学习相关内容，具体包括编码器 – 解码器模型、带注意力的编码器 – 解码器模型、对抗式生成器及多种衍生生成器，同时用 PyTorch 实现多个生成式对抗网络实例。

第三部分（第 9 ~ 16 章）为实战部分，也即前面两部分的具体应用部分，这部分在介绍相关原理、架构的基础上，用 PyTorch 具体实现了多个深度学习的典型实例，最后介绍了强化学习、深度强化学习等内容。具体各章节内容为：第 9 章用 PyTorch 实现人脸检测和识别；第 10 章用 PyTorch 实现迁移学习，并举出迁移学习结合数据增强等实例；第 11 章用 PyTorch 实现中英文互译；第 12 章多个生成式网络实例；第 13 章主要介绍如何进行模型迁移；第 14 章介绍对抗攻击原理及 PyTorch 实现对抗攻击实例；第 15、16 章介绍了强化学习、深度强化学习等基础及多个强化学习实例。

勘误和支持

在本书编写过程中得到张魁、刘未昕等的大力支持，他们负责整个环境的搭建和维护工作。由于水平有限，加之编写时间仓促，书中难免出现错误或不准确的地方。恳请读者批评指正，你可以通过访问 http://www.feiguyunai.com 下载代码和数据。也可以通过加入 QQ 交流群（871065752）给我们反馈，非常感谢你的支持和帮助。

致谢

在本书编写过程中，得到很多同事、朋友、老师和同学的支持！感谢博世的王冬、王红星的大力支持；感谢上海交大慧谷的程国旗老师，上海大学的白延琴老师、李常品老师，上海师范大学的田红炯老师、李昭祥老师，以及赣南师大的许景飞老师等的支持和帮助！

感谢机械出版社的杨福川老师、李艺老师给予本书的大力支持和帮助。

最后，感谢我的爱人赵成娟，在繁忙的教学之余帮助审稿，提出许多改进意见或建议。

吴茂贵

Contents 目 录

PyTorch 基础

Numpy 基础

在机器学习和深度学习中，图像、声音、文本等输入数据最终都要转换为数组或矩阵。如何有效地进行数组和矩阵的运算？这就需要充分利用 Numpy。Numpy 是数据科学的通用语言，而且与 PyTorch 关系非常密切，它是科学计算、深度学习的基石。尤其对 PyTorch 而言，其重要性更加明显。PyTorch 中的 Tensor 与 Numpy 非常相似，它们之间可以非常方便地进行转换，掌握 Numpy 是学好 PyTorch 的重要基础，故它被列为全书第 1 章。

为什么是 Numpy？实际上 Python 本身含有列表（list）和数组（array），但对于大数据来说，这些结构是有很多不足的。由于列表的元素可以是任何对象，因此列表中所保存的是对象的指针。例如为了保存一个简单的 [1,2,3]，都需要有 3 个指针和 3 个整数对象。对于数值运算来说，这种结构显然比较浪费内存和 CPU 等宝贵资源。至于 array 对象，它可以直接保存数值，和 C 语言的一维数组比较类似。但是由于它不支持多维，在上面的函数也不多，因此也不适合做数值运算。

Numpy（Numerical Python 的简称）的诞生弥补了这些不足。Numpy 提供了两种基本的对象：ndarray（N-dimensional Array Object）和 ufunc（Universal Function Object）。ndarray 是存储单一数据类型的多维数组，而 ufunc 则是能够对数组进行处理的函数。

Numpy 的主要特点：

❑ ndarray，快速节省空间的多维数组，提供数组化的算术运算和高级的广播功能。

❑ 使用标准数学函数对整个数组的数据进行快速运算，且不需要编写循环。

❑ 读取 / 写入磁盘上的阵列数据和操作存储器映像文件的工具。

❑ 线性代数、随机数生成和傅里叶变换的能力。

❑ 集成 C、C++、Fortran 代码的工具。

本章主要内容如下：

❑ 如何生成 Numpy 数组。
❑ 如何存取元素。
❑ Numpy 的算术运算。
❑ 数组变形。
❑ 批量处理。
❑ Numpy 的通用函数。
❑ Numpy 的广播机制。

1.1　生成 Numpy 数组

Numpy 是 Python 的外部库，不在标准库中。因此，若要使用它，需要先导入 Numpy。

```
import numpy as np
```

导入 Numpy 后，可通过 np.+Tab 键，查看可使用的函数，如果对其中一些函数的使用不是很清楚，还可以在对应函数 +?，再运行，就可以很方便地看到如何使用函数的帮助信息。

输入 np. 然后按 Tab 键，将出现如下界面：

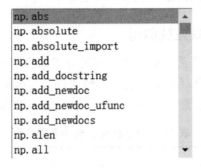

运行如下命令，便可查看函数 abs 的详细帮助信息。

```
np.abs?
```

Numpy 不但强大，而且还非常友好。下面将介绍 Numpy 的一些常用方法，尤其是与机器学习、深度学习相关的一些内容。

Numpy 封装了一个新的数据类型 ndarray（N-dimensional Array），它是一个多维数组对象。该对象封装了许多常用的数学运算函数，方便我们做数据处理、数据分析等。那么如何生成 ndarray 呢？这里介绍生成 ndarray 的几种方式，如从已有数据中创建，利用 random 创建，创建特定形状的多维数组，利用 arange、linspace 函数生成等。

1.1.1　从已有数据中创建数组

直接对 Python 的基础数据类型（如列表、元组等）进行转换来生成 ndarray：

1）将列表转换成 ndarray：

```
import numpy as np

lst1 = [3.14, 2.17, 0, 1, 2]
nd1 =np.array(lst1)
print(nd1)
# [3.14 2.17 0.   1.   2.  ]
print(type(nd1))
# <class 'numpy.ndarray'>
```

2）嵌套列表可以转换成多维 ndarray：

```
import numpy as np

lst2 = [[3.14, 2.17, 0, 1, 2], [1, 2, 3, 4, 5]]
nd2 =np.array(lst2)
print(nd2)
# [[3.14 2.17 0.   1.   2.  ]
#  [1.   2.   3.   4.   5.  ]]
print(type(nd2))
# <class 'numpy.ndarray'>
```

如果把上面示例中的列表换成元组也同样适用。

1.1.2 利用 random 模块生成数组

在深度学习中，我们经常需要对一些参数进行初始化，因此为了更有效地训练模型，提高模型的性能，有些初始化还需要满足一定的条件，如满足正态分布或均匀分布等。这里介绍了几种常用的方法，如表 1-1 所示列举了 np.random 模块常用的函数。

表 1-1 np.random 模块常用函数

函数	描述
np.random.random	生成 0 到 1 之间的随机数
np.random.uniform	生成均匀分布的随机数
np.random.randn	生成标准正态的随机数
np.random.randint	生成随机的整数
np.random.normal	生成正态分布
np.random.shuffle	随机打乱顺序
np.random.seed	设置随机数种子
random_sample	生成随机的浮点数

下面来看一些函数的具体使用：

```
import numpy as np

nd3 =np.random.random([3, 3])
print(nd3)
```

```
# [[0.43007219 0.87135582 0.45327073]
#  [0.7929617  0.06584697 0.82896613]
#  [0.62518386 0.70709239 0.75959122]]
print("nd3的形状为:",nd3.shape)
# nd3的形状为: (3, 3)
```

为了每次生成同一份数据，可以指定一个随机种子，使用 shuffle 函数打乱生成的随机数。

```
import numpy as np

np.random.seed(123)
nd4 = np.random.randn(2,3)
print(nd4)
np.random.shuffle(nd4)
print("随机打乱后数据:")
print(nd4)
print(type(nd4))
```

输出结果：

```
[[-1.0856306   0.99734545  0.2829785 ]
 [-1.50629471 -0.57860025  1.65143654]]
```

随机打乱后数据：

```
[[-1.50629471 -0.57860025  1.65143654]
 [-1.0856306   0.99734545  0.2829785 ]]
```

1.1.3 创建特定形状的多维数组

参数初始化时，有时需要生成一些特殊矩阵，如全是 0 或 1 的数组或矩阵，这时我们可以利用 np.zeros、np.ones、np.diag 来实现，如表 1-2 所示。

表 1-2 Numpy 数组创建函数

函数	描述
np.zeros((3, 4))	创建 3×4 的元素全为 0 的数组
np.ones((3,4))	创建 3×4 的元素全为 1 的数组
np.empty((2,3))	创建 2×3 的空数组，空数据中的值并不为 0，而是未初始化的垃圾值
np.zeros_like(ndarr)	以 ndarr 相同维度创建元素全为 0 数组
np.ones_like(ndarr)	以 ndarr 相同维度创建元素全为 1 数组
np.empty_like(ndarr)	以 ndarr 相同维度创建空数组
np.eye(5)	该函数用于创建一个 5×5 的矩阵，对角线为 1，其余为 0
np.full((3,5), 666)	创建 3×5 的元素全为 666 的数组，666 为指定值

下面通过几个示例说明：

```
import numpy as np
```

```
# 生成全是 0 的 3x3 矩阵
nd5 =np.zeros([3, 3])
#生成与nd5形状一样的全0矩阵
#np.zeros_like(nd5)
# 生成全是 1 的 3x3 矩阵
nd6 = np.ones([3, 3])
# 生成 3 阶的单位矩阵
nd7 = np.eye(3)
# 生成 3 阶对角矩阵
nd8 = np.diag([1, 2, 3])

print(nd5)
# [[0. 0. 0.]
#  [0. 0. 0.]
#  [0. 0. 0.]]
print(nd6)
# [[1. 1. 1.]
#  [1. 1. 1.]
#  [1. 1. 1.]]
print(nd7)
# [[1. 0. 0.]
#  [0. 1. 0.]
#  [0. 0. 1.]]
print(nd8)
# [[1 0 0]
#  [0 2 0]
#  [0 0 3]]
```

有时还可能需要把生成的数据暂时保存起来，以备后续使用。

```
import numpy as np

nd9 =np.random.random([5, 5])
np.savetxt(X=nd9, fname='./test1.txt')
nd10 = np.loadtxt('./test1.txt')
print(nd10)
```

输出结果：

```
[[0.41092437 0.5796943  0.13995076 0.40101756 0.62731701]
 [0.32415089 0.24475928 0.69475518 0.5939024  0.63179202]
 [0.44025718 0.08372648 0.71233018 0.42786349 0.2977805 ]
 [0.49208478 0.74029639 0.35772892 0.41720995 0.65472131]
 [0.37380143 0.23451288 0.98799529 0.76599595 0.77700444]]
```

1.1.4 利用 arange、linspace 函数生成数组

arange 是 numpy 模块中的函数，其格式为：

```
arange([start,] stop[,step,], dtype=None)
```

其中 start 与 stop 用来指定范围，step 用来设定步长。在生成一个 ndarray 时，start 默

认为 0，步长 step 可为小数。Python 有个内置函数 range，其功能与此类似。

```
import numpy as np

print(np.arange(10))
# [0 1 2 3 4 5 6 7 8 9]
print(np.arange(0, 10))
# [0 1 2 3 4 5 6 7 8 9]
print(np.arange(1, 4, 0.5))
# [1.  1.5 2.  2.5 3.  3.5]
print(np.arange(9, -1, -1))
# [9 8 7 6 5 4 3 2 1 0]
```

linspace 也是 numpy 模块中常用的函数，其格式为：

```
np.linspace(start, stop, num=50, endpoint=True, retstep=False, dtype=None)
```

linspace 可以根据输入的指定数据范围以及等份数量，自动生成一个线性等分向量，其中 endpoint（包含终点）默认为 True，等分数量 num 默认为 50。如果将 retstep 设置为 True，则会返回一个带步长的 ndarray。

```
import numpy as np

print(np.linspace(0, 1, 10))
#[0.         0.11111111 0.22222222 0.33333333 0.44444444 0.55555556
# 0.66666667 0.77777778 0.88888889 1.        ]
```

值得一提的是，这里并没有像我们预期的那样，生成 0.1, 0.2, ..., 1.0 这样步长为 0.1 的 ndarray，这是因为 linspace 必定会包含数据起点和终点，那么其步长则为 (1–0) / 9 = 0.11111111。如果需要产生 0.1, 0.2, ..., 1.0 这样的数据，只需要将数据起点 0 修改为 0.1 即可。

除了上面介绍到的 arange 和 linspace，Numpy 还提供了 logspace 函数，该函数的使用方法与 linspace 的使用方法一样，读者不妨自己动手试一下。

1.2　获取元素

1.1 节中介绍了生成 ndarray 的几种方法。那在数据生成后，如何读取我们所需要的数据呢？接下来将介绍几种常用获取数据的方法。

```
import numpy as np
np.random.seed(2019)
nd11 = np.random.random([10])
#获取指定位置的数据，获取第4个元素
nd11[3]
#截取一段数据
nd11[3:6]
#截取固定间隔数据
```

```
nd11[1:6:2]
#倒序取数
nd11[::-2]
#截取一个多维数组的一个区域内数据
nd12=np.arange(25).reshape([5,5])
nd12[1:3,1:3]
#截取一个多维数组中，数值在一个值域之内的数据
nd12[(nd12>3)&(nd12<10)]
#截取多维数组中，指定的行,如读取第2,3行
nd12[[1,2]]    #或nd12[1:3,:]
##截取多维数组中，指定的列,如读取第2,3列
nd12[:,1:3]
```

如果对上面这些获取方式还不是很清楚，没关系，下面则将通过图形的方式来进一步说明，如图 1-1 所示，左边为表达式，右边为表达式获取的元素。注意，不同的边界，表示不同的表达式。

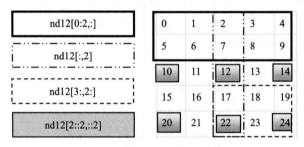

图 1-1　获取多维数组中的元素

获取数组中的部分元素除了通过指定索引标签来实现外，还可以通过使用一些函数来实现，如通过 random.choice 函数从指定的样本中随机抽取数据。

```
import numpy as np
from numpy import random as nr

a=np.arange(1,25,dtype=float)
c1=nr.choice(a,size=(3,4))    #size指定输出数组形状
c2=nr.choice(a,size=(3,4),replace=False)    #replace缺省为True，即可重复抽取。
#下式中参数p指定每个元素对应的抽取概率，缺省为每个元素被抽取的概率相同。
c3=nr.choice(a,size=(3,4),p=a / np.sum(a))
print("随机可重复抽取")
print(c1)
print("随机但不重复抽取")
print(c2)
print("随机但按制度概率抽取")
print(c3)
```

打印结果：

```
随机可重复抽取
[[  7.  22.  19.  21.]
 [  7.   5.   5.   5.]
```

```
 [  7.   9.  22.  12.]]
随机但不重复抽取
[[ 21.   9.  15.   4.]
 [ 23.   2.   3.   7.]
 [ 13.   5.   6.   1.]]
随机但按制度概率抽取
[[ 15.  19.  24.   8.]
 [  5.  22.   5.  14.]
 [  3.  22.  13.  17.]]
```

1.3　Numpy 的算术运算

在机器学习和深度学习中，涉及大量的数组或矩阵运算，本节我们将重点介绍两种常用的运算。一种是对应元素相乘，又称为逐元乘法（Element-Wise Product），运算符为 np.multiply()，或 *。另一种是点积或内积元素，运算符为 np.dot()。

1.3.1　对应元素相乘

对应元素相乘（Element-Wise Product）是两个矩阵中对应元素乘积。np.multiply 函数用于数组或矩阵对应元素相乘，输出与相乘数组或矩阵的大小一致，其格式如下：

```
numpy.multiply(x1, x2, /, out=None, *, where=True,casting='same_kind', order='K',
dtype=None, subok=True[, signature, extobj])
```

其中 x1、x2 之间的对应元素相乘遵守广播规则，Numpy 的广播规则在 1.7 节将介绍。以下我们通过一些示例来进一步说明。

```
A = np.array([[1, 2], [-1, 4]])
B = np.array([[2, 0], [3, 4]])
A*B
##结果如下:
array([[ 2,  0],
       [-3, 16]])
#或另一种表示方法
np.multiply(A,B)
#运算结果也是
array([[ 2,  0],
       [-3, 16]])
```

矩阵 *A* 和 *B* 的对应元素相乘，由图 1-2 直观表示。

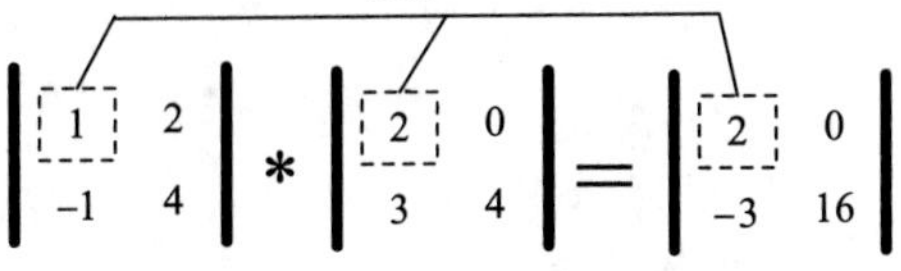

图 1-2　对应元素相乘示意图

Numpy 数组不仅可以和数组进行对应元素相乘，还可以和单一数值（或称为标量）进行运算。运算时，Numpy 数组中的每个元素都和标量进行运算，其间会用到广播机制（1.7节将详细介绍）。

```
print(A*2.0)
print(A/2.0)
```

输出结果为：

```
[[ 2.  4.]
 [-2.  8.]]
[[ 0.5  1. ]
 [-0.5  2. ]]
```

由此，推而广之，数组通过一些激活函数后，输出与输入形状一致。

```
X=np.random.rand(2,3)
def softmoid(x):
    return 1/(1+np.exp(-x))
def relu(x):
    return np.maximum(0,x)
def softmax(x):
    return np.exp(x)/np.sum(np.exp(x))

print("输入参数X的形状: ",X.shape)
print("激活函数softmoid输出形状: ",softmoid(X).shape)
print("激活函数relu输出形状: ",relu(X).shape)
print("激活函数softmax输出形状: ",softmax(X).shape)
```

输出结果：

```
输入参数X的形状:  (2, 3)
激活函数softmoid输出形状:  (2, 3)
激活函数relu输出形状:  (2, 3)
激活函数softmax输出形状:  (2, 3)
```

1.3.2 点积运算

点积运算（Dot Product）又称为内积，在 Numpy 用 np.dot 表示，其一般格式为：

```
numpy.dot(a, b, out=None)
```

以下通过一个示例来说明 dot 的具体使用方法及注意事项。

```
X1=np.array([[1,2],[3,4]])
X2=np.array([[5,6,7],[8,9,10]])
X3=np.dot(X1,X2)
print(X3)
```

输出结果：

```
[[21 24 27]
 [47 54 61]]
```

以上运算，可用图 1-3 表示。

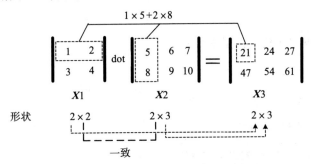

图 1-3　矩阵的点积示意图，对应维度的元素个数需要保持一致

在图 1-3 中，矩阵 $X1$ 和矩阵 $X2$ 进行点积运算，其中 $X1$ 和 $X2$ 对应维度（即 $X1$ 的第 2 个维度与 $X2$ 的第 1 个维度）的元素个数必须保持一致。此外，矩阵 $X3$ 的形状是由矩阵 $X1$ 的行数与矩阵 $X2$ 的列数构成的。

1.4　数组变形

在机器学习以及深度学习的任务中，通常需要将处理好的数据以模型能接收的格式输入给模型，然后由模型通过一系列的运算，最终返回一个处理结果。然而，由于不同模型所接收的输入格式不一样，往往需要先对其进行一系列的变形和运算，从而将数据处理成符合模型要求的格式。在矩阵或者数组的运算中，经常会遇到需要把多个向量或矩阵按某轴方向合并，或展平（如在卷积或循环神经网络中，在全连接层之前，需要把矩阵展平）的情况。下面介绍几种常用的数据变形方法。

1.4.1　更改数组的形状

修改指定数组的形状是 Numpy 中最常见的操作之一，常见的方法有很多，表 1-3 列出了一些常用函数。

表 1-3　Numpy 中改变向量形状的一些函数

函数	描述
arr.reshape	重新将向量 arr 维度进行改变，不修改向量本身
arr.resize	重新将向量 arr 维度进行改变，修改向量本身
arr.T	对向量 arr 进行转置
arr.ravel	对向量 arr 进行展平，即将多维数组变成 1 维数组，不会产生原数组的副本
arr.flatten	对向量 arr 进行展平，即将多维数组变成 1 维数组，返回原数组的副本
arr.squeeze	只能对维数为 1 的维度降维。对多维数组使用时不会报错，但是不会产生任何影响
arr.transpose	对高维矩阵进行轴对换

下面来看一些示例。

1. reshape
改变向量的维度（不修改向量本身）：

```
import numpy as np

arr =np.arange(10)
print(arr)
# 将向量 arr 维度变换为2行5列
print(arr.reshape(2, 5))
# 指定维度时可以只指定行数或列数，其他用 -1 代替
print(arr.reshape(5, -1))
print(arr.reshape(-1, 5))
```

输出结果：

```
[0 1 2 3 4 5 6 7 8 9]
[[0 1 2 3 4]
 [5 6 7 8 9]]
[[0 1]
 [2 3]
 [4 5]
 [6 7]
 [8 9]]
[[0 1 2 3 4]
 [5 6 7 8 9]]
```

值得注意的是，如果只指定行数或列数，其余的用 –1 表示。且所指定的行数或列数一定要能被整除，例如上面代码如果修改为 arr.reshape(3,–1) 即为错误的。

2. resize
改变向量的维度（修改向量本身）：

```
import numpy as np

arr =np.arange(10)
print(arr)
# 将向量 arr 维度变换为2行5列
arr.resize(2, 5)
print(arr)
```

输出结果：

```
[0 1 2 3 4 5 6 7 8 9]
[[0 1 2 3 4]
 [5 6 7 8 9]]
```

3. T
向量转置：

```
import numpy as np

arr =np.arange(12).reshape(3,4)
# 向量 arr 为3行4列
print(arr)
# 将向量 arr 进行转置为4行3列
print(arr.T)
```

输出结果：

```
[[ 0  1  2  3]
 [ 4  5  6  7]
 [ 8  9 10 11]]
[[ 0  4  8]
 [ 1  5  9]
 [ 2  6 10]
 [ 3  7 11]]
```

4. ravel

向量展平：

```
import numpy as np

arr =np.arange(6).reshape(2, -1)
print(arr)
# 按照列优先，展平
print("按照列优先，展平")
print(arr.ravel('F'))
# 按照行优先，展平
print("按照行优先，展平")
print(arr.ravel())
输出结果：
[[0 1 2]
 [3 4 5]]
按照列优先，展平
[0 3 1 4 2 5]
按照行优先，展平
[0 1 2 3 4 5]
```

5. flatten

把矩阵转换为向量，这种需求经常出现在卷积网络与全连接层之间。

```
import numpy as np
a =np.floor(10*np.random.random((3,4)))
print(a)
print(a.flatten())
```

输出结果：

```
[[4. 0. 8. 5.]
 [1. 0. 4. 8.]
 [8. 2. 3. 7.]]
```

[4. 0. 8. 5. 1. 0. 4. 8. 8. 2. 3. 7.]

6. squeeze

这是一个主要用来降维的函数，把矩阵中含 1 的维度去掉。在 PyTorch 中还有一种与之相反的操作——torch.unsqueeze，这个后面将介绍。

```
import numpy as np

arr =np.arange(3).reshape(3, 1)
print(arr.shape)  #(3,1)
print(arr.squeeze().shape)  #(3,)
arr1 =np.arange(6).reshape(3,1,2,1)
print(arr1.shape) #(3, 1, 2, 1)
print(arr1.squeeze().shape) #(3, 2)
```

7. transpose

对高维矩阵进行轴对换，这个在深度学习中经常使用，比如把图片中表示颜色顺序的 RGB 改为 GBR。

```
import numpy as np

arr2 = np.arange(24).reshape(2,3,4)
print(arr2.shape)  #(2, 3, 4)
print(arr2.transpose(1,2,0).shape)  #(3, 4, 2)
```

1.4.2 合并数组

合并数组也是最常见的操作之一，表 1-4 列举了常见的用于数组或向量合并的方法。

表 1-4　Numpy 数组合并方法

函数	描述
np.append	内存占用大
np.concatenate	没有内存问题
np.stack	沿着新的轴加入一系列数组
np.hstack	堆栈数组垂直顺序（行）
np.vstack	堆栈数组垂直顺序（列）
np.dstack	堆栈数组按顺序深入（沿第 3 维）
np.vsplit	将数组分解成垂直的多个子组的列表

【说明】

1）append、concatenate 以及 stack 都有一个 axis 参数，用于控制数组的合并方式是按行还是按列。

2）对于 append 和 concatenate，待合并的数组必须有相同的行数或列数（满足一个即可）。

3）stack、hstack、dstack，要求待合并的数组必须具有相同的形状（shape）。

下面选择一些常用函数进行说明。

1. append

合并一维数组：

```
import numpy as np

a =np.array([1, 2, 3])
b = np.array([4, 5, 6])
c = np.append(a, b)
print(c)
# [1 2 3 4 5 6]
```

合并多维数组：

```
import numpy as np

a =np.arange(4).reshape(2, 2)
b = np.arange(4).reshape(2, 2)
# 按行合并
c = np.append(a, b, axis=0)
print('按行合并后的结果')
print(c)
print('合并后数据维度', c.shape)
# 按列合并
d = np.append(a, b, axis=1)
print('按列合并后的结果')
print(d)
print('合并后数据维度', d.shape)
```

输出结果：

```
按行合并后的结果
[[0 1]
 [2 3]
 [0 1]
 [2 3]]
合并后数据维度 (4, 2)
按列合并后的结果
[[0 1 0 1]
 [2 3 2 3]]
合并后数据维度 (2, 4)
```

2. concatenate

沿指定轴连接数组或矩阵：

```
import numpy as np
a =np.array([[1, 2], [3, 4]])
b = np.array([[5, 6]])
```

```
c = np.concatenate((a, b), axis=0)
print(c)
d = np.concatenate((a, b.T), axis=1)
print(d)
```

输出结果：

```
[[1 2]
 [3 4]
 [5 6]]
[[1 2 5]
 [3 4 6]]
```

3. stack

沿指定轴堆叠数组或矩阵：

```
import numpy as np

a =np.array([[1, 2], [3, 4]])
b = np.array([[5, 6], [7, 8]])
print(np.stack((a, b), axis=0))
```

输出结果：

```
[[[1 2]
  [3 4]]

 [[5 6]
  [7 8]]]
```

1.5 批量处理

在深度学习中，由于源数据都比较大，所以通常需要用到批处理。如利用批量来计算梯度的随机梯度法（SGD）就是一个典型应用。深度学习的计算一般比较复杂，并且数据量一般比较大，如果一次处理整个数据，较大概率会出现资源瓶颈。为了更有效地计算，一般将整个数据集分批次处理。与处理整个数据集相反的另一个极端是每次只处理一条记录，这种方法也不科学，一次处理一条记录无法充分发挥 GPU、Numpy 的平行处理优势。因此，在实际使用中往往采用批量处理（Mini-Batch）的方法。

如何把大数据拆分成多个批次呢？可采用如下步骤：

1）得到数据集

2）随机打乱数据

3）定义批大小

4）批处理数据集

下面我们通过一个示例来具体说明：

```
import numpy as np
#生成10000个形状为2X3的矩阵
data_train = np.random.randn(10000,2,3)
#这是一个3维矩阵,第1个维度为样本数,后两个是数据形状
print(data_train.shape)
#(10000,2,3)
#打乱这10000条数据
np.random.shuffle(data_train)
#定义批量大小
batch_size=100
#进行批处理
for i in range(0,len(data_train),batch_size):
    x_batch_sum=np.sum(data_train[i:i+batch_size])
    print("第{}批次,该批次的数据之和:{}".format(i,x_batch_sum))
```

最后 5 行结果:

```
第9500批次,该批次的数据之和:17.63702580438092
第9600批次,该批次的数据之和:-1.360924607368387
第9700批次,该批次的数据之和:-25.912226239266445
第9800批次,该批次的数据之和:32.018136957835814
第9900批次,该批次的数据之和:2.9002576614446935
```

【说明】批次从 0 开始,所以最后一个批次是 9900。

1.6　通用函数

　　Numpy 提供了两种基本的对象,即 ndarray 和 ufunc 对象。前文已经介绍了 ndarray,本节将介绍 Numpy 的另一个对象通用函数(ufunc)。ufunc 是 universal function 的缩写,它是一种能对数组的每个元素进行操作的函数。许多 ufunc 函数都是用 C 语言级别实现的,因此它们的计算速度非常快。此外,它们比 math 模块中的函数更灵活。math 模块的输入一般是标量,但 Numpy 中的函数可以是向量或矩阵,而利用向量或矩阵可以避免使用循环语句,这点在机器学习、深度学习中非常重要。表 1-5 为 Numpy 中常用的几个通用函数。

表 1-5　Numpy 中的几个常用通用函数

函数	使用方法
sqrt	计算序列化数据的平方根
sin,cos	三角函数
abs	计算序列化数据的绝对值
dot	矩阵运算
log,log10,log2	对数函数
exp	指数函数
cumsum,cumproduct	累计求和、求积
sum	对一个序列化数据进行求和
mean	计算均值

（续）

函数	使用方法
median	计算中位数
std	计算标准差
var	计算方差
corrcoef	计算相关系数

1. math 与 numpy 函数的性能比较

```
import time
import math
import numpy as np

x = [i * 0.001 for i in np.arange(1000000)]
start = time.clock()
for i, t in enumerate(x):
    x[i] = math.sin(t)
print ("math.sin:", time.clock() - start )

x = [i * 0.001 for i in np.arange(1000000)]
x = np.array(x)
start = time.clock()
np.sin(x)
print ("numpy.sin:", time.clock() - start )
```

打印结果：

```
math.sin: 0.5169950000000005
numpy.sin: 0.05381199999999886
```

由此可见，numpy.sin 比 math.sin 快近 10 倍。

2. 循环与向量运算比较

充分使用 Python 的 Numpy 库中的内建函数（Built-in Function），来实现计算的向量化，可大大地提高运行速度。Numpy 库中的内建函数使用了 SIMD 指令。如下使用的向量化要比使用循环计算速度快得多。如果使用 GPU，其性能将更强大，不过 Numpy 不支持 GPU。PyTorch 支持 GPU，后面第 5 章将介绍 PyTorch 如何使用 GPU 来加速算法。

```
import time
import numpy as np

x1 = np.random.rand(1000000)
x2 = np.random.rand(1000000)
##使用循环计算向量点积
tic = time.process_time()
dot = 0
for i in range(len(x1)):
    dot+= x1[i]*x2[i]
```

```
toc = time.process_time()
print ("dot = " + str(dot) + "\n for loop----- Computation time = " +
str(1000*(toc - tic)) + "ms")
##使用numpy函数求点积
tic = time.process_time()
dot = 0
dot = np.dot(x1,x2)
toc = time.process_time()
print ("dot = " + str(dot) + "\n verctor version---- Computation time = " +
str(1000*(toc - tic)) + "ms")
```

输出结果：

```
dot = 250215.601995
 for loop----- Computation time = 798.3389819999998ms
dot = 250215.601995
 verctor version---- Computation time = 1.885051999999554ms
```

从运行结果上来看，使用 for 循环的运行时间大约是向量运算的 400 倍。因此，在深度学习算法中，一般都使用向量化矩阵进行运算。

1.7　广播机制

Numpy 的 Universal functions 中要求输入的数组 shape 是一致的，当数组的 shape 不相等时，则会使用广播机制。不过，调整数组使得 shape 一样，需要满足一定的规则，否则将出错。这些规则可归纳为以下 4 条。

1）让所有输入数组都向其中 shape 最长的数组看齐，不足的部分则通过在前面加 1 补齐，如：

a：$2 \times 3 \times 2$

b：3×2

则 b 向 a 看齐，在 b 的前面加 1，变为：$1 \times 3 \times 2$

2）输出数组的 shape 是输入数组 shape 的各个轴上的最大值；

3）如果输入数组的某个轴和输出数组的对应轴的长度相同或者某个轴的长度为 1 时，这个数组能被用来计算，否则出错；

4）当输入数组的某个轴的长度为 1 时，沿着此轴运算时都用（或复制）此轴上的第一组值。

广播在整个 Numpy 中用于决定如何处理形状迥异的数组，涉及的算术运算包括（+，−，*，/⋯）。这些规则说得很严谨，但不直观，下面我们结合图形与代码来进一步说明。

目的：$A+B$，其中 A 为 4×1 矩阵，B 为一维向量（3,）。

要相加，需要做如下处理：

❏ 根据规则 1，B 需要向看齐，把 B 变为（1,3）

- ❑ 根据规则 2，输出的结果为各个轴上的最大值，即输出结果应该为（4,3）矩阵，那么 **A** 如何由（4,1）变为（4,3）矩阵？**B** 又如何由（1,3）变为（4,3）矩阵？
- ❑ 根据规则 4，用此轴上的第一组值（要主要区分是哪个轴），进行复制（但在实际处理中不是真正复制，否则太耗内存，而是采用其他对象如 ogrid 对象，进行网格处理）即可，详细处理过程如图 1-4 所示。

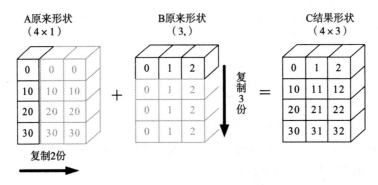

图 1-4　Numpy 广播规则示意图

代码实现：

```
import numpy as np
A = np.arange(0, 40,10).reshape(4, 1)
B = np.arange(0, 3)
print("A矩阵的形状:{},B矩阵的形状:{}".format(A.shape,B.shape))
C=A+B
print("C矩阵的形状:{}".format(C.shape))
print(C)
```

运行结果：

```
A矩阵的形状:(4, 1),B矩阵的形状:(3,)
C矩阵的形状:(4, 3)
[[ 0  1  2]
 [10 11 12]
 [20 21 22]
 [30 31 32]]
```

1.8　小结

本章主要介绍了 Numpy 模块的常用操作，尤其涉及对矩阵的操作，这些操作在后续程序中经常使用。Numpy 内容很丰富，这里只列了一些主要内容，如果你想了解更多内容，可登录 Numpy 官网（http://www.Numpy.org/）查看更多内容。

第 2 章 Chapter 2

PyTorch 基础

PyTorch 是 Facebook 团队于 2017 年 1 月发布的一个深度学习框架，虽然晚于 TensorFlow、Keras 等框架，但自发布之日起，其关注度就在不断上升，目前在 GitHub 上的热度已超过 Theano、Caffe、MXNet 等框架。

PyTorch 1.0 版本推出后，增加了许多新的功能，对原有内容进行了优化，并整合了 Caffe2，使用更方便，大大增强了生产性，所以其热度也迅速上升。

PyTorch 采用 Python 语言接口来实现编程，非常容易上手。它就像带 GPU 的 Numpy，与 Python 一样都属于动态框架。PyTorch 继承了 Torch 灵活、动态的编程环境和用户友好的界面，支持以快速和灵活的方式构建动态神经网络，还允许在训练过程中快速更改代码而不妨碍其性能，支持动态图形等尖端 AI 模型的能力，是快速实验的理想选择。本章主要介绍 PyTorch 的一些基础且常用的概念和模块，具体包括如下内容：

❏ 为何选择 PyTorch。
❏ PyTorch 环境的安装与配置。
❏ Numpy 与 Tensor。
❏ Tensor 与 Autograd。
❏ 使用 Numpy 实现机器学习。
❏ 使用 Tensor 及 Antograd 实现机器学习。
❏ 使用 TensorFlow 架构。

2.1 为何选择 PyTorch？

PyTorch 是一个建立在 Torch 库之上的 Python 包，旨在加速深度学习应用。它提供一种类似 Numpy 的抽象方法来表征张量（或多维数组），可以利用 GPU 来加速训练。由于 PyTorch 采用了动态计算图（Dynamic Computational Graph）结构，且基于 tape 的 Autograd 系统的深度神经网络。其他很多框架，比如 TensorFlow（TensorFlow2.0 也加入了动态网络的支持）、Caffe、CNTK、Theano 等，采用静态计算图。使用 PyTorch，通过一种称为 Reverse-mode auto-differentiation（反向模式自动微分）的技术，可以零延迟或零成本地任意改变你的网络的行为。

Torch 是 PyTorch 中的一个重要包，它包含了多维张量的数据结构以及基于其上的多种数学操作。

自 2015 年谷歌开源 TensorFlow 以来，深度学习框架之争越来越激烈，全球多个看重 AI 研究与应用的科技巨头均在加大这方面的投入。PyTorch 从 2017 年年初发布以来，可谓是异军突起，短时间内取得了一系列成果，成为明星框架。最近 PyTorch 进行了一些较大的版本更新，0.4 版本把 Varable 与 Tensor 进行了合并，并增加了对 Windows 的支持。1.0 版本增加了即时编译（Justintimecompilation，JIT，弥补了研究与生产的部署的差距）、更快的分布式、C++ 扩展等。

目前，PyTorch 1.0 稳定版已发布，该版本从 Caffe2 和 ONNX 移植了模块化和产品导向的功能，并将这些功能和 PyTorch 已有的灵活、专注研究的特性相结合。PyTorch 1.0 中的技术已经让很多 Facebook 的产品和服务变得更强大，包括每天执行 60 亿次的文本翻译。

PyTorch 由 4 个主要的包组成：

❑ torch：类似于 Numpy 的通用数组库，可将张量类型转换为 torch.cuda.TensorFloat，并在 GPU 上进行计算。

❑ torch.autograd：用于构建计算图形并自动获取梯度的包。

❑ torch.nn：具有共享层和损失函数的神经网络库。

❑ torch.optim：具有通用优化算法（如 SGD、Adam 等）的优化包。

2.2 安装配置

安装 PyTorch 时，请核查当前环境是否有 GPU，如果没有，则安装 CPU 版；如果有，则安装 GPU 版本的。

2.2.1 安装 CPU 版 PyTorch

安装 CPU 版的 PyTorch 比较简单，由于 PyTorch 是基于 Python 开发，所以如果没有安装 Python 需要先安装，然后再安装 PyTorch。具体步骤如下：

1）下载 Python：安装 Python 建议采用 Anaconda 方式安装，先从 Anaconda 的官网 (https://www.anaconda.com/distribution)，下载 Anaconda3 的最新版本，如图 2-1 所示，如 Anaconda3-5.0.1-Linux-x86_64.sh，建议使用 3 系列，3 系列代表未来发展。另外，根据下

载时自己的环境，选择操作系统等。

图 2-1　下载 Anaconda 界面

2）在命令行执行如下命令，开始安装 Python：

```
Anaconda3-2019.03-Linux-x86_64.sh
```

3）接下来根据安装提示，直接按回车即可。其间会提示选择安装路径，如果没有特殊要求，可以按回车使用默认路径（~/ anaconda3），然后就开始安装。

4）安装完成后，程序会提示是否把 Anaconda3 的 binary 路径加入当前用户的 .bashrc 配置文件中，建议添加。添加以后，就可以使用 Python、IPython 命令时自动使用 Anaconda3 的 Python 环境。

5）安装 PyTorch：

登录 PyTorch 官网（https://PyTorch.org/），登录后，可看到图 2-2 所示界面，然后选择对应项。

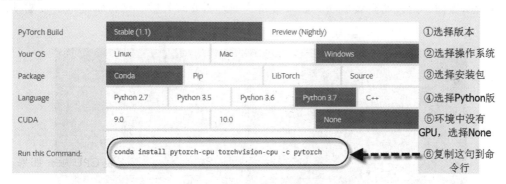

图 2-2　PyTorch 安装界面

把第⑥项内容复制到命令行，执行即可进行安装。

```
conda install PyTorch-cpu torchvision-cpu -c PyTorch
```

6）验证安装是否成功：

启动 Python，然后执行如下命令，如果没有报错，说明安装成功！

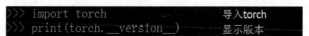

2.2.2 安装 GPU 版 PyTorch

安装 GPU 版本的 PyTorch 稍微复杂一点，除需要安装 Python、PyTorch 外，还需要安装 GPU 的驱动（如英伟达的 NVIDIA）及 CUDA、cuDNN 计算框架，主要步骤如下：

1）安装 NVIDIA 驱动。

下载地址：https://www.nvidia.cn/Download/index.aspx?lang=cn

登录可以看到界面如图 2-3 所示。

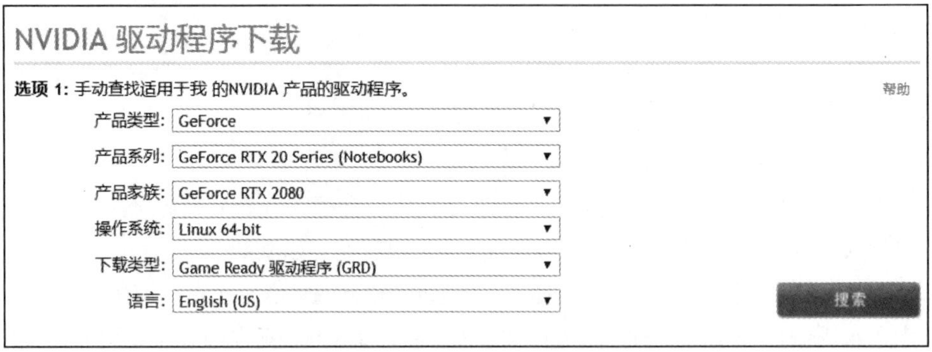

图 2-3　NVIDIA 的下载界面

选择产品类型、操作系统等，然后点击"搜索"按钮，进入下载界面。

安装完成后，在命令行输入"nvidia-smi"，用来显示 GPU 卡的基本信息，如果出现图 2-4 所示界面，则说明安装成功。如果报错，则说明安装失败，请搜索其他安装驱动的方法。

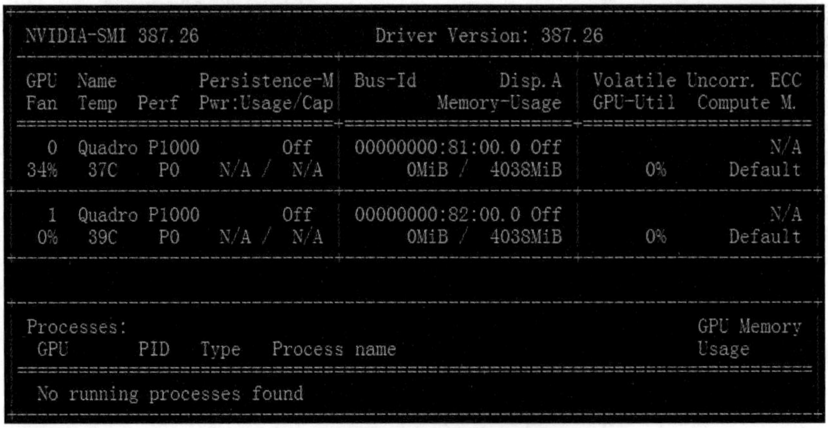

图 2-4　显示 GPU 卡的基本信息

2）安装 CUDA。

CUDA（Compute Unified Device Architecture），是英伟达公司推出的一种基于新的并

行编程模型和指令集架构的通用计算架构，它能利用英伟达 GPU 的并行计算引擎，比 CPU 更高效地解决许多复杂计算任务。安装 CUDA Driver 时，其版本需与 NVIDIA GPU Driver 的版本一致，这样 CUDA 才能找到显卡。

3）安装 cuDNN。

NVIDIA cuDNN 是用于深度神经网络的 GPU 加速库。注册 NVIDIA 并下载 cuDNN 包，获取地址为 https://developer.nvidia.com/rdp/cudnn-archive。

4）安装 Python 及 PyTorch。

这步与本书 2.2.1 节安装 CPU 版 PyTorch 相同，只是选择 CUDA 时，不是 None，而是对应 CUDA 的版本号，如图 2-5 所示。

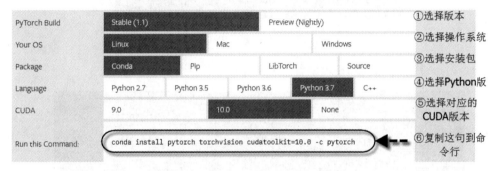

图 2-5　安装 GPU 版 PyTorch

5）验证。

验证 PyTorch 安装是否成功与本书 2.2.1 节一样，如果想进一步验证 PyTorch 是否在使用 GPU，可以运行下面这一段测试 GPU 的程序 test_gpu.py，如果成功的话，可以看到如图 2-6 的效果。

```python
#cat test_gpu.py
import torch

if __name__ == '__main__':
    #测试 CUDA
    print("Support CUDA ?: ", torch.cuda.is_available())
    x = torch.tensor([10.0])
    x = x.cuda()
    print(x)

    y = torch.randn(2, 3)
    y = y.cuda()
    print(y)

    z = x + y
    print(z)

    # 测试 CUDNN
```

```
from torch.backends import cudnn
print("Support cudnn ?: ",cudnn.is_acceptable(x))
```

在命令行运行以下脚本：

```
python test_gpu.py
```

如果可以看到如图 2-6 或图 2-7 所示的结果，则说明 GPU 版 PyTorch 安装成功！

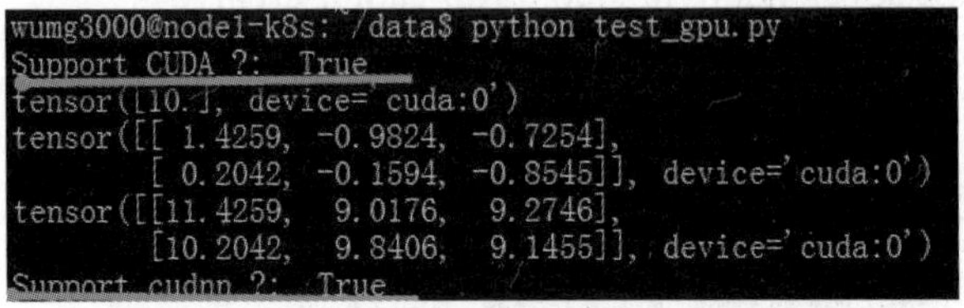

图 2-6　运行 test_gpu.py 的结果

在命令行运行：nvidia-smi，可以看到如图 2-7 所示的界面。

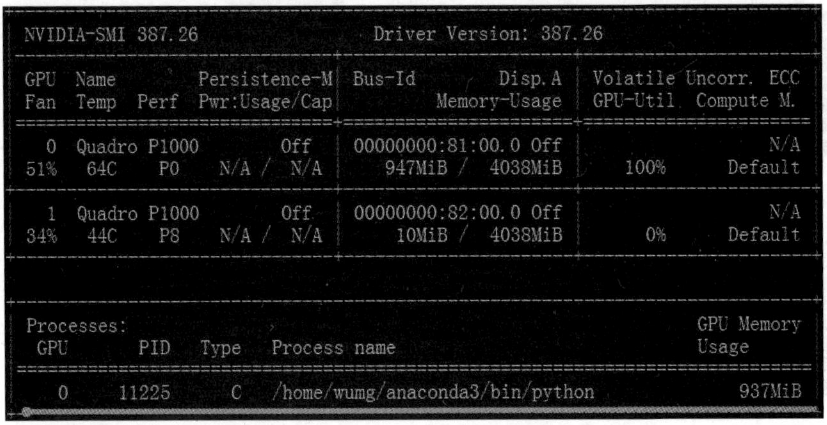

图 2-7　含 GPU 进程的显卡信息

2.3　Jupyter Notebook 环境配置

Jupyter Notebook 是目前 Python 比较流行的开发、调试环境，此前被称为 IPython notebook。它以网页的形式打开，可以在网页页面中直接编写和运行代码，代码的运行结果（包括图形）也会直接显示，如在编程过程中添加注释、目录、图像或公式等内容。Jupyter Notebook 有以下特点：

❑ 编程时具有语法高亮、缩进、Tab 补全的功能。

❑ 可直接通过浏览器运行代码，同时在代码块下方展示运行结果。

❑ 以富媒体格式展示计算结果。富媒体格式包括：HTML、LaTeX、PNG、SVG 等。

❑ 对代码编写说明文档或语句时，支持 Markdown 语法。

❑ 支持使用 LaTeX 编写数学性说明。

接下来介绍配置 Jupyter Notebook 的主要步骤。

1）生成配置文件。

```
jupyter notebook --generate-config
```

执行上述代码，将在当前用户目录下生成文件：.jupyter/jupyter_notebook_config.py

2）生成当前用户登录 Jupyter 密码。

打开 Ipython，创建一个密文密码。

```
In [1]: from notebook.auth import passwd
In [2]: passwd()
Enter password:
Verify password:
```

3）修改配置文件。

```
vim ~/.jupyter/jupyter_notebook_config.py
```

进行如下修改：

```
c.NotebookApp.ip='*' # 就是设置所有ip皆可访问
c.NotebookApp.password = u'sha:ce...刚才复制的那个密文'
c.NotebookApp.open_browser = False # 禁止自动打开浏览器
c.NotebookApp.port =8888 #这是缺省端口，也可指定其他端口
```

4）启动 Jupyter Notebook。

```
#后台启动jupyter: 不记日志:
nohup jupyter notebook >/dev/null 2>&1 &
```

在浏览器上，输入 IP:port，即可看到与图 2-8 类似的界面。

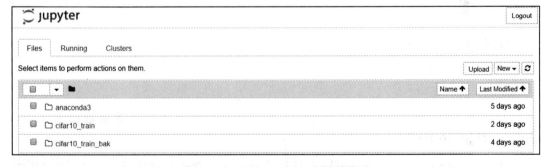

图 2-8　Jupyter Notebook 网页界面

接下来就可以在浏览器进行开发调试 PyTorch、Python 等任务了。

2.4 Numpy 与 Tensor

第 1 章已经介绍了 Numpy，了解到其存取数据非常方便，而且还拥有大量的函数，所以深得数据处理、机器学习者喜爱。这节我们将介绍 PyTorch 的 Tensor，它可以是零维（又称为标量或一个数）、一维、二维及多维的数组。Tensor 自称为神经网络界的 Numpy，它与 Numpy 相似，二者可以共享内存，且之间的转换非常方便和高效。不过它们也有不同之处，最大的区别就是 Numpy 会把 ndarray 放在 CPU 中进行加速运算，而由 Torch 产生的 Tensor 会放在 GPU 中进行加速运算（假设当前环境有 GPU）。

2.4.1 Tensor 概述

对 Tensor 的操作很多，从接口的角度来划分，可以分为两类：

1）torch.function，如 torch.sum、torch.add 等；

2）tensor.function，如 tensor.view、tensor.add 等。

这些操作对大部分 Tensor 都是等价的，如 torch.add(x,y) 与 x.add(y) 等价。在实际使用时，可以根据个人爱好选择。

如果从修改方式的角度来划分，可以分为以下两类：

1）不修改自身数据，如 x.add(y)，x 的数据不变，返回一个新的 Tensor。

2）修改自身数据，如 x.add_(y)（运行符带下划线后缀），运算结果存在 x 中，x 被修改。

```
import torch

x=torch.tensor([1,2])
y=torch.tensor([3,4])
z=x.add(y)
print(z)
print(x)
x.add_(y)
print(x)
```

运行结果：

```
tensor([4, 6])
tensor([1, 2])
tensor([4, 6])
```

2.4.2 创建 Tensor

创建 Tensor 的方法有很多，可以从列表或 ndarray 等类型进行构建，也可根据指定的形状构建。常见的创建 Tensor 的方法可参考表 2-1。

表 2-1　常见的创建 Tensor 的方法

函数	功能
Tensor(*size)	直接从参数构造一个张量，支持 List，Numpy 数组
eye(row, column)	创建指定行数，列数的二维单位 Tensor
linspace(start,end,steps)	从 start 到 end，均匀切分成 steps 份
logspace(start,end,steps)	从 10^start，到 10^end，均匀切分成 steps 份
rand/randn(*size)	生成 [0,1) 均匀分布 / 标准正态分布数据
ones(*size)	返回指定 shape 的张量，元素初始为 1
zeros(*size)	返回指定 shape 的张量，元素初始为 0
ones_like(t)	返回与 T 的 shape 相同的张量，且元素初始为 1
zeros_like(t)	返回与 T 的 shape 相同的张量，且元素初始为 0
arange(start,end,step)	在区间 [start,end] 上以间隔 step 生成一个序列张量
from_Numpy(ndarray)	从 ndarray 创建一个 Tensor

下面举例说明。

```
import torch

#根据list数据生成Tensor
torch.Tensor([1,2,3,4,5,6])
#根据指定形状生成Tensor
torch.Tensor(2,3)
#根据给定的Tensor的形状
t=torch.Tensor([[1,2,3],[4,5,6]])
#查看Tensor的形状
t.size()
#shape与size()等价方式
t.shape
#根据已有形状创建Tensor
torch.Tensor(t.size())
```

【说明】

注意 torch.Tensor 与 torch.tensor 的几点区别：

1）torch.Tensor 是 torch.empty 和 torch.tensor 之间的一种混合，但是，当传入数据时，torch.Tensor 使用全局默认 dtype（FloatTensor），而 torch.tensor 是从数据中推断数据类型。

2）torch.tensor(1) 返回一个固定值 1，而 torch.Tensor(1) 返回一个大小为 1 的张量，它是随机初始化的值。

```
import torch
t1=torch.Tensor(1)
t2=torch.tensor(1)
print("t1的值{},t1的数据类型{}".format(t1,t1.type()))
print("t2的值{},t2的数据类型{}".format(t2,t2.type()))
```

运行结果：

```
t1的值tensor([3.5731e-20]),t1的数据类型torch.FloatTensor
t2的值1,t2的数据类型torch.LongTensor
```

下面是根据一定规则，自动生成 Tensor 的一些例子。

```
import torch

#生成一个单位矩阵
torch.eye(2,2)
#自动生成全是0的矩阵
torch.zeros(2,3)
#根据规则生成数据
torch.linspace(1,10,4)
#生成满足均匀分布随机数
torch.rand(2,3)
#生成满足标准分布随机数
torch.randn(2,3)
#返回所给数据形状相同，值全为0的张量
torch.zeros_like(torch.rand(2,3))
```

2.4.3 修改 Tensor 形状

在处理数据、构建网络层等过程中，经常需要了解 Tensor 的形状、修改 Tensor 的形状。与修改 Numpy 的形状类似，修改 Tenor 的形状也有很多类似函数，具体可参考表 2-2。

表 2-2　为 tensor 常用修改形状的函数

函数	说明
size()	返回张量的 shape 属性值，与函数 shape（0.4 版新增）等价
numel(input)	计算 Tensor 的元素个数
view(*shape)	修改 Tensor 的 shape，与 Reshape（0.4 版新增）类似，但 View 返回的对象与源 Tensor 共享内存，修改一个，另一个同时修改。Reshape 将生成新的 Tensor，而且不要求源 Tensor 是连续的。View(-1) 展平数组
resize	类似于 view，但在 size 超出时会重新分配内存空间
item	若 Tensor 为单元素，则返回 Python 的标量
unsqueeze	在指定维度增加一个 "1"
squeeze	在指定维度压缩一个 "1"

以下为一些实例：

```
import torch

#生成一个形状为2x3的矩阵
x = torch.randn(2, 3)
#查看矩阵的形状
x.size()    #结果为torch.Size([2, 3])

#查看x的维度
x.dim()    #结果为2
```

```
#把x变为3x2的矩阵
x.view(3,2)
#把x展平为1维向量
y=x.view(-1)
y.shape
#添加一个维度
z=torch.unsqueeze(y,0)
#查看z的形状
z.size()    #结果为torch.Size([1, 6])
#计算z的元素个数
z.numel()   #结果为6
```

【说明】

torch.view 与 torch.reshpae 的异同

1）reshape() 可以由 torch.reshape()，也可由 torch.Tensor.reshape() 调用。但 view() 只可由 torch.Tensor.view() 来调用。

2）对于一个将要被 view 的 Tensor，新的 size 必须与原来的 size 与 stride 兼容。否则，在 view 之前必须调用 contiguous() 方法。

3）同样也是返回与 input 数据量相同，但形状不同的 Tensor。若满足 view 的条件，则不会 copy，若不满足，则会 copy。

4）如果你只想重塑张量，请使用 torch.reshape。如果你还关注内存使用情况并希望确保两个张量共享相同的数据，请使用 torch.view。

2.4.4　索引操作

Tensor 的索引操作与 Numpy 类似，一般情况下索引结果与源数据共享内存。从 Tensor 获取元素除了可以通过索引，也可以借助一些函数，常用的选择函数可参考表 2-3。

表 2-3　常用选择操作函数

函数	说明
index_select(input,dim,index)	在指定维度上选择一些行或列
nonzero(input)	获取非 0 元素的下标
masked_select(input,mask)	使用二元值进行选择
gather(input,dim,index)	在指定维度上选择数据，输出的形状与 index（index 的类型必须是 LongTensor 类型的）一致
scatter_(input,dim,index,src)	为 gather 的反操作，根据指定索引补充数据

以下为部分函数的实现代码：

```
import torch

#设置一个随机种子
torch.manual_seed(100)
#生成一个形状为2x3的矩阵
```

```
x = torch.randn(2, 3)
#根据索引获取第1行，所有数据
x[0,:]
#获取最后一列数据
x[:,-1]
#生成是否大于0的Byter张量
mask=x>0
#获取大于0的值
torch.masked_select(x,mask)
#获取非0下标,即行,列索引
torch.nonzero(mask)
#获取指定索引对应的值,输出根据以下规则得到
#out[i][j] = input[index[i][j]][j]  # if dim == 0
#out[i][j] = input[i][index[i][j]]  # if dim == 1
index=torch.LongTensor([[0,1,1]])
torch.gather(x,0,index)
index=torch.LongTensor([[0,1,1],[1,1,1]])
a=torch.gather(x,1,index)
#把a的值返回到一个2x3的0矩阵中
z=torch.zeros(2,3)
z.scatter_(1,index,a)
```

2.4.5 广播机制

在 1.7 节中介绍了 Numpy 的广播机制，广播机制是向量运算的重要技巧。PyTorch 也支持广播机制，以下通过几个示例进行说明。

```
import torch
import numpy as np

A = np.arange(0, 40,10).reshape(4, 1)
B = np.arange(0, 3)
#把ndarray转换为Tensor
A1=torch.from_numpy(A)   #形状为4x1
B1=torch.from_numpy(B)   #形状为3
#Tensor自动实现广播
C=A1+B1
#我们可以根据广播机制，手工进行配置
#根据规则1, B1需要向A1看齐,把B变为（1,3）
B2=B1.unsqueeze(0)   #B2的形状为1x3
#使用expand函数重复数组，分别的4x3的矩阵
A2=A1.expand(4,3)
B3=B2.expand(4,3)
#然后进行相加,C1与C结果一致
C1=A2+B3
```

2.4.6 逐元素操作

与 Numpy 一样，Tensor 也有逐元素操作（Element-Wise），且操作内容相似，但使用函数可能不尽相同。大部分数学运算都属于逐元素操作，其输入与输出的形状相同。常见的

逐元素操作可参考表 2-4。

【说明】

这些操作均会创建新的 Tensor，如果需要就地操作，可以使用这些方法的下划线版本，例如 abs_。

表 2-4　常见逐元素操作

函数	说明
abs/add	绝对值 / 加法
addcdiv(t, v, t1, t2)	$t1$ 与 $t2$ 的按元素除后，乘 v 加 t
addcmul(t, v, t1, t2)	$t1$ 与 $t2$ 的按元素乘后，乘 v 加 t
ceil/floor	向上取整 / 向下取整
clamp(t, min, max)	将张量元素限制在指定区间
exp/log/pow	指数 / 对数 / 幂
mul(或 *)/neg	逐元素乘法 / 取反
sigmoid/tanh/softmax	激活函数
sign/sqrt	取符号 / 开根号

以下为部分逐元素操作代码实例。

```
import torch

t = torch.randn(1, 3)
t1 = torch.randn(3, 1)
t2 = torch.randn(1, 3)
#t+0.1*(t1/t2)
torch.addcdiv(t, 0.1, t1, t2)
#计算sigmoid
torch.sigmoid(t)
#将t限制在[0,1]之间
torch.clamp(t,0,1)
#t+2进行就地运算
t.add_(2)
```

2.4.7　归并操作

归并操作顾名思义，就是对输入进行归并或合计等操作，这类操作的输入输出形状一般并不相同，而且往往是输入大于输出形状。归并操作可以对整个 Tensor，也可以沿着某个维度进行归并。常见的归并操作可参考表 2-5。

表 2-5　常见的归并操作

函数	说明
cumprod(t,axis)	在指定维度对 t 进行累积
cumsum	在指定维度对 t 进行累加
dist(a,b,p=2)	返回 a,b 之间的 p 阶范数

（续）

函数	说明
mean/median	均值 / 中位数
std/var	标准差 / 方差
norm(t,p=2)	返回 t 的 p 阶范数
prod(t)/sum(t)	返回 t 所有元素的积 / 和

【说明】

归并操作一般涉及一个 dim 参数，指定沿哪个维进行归并。另一个参数是 keepdim，说明输出结果中是否保留维度 1，缺省情况是 False，即不保留。

以下为归并操作的部分代码：

```
import torch

#生成一个含6个数的向量
a=torch.linspace(0,10,6)
#使用view方法，把a变为2x3矩阵
a=a.view((2,3))
#沿y轴方向累加，即dim=0
b=a.sum(dim=0)    #b的形状为[3]
#沿y轴方向累加，即dim=0,并保留含1的维度
b=a.sum(dim=0,keepdim=True) #b的形状为[1,3]
```

2.4.8 比较操作

比较操作一般是进行逐元素比较，有些是按指定方向比较。常用的比较函数可参考表 2-6。

表 2-6　常用的比较函数

函数	说明
eq	比较 Tensor 是否相等，支持 broadcast
equal	比较 Tensor 是否有相同的 shape 与值
ge/le/gt/lt	大于 / 小于比较 / 大于等于 / 小于等于比较
max/min(t,axis)	返回最值，若指定 axis，则额外返回下标
topk(t,k,axis)	在指定的 axis 维上取最高的 K 个值

以下是部分函数的代码实现。

```
import torch

x=torch.linspace(0,10,6).view(2,3)
#求所有元素的最大值
torch.max(x)    #结果为10
#求y轴方向的最大值
torch.max(x,dim=0)    #结果为[6,8,10]
#求最大的2个元素
torch.topk(x,1,dim=0)   #结果为[6,8,10],对应索引为tensor([[1, 1, 1]
```

2.4.9　矩阵操作

机器学习和深度学习中存在大量的矩阵运算，常用的算法有两种：一种是逐元素乘法，另外一种是点积乘法。PyTorch 中常用的矩阵函数可参考表 2-7。

表 2-7　常用矩阵函数

函数	说明
dot(t1, t2)	计算张量（1D）的内积或点积
mm(mat1, mat2)/bmm(batch1,batch2)	计算矩阵乘法 / 含 batch 的 3D 矩阵乘法
mv(t1, v1)	计算矩阵与向量乘法
t	转置
svd(t)	计算 t 的 SVD 分解

【说明】

1）Torch 的 dot 与 Numpy 的 dot 有点不同，Torch 中的 dot 是对两个为 1D 张量进行点积运算，Numpy 中的 dot 无此限制。

2）mm 是对 2D 的矩阵进行点积，bmm 对含 batch 的 3D 进行点积运算。

3）转置运算会导致存储空间不连续，需要调用 contiguous 方法转为连续。

```
import torch

a=torch.tensor([2, 3])
b=torch.tensor([3, 4])

torch.dot(a,b)    #运行结果为18
x=torch.randint(10,(2,3))
y=torch.randint(6,(3,4))
torch.mm(x,y)
x=torch.randint(10,(2,2,3))
y=torch.randint(6,(2,3,4))
torch.bmm(x,y)
```

2.4.10　PyTorch 与 Numpy 比较

PyTorch 与 Numpy 有很多类似的地方，并且有很多相同的操作函数名称，或虽然函数名称不同但含义相同；当然也有一些虽然函数名称相同，但含义不尽相同。有些很容易混淆，下面我们把一些主要的区别进行汇总，具体可参考表 2-8。

表 2-8　PyTorch 与 Numpy 函数对照表

操作类别	Numpy	PyTorch
数据类型	np.ndarray	torch.Tensor
	np.float32	torch.float32; torch.float
	np.float64	torch.float64; torch.double
	np.int64	torch.int64; torch.long

（续）

操作类别	Numpy	PyTorch
从已有数据构建	np.array([3.2, 4.3], dtype=np.float16)	torch.tensor([3.2, 4.3] dtype=torch.float16)
	x.copy()	x.clone()
	np.concatenate	torch.cat
线性代数	np.dot	torch.mm
属性	x.ndim	x.dim()
	x.size	x.nelement()
形状操作	x.reshape	x.reshape; x.view
	x.flatten	x.view(-1)
类型转换	np.floor(x)	torch.floor(x); x.floor()
比较	np.less	x.lt
	np.less_equal/np.greater	x.le/x.gt
	np.greater_equal/np.equal/np.not_equal	x.ge/x.eq/x.ne
随机种子	np.random.seed	torch.manual_seed

2.5　Tensor 与 Autograd

在神经网络中，一个重要内容就是进行参数学习，而参数学习离不开求导，那么 PyTorch 是如何进行求导的呢？

现在大部分深度学习架构都有自动求导的功能，PyTorch 也不例外，torch.autograd 包就是用来自动求导的。Autograd 包为张量上所有的操作提供了自动求导功能，而 torch.Tensor 和 torch.Function 为 Autograd 的两个核心类，它们相互连接并生成一个有向非循环图。接下来我们先简单介绍 Tensor 如何实现自动求导，然后介绍计算图，最后用代码来实现这些功能。

2.5.1　自动求导要点

为实现对 Tensor 自动求导，需考虑如下事项：

1）创建叶子节点（Leaf Node）的 Tensor，使用 requires_grad 参数指定是否记录对其的操作，以便之后利用 backward() 方法进行梯度求解。requires_grad 参数的缺省值为 False，如果要对其求导需设置为 True，然后与之有依赖关系的节点会自动变为 True。

2）可利用 requires_grad_() 方法修改 Tensor 的 requires_grad 属性。可以调用 .detach() 或 with torch.no_grad()：，将不再计算张量的梯度，跟踪张量的历史记录。这点在评估模型、测试模型阶段中常常用到。

3）通过运算创建的 Tensor（即非叶子节点），会自动被赋予 grad_fn 属性。该属性表示梯度函数。叶子节点的 grad_fn 为 None。

4）最后得到的 Tensor 执行 backward() 函数，此时自动计算各变量的梯度，并将累加结果保存到 grad 属性中。计算完成后，非叶子节点的梯度自动释放。

5）backward() 函数接收参数，该参数应和调用 backward() 函数的 Tensor 的维度相同，或者是可 broadcast 的维度。如果求导的 Tensor 为标量（即一个数字），则 backward 中的参数可省略。

6）反向传播的中间缓存会被清空，如果需要进行多次反向传播，需要指定 backward 中的参数 retain_graph=True。多次反向传播时，梯度是累加的。

7）非叶子节点的梯度 backward 调用后即被清空。

8）可以通过用 torch.no_grad() 包裹代码块的形式来阻止 autograd 去跟踪那些标记为 .requesgrad=True 的张量的历史记录。这步在测试阶段经常使用。

在整个过程中，PyTorch 采用计算图的形式进行组织，该计算图为动态图，且在每次前向传播时，将重新构建。其他深度学习架构，如 TensorFlow、Keras 一般为静态图。接下来我们介绍计算图，用图的形式来描述就更直观了，该计算图为有向无环图（DAG）。

2.5.2　计算图

计算图是一种有向无环图像，用图形方式来表示算子与变量之间的关系，直观高效。如图 2-9 所示，圆形表示变量，矩阵表示算子。如表达式：$z = wx + b$，可写成两个表示式：$y = wx$，则 $z = y + b$，其中 x、w、b 为变量，是用户创建的变量，不依赖于其他变量，故又称为叶子节点。为计算各叶子节点的梯度，需要把对应的张量参数 requires_grad 属性设置为 True，这样就可自动跟踪其历史记录。y、z 是计算得到的变量，非叶子节点，z 为根节点。mul 和 add 是算子（或操作或函数）。由这些变量及算子，就构成一个完整的计算过程（或前向传播过程）。

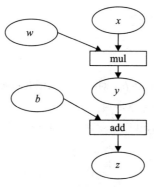

图 2-9　正向传播计算图

我们的目标是更新各叶子节点的梯度，根据复合函数导数的链式法则，不难算出各叶子节点的梯度。

$$\frac{\partial z}{\partial x} = \frac{\partial z}{\partial y}\frac{\partial y}{\partial x} = w \qquad\qquad (2\text{-}1)$$

$$\frac{\partial z}{\partial w} = \frac{\partial z}{\partial y}\frac{\partial y}{\partial w} = x \qquad\qquad (2\text{-}2)$$

$$\frac{\partial z}{\partial b} = 1 \qquad\qquad (2\text{-}3)$$

PyTorch 调用 backward() 方法，将自动计算各节点的梯度，这是一个反向传播过程，这个过程可用图 2-9 表示。且在反向传播过程中，autograd 沿着图 2-10，从当前根节点 z 反向溯源，利用导数链式法则，计算所有叶子节点的梯度，其梯度值将累加到 grad 属性中。对非叶子节点的计算操作（或 Function）记录在 grad_fn 属性中，叶子节点的 grad_fn 值为 None。

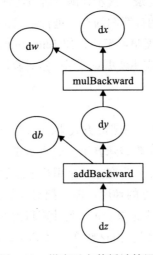

图 2-10 梯度反向传播计算图

下面通过代码来实现这个计算图。

2.5.3 标量反向传播

假设 x、w、b 都是标量，z = wx + b，对标量 z 调用 backward() 方法，我们无须对 backward() 传入参数。以下是实现自动求导的主要步骤：

1）定义叶子节点及算子节点：

```
import torch

#定义输入张量x
x=torch.Tensor([2])
#初始化权重参数W,偏移量b、并设置require_grad属性为True,为自动求导
w=torch.randn(1,requires_grad=True)
b=torch.randn(1,requires_grad=True)
#实现前向传播
y=torch.mul(w,x)    #等价于w*x
z=torch.add(y,b)    #等价于y+b
```

```
#查看x,w, b页子节点的requite_grad属性
print("x,w,b的require_grad属性分别为: {},{},{}".format(x.requires_grad,w.requires_
grad,b.requires_grad))
```

运行结果：

```
x,w,b的require_grad属性分别为: False,True,True
```

2）查看叶子节点、非叶子节点的其他属性。

```
#查看非叶子节点的requres_grad属性,
print("y, z的requires_grad属性分别为: {},{}".format(y.requires_grad,z.requires_
grad))
#因与w, b有依赖关系，故y, z的requires_grad属性也是: True,True
#查看各节点是否为叶子节点
print("x, w, b, y, z的是否为叶子节点: {},{},{},{},{}".format(x.is_leaf,w.is_leaf,b.
is_leaf,y.is_leaf,z.is_leaf))
#x, w, b, y, z的是否为叶子节点: True,True,True,False,False
#查看叶子节点的grad_fn属性
print("x, w, b的grad_fn属性: {},{},{}".format(x.grad_fn,w.grad_fn,b.grad_fn))
#因x, w, b为用户创建的，为通过其他张量计算得到，故x, w, b的grad_fn属性: None,None,None
#查看非叶子节点的grad_fn属性
print("y, z的是否为叶子节点: {},{}".format(y.grad_fn,z.grad_fn))
#y, z的是否为叶子节点: <MulBackward0 object at 0x7f923e85dda0>,<AddBackward0 object
at 0x7f923e85d9b0>
```

3）自动求导，实现梯度方向传播，即梯度的反向传播。

```
#基于z张量进行梯度反向传播,执行backward之后计算图会自动清空,
z.backward()
#如果需要多次使用backward，需要修改参数retain_graph为True，此时梯度是累加的
#z.backward(retain_graph=True)

#查看叶子节点的梯度，x是叶子节点但它无须求导，故其梯度为None
print("参数w,b的梯度分别为:{},{},{}".format(w.grad,b.grad,x.grad))
#参数w,b的梯度分别为:tensor([2.]),tensor([1.]),None

#非叶子节点的梯度，执行backward之后，会自动清空
print("非叶子节点y,z的梯度分别为:{},{}".format(y.grad,z.grad))
#非叶子节点y,z的梯度分别为:None,None
```

2.5.4 非标量反向传播

在 2.5.3 节中介绍了当目标张量为标量时，可以调用 backward() 方法且无须传入参数。目标张量一般都是标量，如我们经常使用的损失值 Loss，一般都是一个标量。但也有非标量的情况，后面将介绍的 Deep Dream 的目标值就是一个含多个元素的张量。那如何对非标量进行反向传播呢？ PyTorch 有个简单的规定，不让张量（Tensor）对张量求导，只允许标量对张量求导，因此，如果目标张量对一个非标量调用 backward()，则需要传入一个 gradient 参数，该参数也是张量，而且需要与调用 backward() 的张量形状相同。那么为什么要传入一个张量 gradient 呢？

　　传入这个参数就是为了把张量对张量的求导转换为标量对张量的求导。这有点拗口，我们举一个例子来说，假设目标值为 loss=$(y_1, y_2, \cdots, y_m)$，传入的参数为 $v = (v_1, v_2, \cdots, v_m)$，那么就可把对 loss 的求导，转换为对 loss*v^T 标量的求导。即把原来 $\dfrac{\partial loss}{\partial x}$ 得到的雅可比矩阵（Jacobian）乘以张量 v^T，便可得到我们需要的梯度矩阵。

　　backward 函数的格式为：

```
backward(gradient=None, retain_graph=None, create_graph=False)
```

　　上面说的可能有点抽象，下面来通过一个实例进行说明。

　　1）定义叶子节点及计算节点。

```
import torch

#定义叶子节点张量x，形状为1x2
x= torch.tensor([[2, 3]], dtype=torch.float, requires_grad=True)
#初始化Jacobian矩阵
J= torch.zeros(2 ,2)
#初始化目标张量，形状为1x2
y = torch.zeros(1, 2)
#定义y与x之间的映射关系：
#y1=x1**2+3*x2, y2=x2**2+2*x1
y[0, 0] = x[0, 0] ** 2 + 3 * x[0 ,1]
y[0, 1] = x[0, 1] ** 2 + 2 * x[0, 0]
```

　　2）手工计算 y 对 x 的梯度。

　　我们先手工计算一下 y 对 x 的梯度，验证 PyTorch 的 backward 的结果是否正确。

　　y 对 x 的梯度是一个雅可比矩阵，我们可通过以下方法进行计算各项的值。

　　假设 $x = (x_1 = 2, x_2 = 3)$，$y = (y_1 = x_1^2 + 3x_2, y_2 = x_2^2 + 2x_1)$，不难得到：

$$J = \begin{pmatrix} \dfrac{\partial y_1}{\partial x_1} & \dfrac{\partial y_1}{\partial x_2} \\ \dfrac{\partial y_2}{\partial x_1} & \dfrac{\partial y_2}{\partial x_2} \end{pmatrix} = \begin{pmatrix} 2x_1 & 3 \\ 2 & 2x_2 \end{pmatrix} \tag{2-4}$$

　　当 $x_1 = 2$，$x_2 = 3$ 时，

$$J = \begin{pmatrix} 4 & 3 \\ 2 & 6 \end{pmatrix} \tag{2-5}$$

　　所以：

$$J^T = \begin{pmatrix} 4 & 2 \\ 3 & 6 \end{pmatrix} \tag{2-6}$$

　　3）调用 backward 来获取 y 对 x 的梯度。

```
y.backward(torch.Tensor([[1, 1]]))
print(x.grad)
#结果为tensor([[6., 9.]])
```

这个结果与我们手工运算的不符，显然这个结果是错误的，那错在哪里呢？这个结果的计算过程是：

$$J^{\mathrm{T}} \cdot v^{\mathrm{T}} = \begin{pmatrix} 4 & 2 \\ 3 & 6 \end{pmatrix} \begin{pmatrix} 1 \\ 1 \end{pmatrix} = \begin{pmatrix} 6 \\ 9 \end{pmatrix} \quad\quad\quad (2\text{-}7)$$

由此可见，错在 v 的取值，通过这种方式得到的并不是 y 对 x 的梯度。这里我们可以分成两步计算。首先让 $v=(1,0)$ 得到 y_1 对 x 的梯度，然后使 $v=(0,1)$，得到 y_2 对 x 的梯度。这里因需要重复使用 backward()，需要使参数 retain_graph=True，具体代码如下：

```
#生成y1对x的梯度
y.backward(torch.Tensor([[1, 0]]),retain_graph=True)
J[0]=x.grad
#梯度是累加的，故需要对x的梯度清零
x.grad = torch.zeros_like(x.grad)
#生成y2对x的梯度
y.backward(torch.Tensor([[0, 1]]))
J[1]=x.grad
#显示jacobian矩阵的值
print(J)
```

运行结果

```
tensor([[4., 3.],[2., 6.]])
```

这个结果与手工运行的式（2-5）结果一致。

2.6 使用 Numpy 实现机器学习

前面已经介绍了 Numpy、Tensor 的基础内容，对如何使用 Numpy、Tensor 操作数组有了一定认识。为了加深大家对使用 PyTorch 完成机器学习、深度学习的理解，本章剩余章节将分别用 Numpy、Tensor、autograd、nn 及 optimal 来实现同一个机器学习任务，比较它们之间的异同及各自优缺点，从而使读者加深对 PyTorch 的理解。

首先，我们用最原始的 Numpy 实现有关回归的一个机器学习任务，不用 PyTorch 中的包或类。这种方法代码可能多一点，但每一步都是透明的，有利于理解每步的工作原理。主要步骤包括：

首先，给出一个数组 x，然后基于表达式 $y = 3x^2 + 2$，加上一些噪音数据到达另一组数据 y。

然后，构建一个机器学习模型，学习表达式 $y = wx^2 + b$ 的两个参数 w、b。利用数组 x，y 的数据为训练数据。

最后，采用梯度梯度下降法，通过多次迭代，学习到 w、b 的值。

以下为具体步骤：

1）导入需要的库。

```
# -*- coding: utf-8 -*-
import numpy as np
%matplotlib inline
from matplotlib import pyplot as plt
```

2）生成输入数据 x 及目标数据 y。

设置随机数种子，生成同一个份数据，以便用多种方法进行比较。

```
np.random.seed(100)
x = np.linspace(-1, 1, 100).reshape(100,1)
y = 3*np.power(x, 2) +2+ 0.2*np.random.rand(x.size).reshape(100,1)
```

3）查看 x、y 数据分布情况。

```
# 画图
plt.scatter(x, y)
plt.show()
```

运行结果如图 2-11 所示。

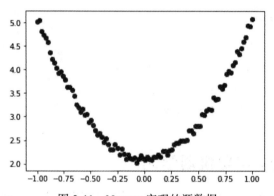

图 2-11　Numpy 实现的源数据

4）初始化权重参数。

```
# 随机初始化参数
w1 = np.random.rand(1,1)
b1 = np.random.rand(1,1)
```

5）训练模型。

定义损失函数，假设批量大小为 100：

$$\text{Loss} = \frac{1}{2}\sum_{i=1}^{100}(wx_i^2 + b - y_i)^2 \qquad (2\text{-}8)$$

对损失函数求导：

$$\frac{\partial \text{Loss}}{\partial w} = \sum_{i=1}^{100}(wx_i^2 + b - y_i)x_i^2 \qquad (2\text{-}9)$$

$$\frac{\partial \text{Loss}}{\partial b} = \sum_{i=1}^{100}(wx_i^2 + b - y_i) \qquad (\,2\text{-}10\,)$$

利用梯度下降法学习参数，学习率为 lr。

$$w_{1\text{-}} = lr*\frac{\partial \text{Loss}}{\partial w} \qquad (\,2\text{-}11\,)$$

$$b_{1\text{-}} = lr*\frac{\partial \text{Loss}}{\partial b} \qquad (\,2\text{-}12\,)$$

用代码实现上面这些表达式：

```
lr =0.001 # 学习率

for i in range(800):
    # 前向传播
    y_pred = np.power(x,2)*w1 + b1
# 定义损失函数
    loss = 0.5 * (y_pred - y) ** 2
    loss = loss.sum()
    #计算梯度
    grad_w=np.sum((y_pred - y)*np.power(x,2))
    grad_b=np.sum((y_pred - y))
    #使用梯度下降法，是loss最小
    w1 -= lr * grad_w
    b1 -= lr * grad_b
```

6）可视化结果。

```
plt.plot(x, y_pred,'r-',label='predict')
plt.scatter(x, y,color='blue',marker='o',label='true') # true data
plt.xlim(-1,1)
plt.ylim(2,6)
plt.legend()
plt.show()
print(w1,b1)
```

运行结果如下，其可视化结果如图 2-12 所示。

```
[[2.95859544]] [[2.10178594]]
```

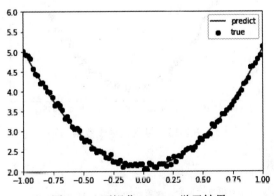

图 2-12　可视化 Numpy 学习结果

从结果看来，学习效果还是比较理想的。

2.7 使用 Tensor 及 Antograd 实现机器学习

2.6 节可以说是纯手工完成一个机器学习任务，数据用 Numpy 表示，梯度及学习是自己定义并构建学习模型。这种方法适合于比较简单的情况，如果稍微复杂一些，代码量将几何级增加。那是否有更方便的方法呢？本节我们将使用 PyTorch 的一个自动求导的包——Antograd，利用这个包及对应的 Tensor，便可利用自动反向传播来求梯度，无须手工计算梯度。以下是具体实现代码。

1）导入需要的库。

```
import torch as t
%matplotlib inline
from matplotlib import pyplot as plt
```

2）生成训练数据，并可视化数据分布情况。

```
t.manual_seed(100)
dtype = t.float
#生成x坐标数据，x为tenor，需要把x的形状转换为100x1
x = t.unsqueeze(torch.linspace(-1, 1, 100), dim=1)
#生成y坐标数据，y为tenor，形状为100x1，另加上一些噪声
y = 3*x.pow(2) +2+ 0.2*torch.rand(x.size())

# 画图，把tensor数据转换为numpy数据
plt.scatter(x.numpy(), y.numpy())
plt.show()
```

运行结果如图 2-13 所示。

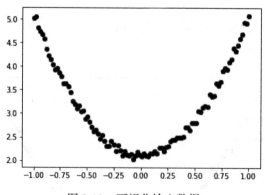

图 2-13 可视化输入数据

3）初始化权重参数。

```
# 随机初始化参数，参数w、b为需要学习的，故需requires_grad=True
```

```
w = t.randn(1,1, dtype=dtype,requires_grad=True)
b = t.zeros(1,1, dtype=dtype, requires_grad=True)
```

4）训练模型。

```
lr =0.001 # 学习率

for ii in range(800):
    # 前向传播，并定义损失函数loss
    y_pred = x.pow(2).mm(w) + b
    loss = 0.5 * (y_pred - y) ** 2
    loss = loss.sum()

    # 自动计算梯度，梯度存放在grad属性中
    loss.backward()

    # 手动更新参数，需要用torch.no_grad()，使上下文环境中切断自动求导的计算
    with t.no_grad():
        w -= lr * w.grad
        b -= lr * b.grad

    # 梯度清零
        w.grad.zero_()
        b.grad.zero_()
```

5）可视化训练结果。

```
plt.plot(x.numpy(), y_pred.detach().numpy(),'r-',label='predict')#predict
plt.scatter(x.numpy(), y.numpy(),color='blue',marker='o',label='true') # true
data
plt.xlim(-1,1)
plt.ylim(2,6)
plt.legend()
plt.show()

print(w, b)
```

运行结果如下，其可视化结果如图 2-14 所示。

```
tensor([[2.9645]], requires_grad=True) tensor([[2.1146]], requires_grad=True)
```

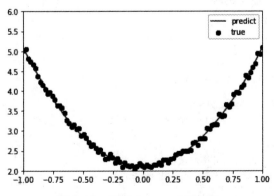

图 2-14　使用 Antograd 的结果

这个结果与使用 Numpy 实现机器学习差不多。

2.8 使用 TensorFlow 架构

2.6 节介绍了用 Numpy 实现回归分析，2.7 节介绍了用 PyTorch 的 Autograd 及 Tensor 实现这个任务。这节我们将用深度学习的另一个框架，TensorFlow，实现该回归分析任务，大家可比较一下使用不同架构之间的一些区别。为便于比较，这里使用 TensorFlow 的静态图（TensorFlow2.0 新增核心功能 Eager Execution，并把 Eager Execution 变为 TensorFlow 默认的执行模式。这意味着 TensorFlow 如同 PyTorch 那样，由编写静态计算图全面转向了动态计算图）。

1）导入库及生成训练数据。

```
# -*- coding: utf-8 -*-
import tensorflow as tf
import numpy as np

#生成训练数据
np.random.seed(100)
x = np.linspace(-1, 1, 100).reshape(100,1)
y = 3*np.power(x, 2) +2+ 0.2*np.random.rand(x.size).reshape(100,1)
```

2）初始化参数。

```
# 创建两个占位符, 分别用来存放输入数据x和目标值y
# 运行计算图时, 导入数据.
x1 = tf.placeholder(tf.float32, shape=(None, 1))
y1 = tf.placeholder(tf.float32, shape=(None, 1))

# 创建权重变量w和b, 并用随机值初始化.
# TensorFlow 的变量在整个计算图保存其值.
w = tf.Variable(tf.random_uniform([1], 0, 1.0))
b = tf.Variable(tf.zeros([1]))
```

3）实现前向传播及损失函数。

```
# 前向传播, 计算预测值.
y_pred = np.power(x,2)*w + b

# 计算损失值
loss=tf.reduce_mean(tf.square(y-y_pred))

# 计算有关参数w、b关于损失函数的梯度.
grad_w, grad_b = tf.gradients(loss, [w, b])

#用梯度下降法更新参数.
# 执行计算图时给 new_w1 和new_w2 赋值
# 对TensorFlow 来说, 更新参数是计算图的一部分内容
# 而PyTorch, 这部分属于计算图之外.
```

```
learning_rate = 0.01
new_w = w.assign(w - learning_rate * grad_w)
new_b = b.assign(b - learning_rate * grad_b)
```

4）训练模型。

```
# 已构建计算图，接下来创建TensorFlow session，准备执行计算图.
with tf.Session() as sess:
    # 执行之前需要初始化变量w、b
    sess.run(tf.global_variables_initializer())

    for step in range(2000):
        # 循环执行计算图. 每次需要把x1、y1赋给x和y.
        # 每次执行计算图时，需要计算关于new_w和new_b的损失值,
        # 返回numpy多维数组
        loss_value, v_w, v_b = sess.run([loss, new_w, new_b],
                                feed_dict={x1: x, y1: y})
        if  step%200==0:  #每200次打印一次训练结果
            print("损失值、权重、偏移量分别为{:.4f},{},{}".format(loss_value,v_w,v_b))
```

5）可视化结果。

```
# 可视化结果
plt.figure()
plt.scatter(x,y)
plt.plot (x, v_b + v_w*x**2)
```

最后 5 次输出结果：

```
损失值、权重、偏移量分别为0.0094,[2.73642],[2.1918662]
损失值、权重、偏移量分别为0.0065,[2.8078585],[2.1653984]
损失值、权重、偏移量分别为0.0050,[2.8592768],[2.1463478]
损失值、权重、偏移量分别为0.0042,[2.896286],[2.132636]
损失值、权重、偏移量分别为0.0038,[2.922923],[2.1227665]
```

运行结果如图 2-15 所示。

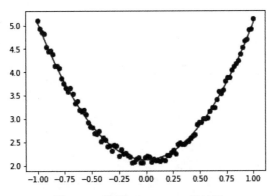

图 2-15　使用 Tensorflow 的结果

迭代 2000 次后，损失值达到 0.0038，权重和偏移量分别为 2.92、2.12，与目标值 3、2

是比较接近了，当然如果增加迭代次数，精度将进一步提升。大家可以尝试一下。

TensorFlow 使用静态图，其特点是先构造图形（如果不显式说明，TensorFlow 会自动构建一个缺省图形），然后启动 Session，执行相关程序。这个时候程序才开始运行，前面都是铺垫，所以也没有运行结果。而 PyTorch 的动态图，动态的最关键的一点就是它是交互式的，而且执行每个命令马上就可看到结果，这对训练、发现问题、纠正问题非常方便，且其构图是一个叠加（动态）过程，期间我们可以随时添加内容。这些特征对于训练和调试过程无疑是非常有帮助的，这或许也是 PyTorch 为何在高校、科研院所深得使用者喜爱的重要原因。

2.9　小结

本章主要介绍 PyTorch 的基础知识，这些内容是后续章节的重要支撑。首先介绍了 PyTorch 的安装配置，然后介绍了 PyTorch 的重要数据结构 Tensor。Tensor 类似于 Numpy 的数据结构，但 Tensor 提供 GPU 加速及自动求导等技术。最后分别用 Numpy、Tensor、Autograd、TensorFlow 等技术实现同一个机器学习任务。

第 3 章 | *Chapter 3*

PyTorch 神经网络工具箱

前面已经介绍了 PyTorch 的数据结构及自动求导机制，充分运行这些技术可以大大提高我们的开发效率。本章将介绍 PyTorch 的另一利器：神经网络工具箱。利用这个工具箱，设计一个神经网络就像搭积木一样，可以极大简化我们构建模型的任务。

本章主要讨论如何使用 PyTorch 神经网络工具箱来构建网络，读者可以学习如下内容：

❑ 介绍神经网络核心组件。

❑ 如何构建一个神经网络。

❑ 详细介绍如何构建一个神经网络。

❑ 如何使用 nn 模块中 Module 及 functional。

❑ 如何选择优化器。

❑ 动态修改学习率参数。

3.1 神经网络核心组件

神经网络看起来很复杂，节点很多，层数多，参数更多。但核心部分或组件不多，把这些组件确定后，这个神经网络基本就确定了。这些核心组件包括：

1）层：神经网络的基本结构，将输入张量转换为输出张量。

2）模型：层构成的网络。

3）损失函数：参数学习的目标函数，通过最小化损失函数来学习各种参数。

4）优化器：如何使损失函数最小，这就涉及优化器。

当然这些核心组件不是独立的，它们之间，以及它们与神经网络其他组件之间有密切关系。为便于读者理解，我们可以把这些关键组件及相互关系，用图 3-1 表示。

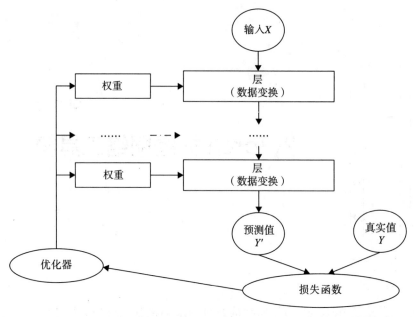

图 3-1 神经网络关键组件及相互关系示意图

多个层链接在一起构成一个模型或网络，输入数据通过这个模型转换为预测值，然后损失函数把预测值与真实值进行比较，得到损失值（损失值可以是距离、概率值等），该损失值用于衡量预测值与目标结果的匹配或相似程度，优化器利用损失值更新权重参数，从而使损失值越来越小。这是一个循环过程，当损失值达到一个阈值或循环次数到达指定次数，循环结束。

接下来利用 PyTorch 的 nn 工具箱，构建一个神经网络实例。nn 中对这些组件都有现成包或类，可以直接使用，非常方便。

3.2　实现神经网络实例

使用 PyTorch 构建神经网络使用的主要工具（或类）及相互关系，如图 3-2 所示。

从图 3-2 可知，构建网络层可以基于 Module 类或函数（nn.functional）。nn 中的大多数层（Layer）在 functional 中都有与之对应的函数。nn.functional 中函数与 nn.Module 中的 Layer 的主要区别是后者继承 Module 类，会自动提取可学习的参数。而 nn.functional 更像是纯函数。两者功能相同，且性能也没有很大区别，那么如何选择呢？像卷积层、全连接层、Dropout 层等因含有可学习参数，一般使用 nn.Module，而激活函数、池化层不含可学习参数，可以使用 nn.functional 中对应的函数。下面通过实例来说明如何使用 nn 构建一个网络模型。

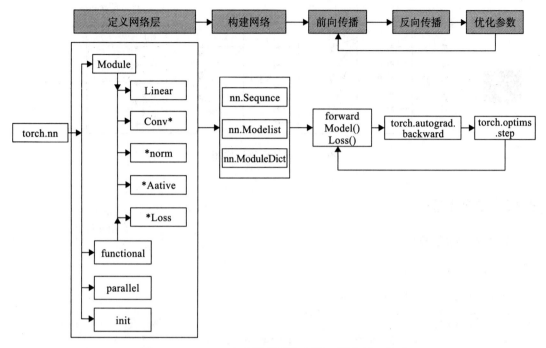

图 3-2　PyTorch 实现神经网络主要工具及相互关系

3.2.1　背景说明

这节将利用神经网络完成对手写数字进行识别的实例，来说明如何借助 nn 工具箱来实现一个神经网络，并对神经网络有个直观了解。在这个基础上，后续我们将对 nn 的各模块进行详细介绍。实例环境使用 PyTorch1.0+，GPU 或 CPU，源数据集为 MNIST。

主要步骤：

1）利用 PyTorch 内置函数 mnist 下载数据。

2）利用 torchvision 对数据进行预处理，调用 torch.utils 建立一个数据迭代器。

3）可视化源数据。

4）利用 nn 工具箱构建神经网络模型。

5）实例化模型，并定义损失函数及优化器。

6）训练模型。

7）可视化结果。

神经网络的结构如图 3-3 所示。

使用两个隐含层，每层激活函数为 ReLU，最后使用 torch.max(out,1) 找出张量 out 最大值对应索引作为预测值。

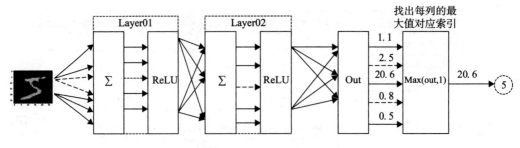

图 3-3　神经网络结构图

3.2.2　准备数据

1. 导人必要的模块

```
import numpy as np
import torch
# 导入 PyTorch 内置的 mnist 数据
from torchvision.datasets import mnist
#导入预处理模块
import torchvision.transforms as transforms
from torch.utils.data import DataLoader
#导入nn及优化器
import torch.nn.functional as F
import torch.optim as optim
from torch import nn
```

2. 定义一些超参数

```
# 定义一些超参数
train_batch_size = 64
test_batch_size = 128
learning_rate = 0.01
num_epoches = 20
lr = 0.01
momentum = 0.5
```

3. 下载数据并对数据进行预处理

```
#定义预处理函数，这些预处理依次放在Compose函数中。
transform = transforms.Compose([transforms.ToTensor(),transforms.Normalize([0.5],
[0.5])])
#下载数据，并对数据进行预处理
train_dataset = mnist.MNIST('./data', train=True, transform=transform,
download=True)
test_dataset = mnist.MNIST('./data', train=False, transform=transform)
#dataloader是一个可迭代对象，可以使用迭代器一样使用。
train_loader = DataLoader(train_dataset, batch_size=train_batch_size, shuffle=True)
test_loader = DataLoader(test_dataset, batch_size=test_batch_size, shuffle=False)
```

【说明】

1）transforms.Compose 可以把一些转换函数组合在一起；

2）Normalize([0.5], [0.5]) 对张量进行归一化，这里两个 0.5 分别表示对张量进行归一化的全局平均值和方差。因图像是灰色的只有一个通道，如果有多个通道，需要有多个数字，如 3 个通道，应该是 Normalize([m1,m2,m3], [n1,n2,n3])；

3）download 参数控制是否需要下载，如果 ./data 目录下已有 MNIST，可选择 False；

4）用 DataLoader 得到生成器，这可节省内存；

5）torchvision 及 data 的使用第 4 章将详细介绍。

3.2.3　可视化源数据

```
import matplotlib.pyplot as plt
%matplotlib inline

examples = enumerate(test_loader)
batch_idx, (example_data, example_targets) = next(examples)

fig = plt.figure()
for i in range(6):
  plt.subplot(2,3,i+1)
  plt.tight_layout()
  plt.imshow(example_data[i][0], cmap='gray', interpolation='none')
  plt.title("Ground Truth: {}".format(example_targets[i]))
  plt.xticks([])
  plt.yticks([])
```

MNIST 源数据示例如图 3-4 所示。

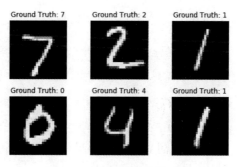

图 3-4　MNIST 源数据示例

3.2.4　构建模型

数据预处理之后，我们开始构建网络，创建模型。

1）构建网络。

```
class Net(nn.Module):
    """
    使用sequential构建网络，Sequential()函数的功能是将网络的层组合到一起
    """
    def __init__(self, in_dim, n_hidden_1, n_hidden_2, out_dim):
        super(Net, self).__init__()
        self.layer1 = nn.Sequential(nn.Linear(in_dim, n_hidden_1),nn.BatchNorm1d(n_
hidden_1))
        self.layer2 = nn.Sequential(nn.Linear(n_hidden_1, n_hidden_2),nn.BatchNorm1d
(n_hidden_2))
        self.layer3 = nn.Sequential(nn.Linear(n_hidden_2, out_dim))

    def forward(self, x):
        x = F.relu(self.layer1(x))
        x = F.relu(self.layer2(x))
        x = self.layer3(x)
        return x
```

2）实例化网络。

```
#检测是否有可用的GPU，有则使用，否则使用CPU
device = torch.device("cuda:0" if torch.cuda.is_available() else "cpu")
#实例化网络
model = Net(28 * 28, 300, 100, 10)
model.to(device)

# 定义损失函数和优化器
criterion = nn.CrossEntropyLoss()
optimizer = optim.SGD(model.parameters(), lr=lr, momentum=momentum)
```

3.2.5 训练模型

训练模型，这里使用 for 循环，进行迭代。其中包括对训练数据的训练模型，然后用测试数据的验证模型。

1. 训练模型

```
# 开始训练
losses = []
acces = []
eval_losses = []
eval_acces = []

for epoch in range(num_epoches):
    train_loss = 0
    train_acc = 0
    model.train()
#动态修改参数学习率
    if epoch%5==0:
        optimizer.param_groups[0]['lr']*=0.1
    for img, label in train_loader:
```

```
        img=img.to(device)
        label = label.to(device)
        img = img.view(img.size(0), -1)
        # 前向传播
        out = model(img)
        loss = criterion(out, label)
        # 反向传播
        optimizer.zero_grad()
        loss.backward()
        optimizer.step()
        # 记录误差
        train_loss += loss.item()
        # 计算分类的准确率
        _, pred = out.max(1)
        num_correct = (pred == label).sum().item()
        acc = num_correct / img.shape[0]
        train_acc += acc

    losses.append(train_loss / len(train_loader))
    acces.append(train_acc / len(train_loader))
    # 在测试集上检验效果
    eval_loss = 0
    eval_acc = 0
# 将模型改为预测模式
    model.eval()
    for img, label in test_loader:
        img=img.to(device)
        label = label.to(device)
        img = img.view(img.size(0), -1)
        out = model(img)
        loss = criterion(out, label)
        # 记录误差
        eval_loss += loss.item()
        # 记录准确率
        _, pred = out.max(1)
        num_correct = (pred == label).sum().item()
        acc = num_correct / img.shape[0]
        eval_acc += acc

    eval_losses.append(eval_loss / len(test_loader))
    eval_acces.append(eval_acc / len(test_loader))
    print('epoch: {}, Train Loss: {:.4f}, Train Acc: {:.4f}, Test Loss: {:.4f},
Test Acc: {:.4f}'
            .format(epoch, train_loss / len(train_loader), train_acc / len(train_
loader),
                    eval_loss / len(test_loader), eval_acc / len(test_loader)))
```

最后 5 次迭代的结果：

```
epoch: 15, Train Loss: 0.0047, Train Acc: 0.9995, Test Loss: 0.0543, Test Acc:
0.9839
epoch: 16, Train Loss: 0.0048, Train Acc: 0.9997, Test Loss: 0.0532, Test Acc:
0.9839
```

```
epoch: 17, Train Loss: 0.0049, Train Acc: 0.9996, Test Loss: 0.0544, Test Acc:
0.9839
epoch: 18, Train Loss: 0.0049, Train Acc: 0.9995, Test Loss: 0.0535, Test Acc:
0.9839
epoch: 19, Train Loss: 0.0049, Train Acc: 0.9996, Test Loss: 0.0536, Test Acc:
0.9836
```

这个神经网络的结构比较简单，只用了两层，也没有使用 Dropout 层，迭代 20 次，测试准确率达到 98% 左右，效果还可以。不过，还是有提升空间，如果采用 cnn、Dropout 等层，应该还可以提升模型性能。

2. 可视化训练及测试损失值

```
plt.title('trainloss')
plt.plot(np.arange(len(losses)), losses)
plt.legend(['Train Loss'], loc='upper right')
```

运行结果如图 3-5 所示。

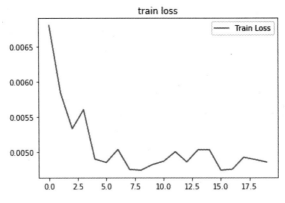

图 3-5　MNIST 数据集训练的损失值

3.3　如何构建神经网络？

3.2 节中通过使用 nn 工具箱，搭建了一个神经网络。虽然步骤较多，但关键就是选择网络层，构建网络，然后选择损失和优化器。在 nn 工具箱中，可以直接引用的网络很多，有全连接层、卷积层、循环层、正则化层、激活层等等。假设这些层都定义好了，接下来应该如何组织或构建这些层呢？

3.3.1　构建网络层

在 3.2 节实例中，采用了 torch.nn.Sequential() 来构建网络层，这个有点类似 Keras 的 models.Sequential()，使用起来就像搭积木一样，非常方便。不过，这种方法每层的编码是默认的数字，不易区分。

如果要对每层定义一个名称，我们可以采用 Sequential 的一种改进方法，在 Sequential 的基础上，通过 add_module() 添加每一层，并且为每一层增加一个单独的名字。

此外，还可以在 Sequential 基础上，通过字典的形式添加每一层，并且设置单独的层名称。

以下是采用字典方式构建网络的一个示例代码：

```
class Net(torch.nn.Module):
    def __init__(self):
        super(Net, self).__init__()
        self.conv = torch.nn.Sequential(
            OrderedDict(
                [
                    ("conv1", torch.nn.Conv2d(3, 32, 3, 1, 1)),
                    ("relu1", torch.nn.ReLU()),
                    ("pool", torch.nn.MaxPool2d(2))
                ]
            ))

        self.dense = torch.nn.Sequential(
            OrderedDict([
                ("dense1", torch.nn.Linear(32 * 3 * 3, 128)),
                ("relu2", torch.nn.ReLU()),
                ("dense2", torch.nn.Linear(128, 10))
            ])
        )
```

3.3.2　前向传播

定义好每层后，最后还需要通过前向传播的方式把这些串起来。这就是涉及如何定义 forward 函数的问题。forward 函数的任务需要把输入层、网络层、输出层链接起来，实现信息的前向传导。该函数的参数一般为输入数据，返回值为输出数据。

在 forward 函数中，有些层来自 nn.Module，也可以使用 nn.functional 定义。来自 nn.Module 的需要实例化，而使用 nn.functional 定义的可以直接使用。

3.3.3　反向传播

前向传播函数定义好以后，接下来就是梯度的反向传播。在第 2 章中，介绍了实现梯度反向传播的方法。这里关键是利用复合函数的链式法则。深度学习中涉及很多函数，如果要自己手工实现反向传播，比较费时。好在 PyTorch 提供了自动反向传播的功能，使用 nn 工具箱，无须我们自己编写反向传播，直接让损失函数（loss）调用 backward() 即可，非常方便和高效！

在反向传播过程中，优化器是一个重要角色。优化方法有很多，3.2 节采用 SGD 优化器。此外，我们还可以选择其他优化器，3.7 小节将介绍各种优化器的优缺点。

3.3.4 训练模型

层、模型、损失函数和优化器等都定义或创建好，接下来就是训练模型。训练模型时需要注意使模型处于训练模式，即调用 model.train()。调用 model.train() 会把所有的 module 设置为训练模式。如果是测试或验证阶段，需要使模型处于验证阶段，即调用 model.eval()，调用 model.eval() 会把所有的 training 属性设置为 False。

缺省情况下梯度是累加的，需要手工把梯度初始化或清零，调用 optimizer.zero_grad() 即可。训练过程中，正向传播生成网络的输出，计算输出和实际值之间的损失值。调用 loss.backward() 自动生成梯度，然后使用 optimizer.step（）执行优化器，把梯度传播回每个网络。

如果希望用 GPU 训练，需要把模型、训练数据、测试数据发送到 GPU 上，即调用 .to(device)。如果需要使用多 GPU 进行处理，可使模型或相关数据引用 nn.DataParallel。nn.DataParallel 的具体使用在第 4 章将详细介绍。

3.4 神经网络工具箱 nn

前面我们使用 Autograd 及 Tensor 实现机器学习实例时，需要做不少设置，如对叶子节点的参数 requires_grad 设置为 True，然后调用 backward，再从 grad 属性中提取梯度。对于大规模的网络，Autograd 太过于底层和烦琐。为了简单、有效解决这个问题，nn 是一个有效工具。在 nn 工具箱中有两个重要模块：nn.Model、nn.functional，接下来将介绍这两个模块。

3.4.1 nn.Module

nn.Module 是 nn 的一个核心数据结构，它可以是神经网络的某个层（Layer），也可以是包含多层的神经网络。在实际使用中，最常见的做法是继承 nn.Module，生成自己的网络 / 层，如 3.2 小节实例中，所定义的 Net 类就采用这种方法（class Net(torch.nn.Module)）。nn 中已实现了绝大多数层，包括全连接层、损失层、激活层、卷积层、循环层等，这些层都是 nn.Module 的子类，能够自动检测到自己的 Parameter，并将其作为学习参数，且针对 GPU 运行进行了 cuDNN 优化。

3.4.2 nn.functional

nn 中的层，一类是继承了 nn.Module，其命名一般为 nn.Xxx（第一个是大写），如 nn.Linear、nn.Conv2d、nn.CrossEntropyLoss 等。另一类是 nn.functional 中的函数，其名称一般为 nn.funtional.xxx，如 nn.funtional.linear、nn.funtional.conv2d、nn.funtional.cross_entropy 等。从功能来说两者相当，基于 nn.Moudle 能实现的层，使用 nn.funtional 也可实

现，反之亦然，而且性能方面两者也没有太大差异。不过在具体使用时，两者还是有区别，主要区别如下：

1）nn.Xxx 继承于 nn.Module，nn.Xxx 需要先实例化并传入参数，然后以函数调用的方式调用实例化的对象并传入输入数据。它能够很好地与 nn.Sequential 结合使用，而 nn.functional.xxx 无法与 nn.Sequential 结合使用。

2）nn.Xxx 不需要自己定义和管理 weight、bias 参数；而 nn.functional.xxx 需要自己定义 weight、bias 参数，每次调用的时候都需要手动传入 weight、bias 等参数，不利于代码复用。

3）Dropout 操作在训练和测试阶段是有区别的，使用 nn.Xxx 方式定义 Dropout，在调用 model.eval() 之后，自动实现状态的转换，而使用 nn.functional.xxx 却无此功能。

总的来说，两种功能都是相同的，但 PyTorch 官方推荐：具有学习参数的（例如，conv2d, linear, batch_norm) 采用 nn.Xxx 方式。没有学习参数的（例如，maxpool、loss func、activation func）等根据个人选择使用 nn.functional.xxx 或者 nn.Xxx 方式。3.2 小节中使用激活层，我们采用 F.relu 来实现，即 nn.functional.xxx 方式。

3.5　优化器

PyTorch 常用的优化方法都封装在 torch.optim 里面，其设计很灵活，可以扩展为自定义的优化方法。所有的优化方法都是继承了基类 optim.Optimizer，并实现了自己的优化步骤。最常用的优化算法就是梯度下降法及其各种变种，后续章节我们将介绍各种算法的原理，这类优化算法通过使用参数的梯度值更新参数。

3.2 节使用的随机梯度下降法（SGD）就是最普通的优化器，一般 SGD 并说没有加速效果，3.2 节使用的 SGD 包含动量参数 Momentum，它是 SGD 的改良版。

我们结合 3.2 小结内容，说明使用优化器的一般步骤为：

（1）建立优化器实例

导入 optim 模块，实例化 SGD 优化器，这里使用动量参数 momentum（该值一般在（0,1）之间），是 SGD 的改进版，效果一般比不使用动量规则的要好。

```
import torch.optim as optim
optimizer = optim.SGD(model.parameters(), lr=lr, momentum=momentum)
```

以下步骤在训练模型的 for 循环中。

（2）向前传播

把输入数据传入神经网络 Net 实例化对象 model 中，自动执行 forward 函数，得到 out 输出值，然后用 out 与标记 label 计算损失值 loss。

```
out = model(img)
loss = criterion(out, label)
```

（3）清空梯度

缺省情况梯度是累加的，在梯度反向传播前，先需把梯度清零。

```
optimizer.zero_grad()
```

（4）反向传播

基于损失值，把梯度进行反向传播。

```
loss.backward()
```

（5）更新参数

基于当前梯度（存储在参数的 .grad 属性中）更新参数。

```
optimizer.step()
```

3.6　动态修改学习率参数

修改参数的方式可以通过修改参数 optimizer.params_groups 或新建 optimizer。新建 optimizer 比较简单，optimizer 十分轻量级，所以开销很小。但是新的优化器会初始化动量等状态信息，这对于使用动量的优化器（momentum 参数的 sgd）可能会造成收敛中的震荡。所以，这里直接采用修改参数 optimizer.params_groups。

optimizer.param_groups：长度 1 的 list，optimizer.param_groups[0]：长度为 6 的字典，包括权重参数、lr、momentum 等参数。

```
len(optimizer.param_groups[0])#结果为6
```

以下是 3.2 节中动态修改学习率参数代码：

```
for epoch in range(num_epoches):
#动态修改参数学习率
    if epoch%5==0:
        optimizer.param_groups[0]['lr']*=0.1
        print(optimizer.param_groups[0]['lr'])
    for img, label in train_loader:
######
```

3.7　优化器比较

PyTorch 中的优化器很多，各种优化器一般都有其适应的场景，不过，像自适应优化器在深度学习中比较受欢迎，除了性能较好，鲁棒性、泛化能力也更强。这里通过一个简单实例进行说明。

1）导入需要的模块。

```
import torch
import torch.utils.data as Data
```

```
import torch.nn.functional as F
import matplotlib.pyplot as plt
%matplotlib inline

# 超参数
LR = 0.01
BATCH_SIZE = 32
EPOCH = 12
```

2）生成数据。

```
# 生成训练数据
# torch.unsqueeze() 的作用是将一维变二维，torch只能处理二维的数据
x = torch.unsqueeze(torch.linspace(-1, 1, 1000), dim=1)
# 0.1 * torch.normal(x.size())增加噪点
y = x.pow(2) + 0.1 * torch.normal(torch.zeros(*x.size()))

torch_dataset = Data.TensorDataset(x,y)
#得到一个代批量的生成器
loader = Data.DataLoader(dataset=torch_dataset, batch_size=BATCH_SIZE,
shuffle=True)
```

3）构建神经网络。

```
class Net(torch.nn.Module):
    # 初始化
    def __init__(self):
        super(Net, self).__init__()
        self.hidden = torch.nn.Linear(1, 20)
        self.predict = torch.nn.Linear(20, 1)

    # 前向传递
    def forward(self, x):
        x = F.relu(self.hidden(x))
        x = self.predict(x)
        return x
```

4）使用多种优化器。

```
net_SGD = Net()
net_Momentum = Net()
net_RMSProp = Net()
net_Adam = Net()

nets = [net_SGD, net_Momentum, net_RMSProp, net_Adam]

opt_SGD = torch.optim.SGD(net_SGD.parameters(), lr=LR)
opt_Momentum = torch.optim.SGD(net_Momentum.parameters(), lr=LR, momentum=0.9)
opt_RMSProp = torch.optim.RMSprop(net_RMSProp.parameters(), lr=LR, alpha=0.9)
opt_Adam = torch.optim.Adam(net_Adam.parameters(), lr=LR, betas=(0.9, 0.99))
optimizers = [opt_SGD, opt_Momentum, opt_RMSProp, opt_Adam]
```

5）训练模型。

```
loss_func = torch.nn.MSELoss()
loss_his = [[], [], [], []]  # 记录损失
for epoch in range(EPOCH):
    for step, (batch_x, batch_y) in enumerate(loader):
        for net, opt,l_his in zip(nets, optimizers, loss_his):
            output = net(batch_x)  # get output for every net
            loss = loss_func(output, batch_y)  # compute loss for every net
            opt.zero_grad()  # clear gradients for next train
            loss.backward()  # backpropagation, compute gradients
            opt.step()  # apply gradients
            l_his.append(loss.data.numpy())  # loss recoder
labels = ['SGD', 'Momentum', 'RMSprop', 'Adam']
```

6）可视化结果。

```
for i, l_his in enumerate(loss_his):
    plt.plot(l_his, label=labels[i])
plt.legend(loc='best')
plt.xlabel('Steps')
plt.ylabel('Loss')
plt.ylim((0, 0.2))
plt.show()
```

运行结果如图 3-6 所示。

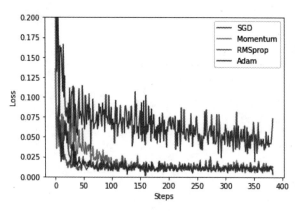

图 3-6　多种优化器性能比较

3.8　小结

本章我们首先介绍了神经网络的核心组件，即层、模型、损失函数及优化器。然后，从一个完整实例开始，看 PyTorch 是如何使用其包、模块等来搭建、训练、评估、优化神经网络。最后详细剖析了 PyTorch 的工具箱 nn 以及基于 nn 的一些常用类或模块等，并用相关实例演示这些模块的功能。本章介绍了神经网络工具箱，第 4 章将介绍 PyTorch 的另一个强大工具箱，即数据处理工具箱。

第 4 章 Chapter 4

PyTorch 数据处理工具箱

在 3.2 节我们利用 PyTorch 的 torchvision、data 等包，下载及预处理 MNIST 数据集。数据下载和预处理是机器学习、深度学习实际项目中耗时又重要的任务，尤其是数据预处理，关系到数据质量和模型性能，往往要占据项目的大部分时间。好在 PyTorch 为此提供了专门的数据下载、数据处理包，使用这些包，可极大地提高我们的开发效率及数据质量。

本章将介绍以下内容：

❑ 简单介绍 PyTorch 相关的数据处理工具箱。

❑ utils.data 简介。

❑ torchvision 简介。

❑ tensorboardX 简介及实例。

4.1 数据处理工具箱概述

通过第 3 章，读者应该对 torchvision、data 等数据处理包有了初步的认识，但可能理解还不够深入，接下来我们将详细介绍。PyTorch 涉及数据处理（数据装载、数据预处理、数据增强等）主要工具包及相互关系如图 4-1 所示。

图 4-1 的左边是 torch.utils.data 工具包，它包括以下 4 个类。

1）Dataset：是一个抽象类，其他数据集需要继承这个类，并且覆写其中的两个方法（_getitem__、__len__）。

2）DataLoader：定义一个新的迭代器，实现批量（batch）读取，打乱数据（shuffle）并提供并行加速等功能。

3）random_split：把数据集随机拆分为给定长度的非重叠的新数据集。

4）*sampler：多种采样函数。

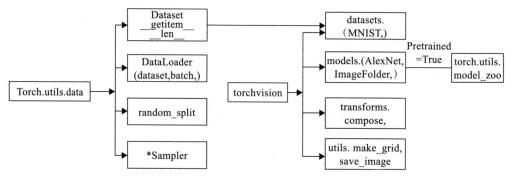

图 4-1　PyTorch 主要数据处理工具

图 4-1 中间是 PyTorch 可视化处理工具（Torchvision），其是 PyTorch 的一个视觉处理工具包，独立于 PyTorch，需要另外安装，使用 pip 或 conda 安装即可：

```
pip  install torchvision #或conda install torchvision
```

它包括 4 个类，各类的主要功能如下。

1）datasets：提供常用的数据集加载，设计上都是继承自 torch.utils.data.Dataset，主要包括 MMIST、CIFAR10/100、ImageNet 和 COCO 等。

2）models：提供深度学习中各种经典的网络结构以及训练好的模型（如果选择 pretrained=True），包括 AlexNet、VGG 系列、ResNet 系列、Inception 系列等。

3）transforms：常用的数据预处理操作，主要包括对 Tensor 及 PIL Image 对象的操作。

4）utils：含两个函数，一个是 make_grid，它能将多张图片拼接在一个网格中；另一个是 save_img，它能将 Tensor 保存成图片。

4.2　utils.data 简介

utils.data 包括 Dataset 和 DataLoader。torch.utils.data.Dataset 为抽象类。自定义数据集需要继承这个类，并实现两个函数，一个是 __len__，另一个是 __getitem__，前者提供数据的大小（size），后者通过给定索引获取数据和标签。__getitem__ 一次只能获取一个数据，所以需要通过 torch.utils.data.DataLoader 来定义一个新的迭代器，实现 batch 读取。首先我们来定义一个简单的数据集，然后通过具体使用 Dataset 及 DataLoader，给读者一个直观的认识。

1）导入需要的模块。

```
import torch
from torch.utils import data
import numpy as np
```

2）定义获取数据集的类。

该类继承基类 Dataset，自定义一个数据集及对应标签。

```
class TestDataset(data.Dataset):#继承Dataset
    def __init__(self):
        self.Data=np.asarray([[1,2],[3,4],[2,1],[3,4],[4,5]])#一些由2维向量表示的数据集
        self.Label=np.asarray([0,1,0,1,2])#这是数据集对应的标签

    def __getitem__(self, index):
        #把numpy转换为Tensor
        txt=torch.from_numpy(self.Data[index])
        label=torch.tensor(self.Label[index])
        return txt,label

    def __len__(self):
        return len(self.Data)
```

3）获取数据集中数据。

```
Test=TestDataset()
print(Test[2])   #相当于调用__getitem__(2)
print(Test.__len__())

#输出：
#(tensor([2, 1]), tensor(0))
#5
```

以上数据以 tuple 返回，每次只返回一个样本。实际上，Dateset 只负责数据的抽取，调用一次 __getitem__ 只返回一个样本。如果希望批量处理（batch），还要同时进行 shuffle 和并行加速等操作，可选择 DataLoader。DataLoader 的格式为：

```
data.DataLoader(
    dataset,
    batch_size=1,
    shuffle=False,
    sampler=None,
    batch_sampler=None,
    num_workers=0,
    collate_fn=<function default_collate at 0x7f108ee01620>,
    pin_memory=False,
    drop_last=False,
    timeout=0,
    worker_init_fn=None,
)
```

主要参数说明：

❑ dataset：加载的数据集。

❑ batch_size：批大小。

❑ shuffle：是否将数据打乱。

❑ sampler：样本抽样。

❑ num_workers：使用多进程加载的进程数，0 代表不使用多进程。

❑ collate_fn：如何将多个样本数据拼接成一个 batch，一般使用默认的拼接方式即可。

❑ pin_memory：是否将数据保存在 pin memory 区，pin memory 中的数据转到 GPU 会快一些。

❑ drop_last：dataset 中的数据个数可能不是 batch_size 的整数倍，drop_last 为 True 会将多出来不足一个 batch 的数据丢弃。

```
test_loader = data.DataLoader(Test,batch_size=2,shuffle=False,num_workers=2)
for i,traindata in enumerate(test_loader):
    print('i:',i)
    Data,Label=traindata
    print('data:',Data)
    print('Label:',Label)
```

运行结果：

```
i: 0
data: tensor([[1, 2],
        [3, 4]])
Label: tensor([0, 1])
i: 1
data: tensor([[2, 1],
        [3, 4]])
Label: tensor([0, 1])
i: 2
data: tensor([[4, 5]])
Label: tensor([2])
```

从这个结果可以看出，这是批量读取。我们可以像使用迭代器一样使用它，比如对它进行循环操作。不过由于它不是迭代器，我们可以通过 iter 命令将其转换为迭代器。

```
dataiter=iter(test_loader)
imgs,labels=next(dataiter)
```

一般用 data.Dataset 处理同一个目录下的数据。如果数据在不同目录下，因为不同的目录代表不同类别（这种情况比较普遍），使用 data.Dataset 来处理就很不方便。不过，使用 PyTorch 另一种可视化数据处理工具（即 torchvision）就非常方便，不但可以自动获取标签，还提供很多数据预处理、数据增强等转换函数。

4.3　torchvision 简介

torchvision 有 4 个功能模块：model、datasets、transforms 和 utils。其中 model 在后续章节中将介绍，利用 datasets 可以下载一些经典数据集，3.2 节中有实例，读者可以参考一下。本节主要介绍如何使用 datasets 的 ImageFolder 处理自定义数据集，以及如何使用 transforms 对源数据进行预处理、增强等。下面将重点介绍 transforms 及 ImageFolder。

4.3.1 transforms

transforms 提供了对 PIL Image 对象和 Tensor 对象的常用操作。

1）对 PIL Image 的常见操作如下。

❑ Scale/Resize：调整尺寸，长宽比保持不变。

❑ CenterCrop、RandomCrop、RandomSizedCrop：裁剪图片，CenterCrop 和 RandomCrop 在 crop 时是固定 size，RandomResizedCrop 则是 random size 的 crop。

❑ Pad：填充。

❑ ToTensor：把一个取值范围是 [0,255] 的 PIL.Image 转换成 Tensor。形状为（H,W,C）的 Numpy.ndarray 转换成形状为 [C,H,W]，取值范围是 [0,1.0] 的 torch.FloatTensor。

❑ RandomHorizontalFlip：图像随机水平翻转，翻转概率为 0.5。

❑ RandomVerticalFlip：图像随机垂直翻转。

❑ ColorJitter：修改亮度、对比度和饱和度。

2）对 Tensor 的常见操作如下。

❑ Normalize：标准化，即，减均值，除以标准差。

❑ ToPILImage：将 Tensor 转为 PIL Image。

如果要对数据集进行多个操作，可通过 Compose 将这些操作像管道一样拼接起来，类似于 nn.Sequential。以下为示例代码：

```
transforms.Compose([
    #将给定的 PIL.Image 进行中心切割，得到给定的 size,
    #size 可以是 tuple, (target_height, target_width)。
    #size 也可以是一个 Integer, 在这种情况下，切出来的图片形状是正方形。
    transforms.CenterCrop(10),
    #切割中心点的位置随机选取
    transforms.RandomCrop(20, padding=0),
    #把一个取值范围是 [0, 255] 的 PIL.Image 或者 shape 为 (H, W, C) 的 numpy.ndarray,
    #转换为形状为 (C, H, W), 取值范围是 [0, 1] 的 torch.FloatTensor
    transforms.ToTensor(),
    #规范化到[-1,1]
    transforms.Normalize(mean = (0.5, 0.5, 0.5), std = (0.5, 0.5, 0.5))
])
```

还可以自己定义一个 Python Lambda 表达式，如将每个像素值加 10，可表示为：transforms.Lambda(lambda x: x.add(10))。

更多内容可参考官网：https://PyTorch.org/docs/stable/torchvision/transforms.html。

4.3.2 ImageFolder

当文件依据标签处于不同文件下时，如：

```
──── data
  ├── zhangliu
```

```
|       ├── 001.jpg
|       └── 002.jpg
├── wuhua
|       ├── 001.jpg
|       └── 002.jpg
................
```

我们可以利用 torchvision.datasets.ImageFolder 来直接构造出 dataset，代码如下：

```
loader = datasets.ImageFolder(path)
loader = data.DataLoader(dataset)
```

ImageFolder 会将目录中的文件夹名自动转化成序列，当 DataLoader 载入时，标签自动就是整数序列了。

下面我们利用 ImageFolder 读取不同目录下的图片数据，然后使用 transforms 进行图像预处理，预处理有多个，我们用 compose 把这些操作拼接在一起。然后使用 DataLoader 加载。

对处理后的数据用 torchvision.utils 中的 save_image 保存为一个 png 格式文件，然后用 Image.open 打开该 png 文件，详细代码如下：

```
from torchvision import transforms, utils
from torchvision import datasets
import torch
import matplotlib.pyplot as plt
%matplotlib inline

my_trans=transforms.Compose([
    transforms.RandomResizedCrop(224),
    transforms.RandomHorizontalFlip(),
    transforms.ToTensor()
])
train_data = datasets.ImageFolder('./data/torchvision_data', transform=my_trans)
train_loader = data.DataLoader(train_data,batch_size=8,shuffle=True,)

for i_batch, img in enumerate(train_loader):
    if i_batch == 0:
        print(img[1])
        fig = plt.figure()
        grid = utils.make_grid(img[0])
        plt.imshow(grid.numpy().transpose((1, 2, 0)))
        plt.show()
        utils.save_image(grid,'test01.png')
    break
```

运行结果如下，其可视化结果如图 4-2 所示。

```
tensor([0, 0, 1, 2, 2, 2, 0, 2])
```

打开 test01.png 文件：

```
from PIL import Image
```

```
Image.open('test01.png')
```

运行结果如图 4-3 所示。

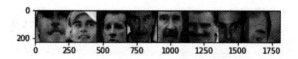

图 4-2　make_grid 拼接在一起的图形

图 4-3　用 Image 查看 png 文件

4.4　可视化工具

Tensorboard 是 Google TensorFlow 的可视化工具，它可以记录训练数据、评估数据、网络结构、图像等，并且可以在 web 上展示，对于观察神经网络训练的过程非常有帮助。PyTorch 可以采用 tensorboard_logger、visdom 等可视化工具，但这些方法比较复杂或不够友好。为解决这一问题，人们推出了可用于 PyTorch 可视化的新的更强大的工具——tensorboardX。

4.4.1　tensorboardX 简介

tensorboardX 功能很强大，支持 scalar、image、figure、histogram、audio、text、graph、onnx_graph、embedding、pr_curve and videosummaries 等可视化方式。

安装也比较方便，先安装 tensorflow（CPU 或 GPU 版），然后安装 tensorboardX，在命令行运行以下命令即可。

```
pip install tensorboardX
```

使用 tensorboardX 的一般步骤如下所示。

1）导入 tensorboardX，实例化 SummaryWriter 类，指明记录日志路径等信息。

```
from tensorboardX import SummaryWriter
#实例化SummaryWriter，并指明日志存放路径。在当前目录没有logs目录将自动创建。
writer = SummaryWriter(log_dir='logs')
#调用实例
writer.add_xxx()
#关闭writer
writer.close()
```

【说明】

① 如果是 Windows 环境，log_dir 注意路径解析，如：

```
writer = SummaryWriter(log_dir=r'D:\myboard\test\logs')
```

② SummaryWriter 的格式为：

```
SummaryWriter(log_dir=None, comment='', **kwargs)
#其中comment在文件命名加上comment后缀
```

③ 如果不写 log_dir，系统将在当前目录创建一个 runs 的目录。

2）调用相应的 API 接口，接口一般格式为：

```
add_xxx(tag-name, object, iteration-number)
#即add_xxx(标签，记录的对象，迭代次数)
```

3）启动 tensorboard 服务：

cd 到 logs 目录所在的同级目录，在命令行输入如下命令，logdir 等式右边可以是相对路径或绝对路径。

```
tensorboard --logdir=logs --port 6006
#如果是Windows环境，要注意路径解析，如
#tensorboard --logdir=r'D:\myboard\test\logs' --port 6006
```

4）web 展示。

在浏览器输入：

```
http://服务器IP或名称:6006   #如果是本机，服务器名称可以使用localhost
```

便可看到 logs 目录保存的各种图形，图 4-4 为示例图。

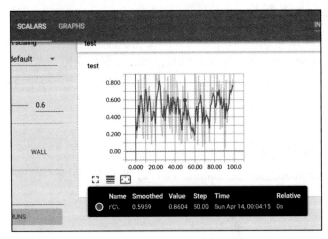

图 4-4　tensorboardx 示例图形

鼠标在图形上移动，还可以看到对应位置具体数据。

有关 tensorboardX 的更多内容，大家可参考其官网：https://github.com/lanpa/tensorboardX。

4.4.2　用 tensorboardX 可视化神经网络

4.4.1 节我们介绍了 tensorboardX 的主要内容，为帮助大家更好地理解，本节我们将介绍几个实例。实例内容涉及如何使用 tensorboardX 可视化神经网络模型、可视化损失值、图像等。

（1）导入需要的模块

```
import torch
import torch.nn as nn
import torch.nn.functional as F
import torchvision
from torch.utils.tensorboard import SummaryWriter
```

（2）构建神经网络

```
class Net(nn.Module):
    def __init__(self):
        super(Net, self).__init__()
        self.conv1 = nn.Conv2d(1, 10, kernel_size=5)
        self.conv2 = nn.Conv2d(10, 20, kernel_size=5)
        self.conv2_drop = nn.Dropout2d()
        self.fc1 = nn.Linear(320, 50)
        self.fc2 = nn.Linear(50, 10)
        self.bn = nn.BatchNorm2d(20)

    def forward(self, x):
        x = F.max_pool2d(self.conv1(x), 2)
        x = F.relu(x) + F.relu(-x)
            x = F.relu(F.max_pool2d(self.conv2_
drop(self.conv2(x)), 2))
        x = self.bn(x)
        x = x.view(-1, 320)
        x = F.relu(self.fc1(x))
        x = F.dropout(x, training=self.training)
        x = self.fc2(x)
        x = F.softmax(x, dim=1)
        return x
```

（3）把模型保存为 graph

```
#定义输入
input = torch.rand(32, 1, 28, 28)
#实例化神经网络
model = Net()
#将model保存为graph
with SummaryWriter(log_dir='logs',comment='Net')
as w:
    w.add_graph(model, (input, ))
```

打开浏览器，结果如图 4-5 所示。

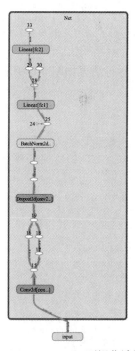

图 4-5　tensorboardx 可视化计算图

4.4.3 用 tensorboardX 可视化损失值

可视化损失值，需要使用 add_scalar 函数，这里利用一层全连接神经网络，训练一元二次函数的参数。

```
dtype = torch.FloatTensor
writer = SummaryWriter(log_dir='logs',comment='Linear')
np.random.seed(100)
x_train = np.linspace(-1, 1, 100).reshape(100,1)
y_train = 3*np.power(x_train, 2) +2+ 0.2*np.random.rand(x_train.size).
reshape(100,1)

model = nn.Linear(input_size, output_size)

criterion = nn.MSELoss()
optimizer = torch.optim.SGD(model.parameters(), lr=learning_rate)

for epoch in range(num_epoches):
    inputs = torch.from_numpy(x_train).type(dtype)
    targets = torch.from_numpy(y_train).type(dtype)

    output = model(inputs)
    loss = criterion(output, targets)

    optimizer.zero_grad()
    loss.backward()
    optimizer.step()
    # 保存loss的数据与epoch数值
    writer.add_scalar('训练损失值', loss, epoch)
```

运行结果如图 4-6 所示。

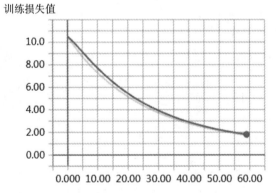

图 4-6　可视化损失值与迭代步的关系

4.4.4　用 tensorboardX 可视化特征图

利用 tensorboardX 对特征图进行可视化，不同卷积层的特征图的抽取程度是不一样的。
x 从 cifair10 数据集获取，具体请参考第 6 章 pytorch-06-02.ipynb。

```
import torchvision.utils as vutils
writer = SummaryWriter(log_dir='logs',comment='feature map')

img_grid = vutils.make_grid(x, normalize=True, scale_each=True, nrow=2)
net.eval()
for name, layer in net._modules.items():

    # 为fc层预处理x
    x = x.view(x.size(0), -1) if "fc" in name else x
    print(x.size())

    x = layer(x)
    print(f'{name}')

    # 查看卷积层的特征图
    if 'layer' in name or 'conv' in name:
        x1 = x.transpose(0, 1)  # C, B, H, W  ---> B, C, H, W
        img_grid = vutils.make_grid(x1, normalize=True, scale_each=True, nrow=4)
# normalize进行归一化处理
        writer.add_image(f'{name}_feature_maps', img_grid, global_step=0)
```

执行结果如图 4-7、图 4-8 所示。

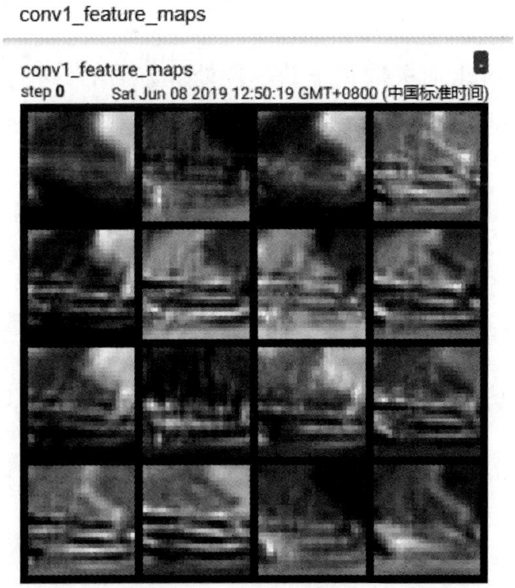

图 4-7　conv1 的特征图

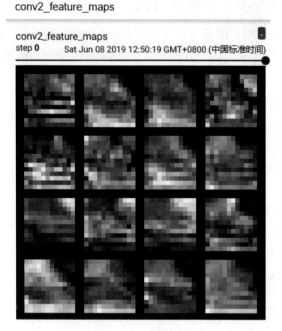

图 4-8　conv2 的特征图

4.5　本章小结

本章详细介绍了 PyTorch 有关数据下载、预处理方面的一些常用包，以及对计算结果进行可视化的工具 tensorboardX，并通过一个实例详细说明如何使用 tensorboardX。

第二部分 *Part 2*

深度学习基础

机器学习基础

第一部分我们介绍了 Numpy、Tensor、nn 等内容，这些内容是学习 PyTorch 的基础。有了这些基础，进入第二部分就容易多了。第二部分我们将介绍深度学习的一些基本内容，以及如何用 PyTorch 解决机器学习、深度学习的一些实际问题。

深度学习是机器学习的重要分支，也是机器学习的核心，但深度学习是在机器学习基础上发展起来的，因此理解机器学习的基本概念、基本原理对理解深度学习大有裨益。

机器学习的体系很庞大，限于篇幅，本章主要介绍基本知识及与深度学习关系比较密切的内容，如果读者希望进一步学习机器学习的相关知识，建议参考周志华老师编著的《机器学习》或李航老师编著的《统计学习方法》。

本章先介绍机器学习中常用的监督学习、无监督学习等，然后介绍神经网络及相关算法，最后介绍传统机器学习中的一些不足及优化方法等，本章主要内容包括：

❑ 机器学习的基本任务。
❑ 机器学习的一般流程。
❑ 解决过拟合、欠拟合的一些方法。
❑ 选择合适的激活函数、损失函数、优化器等。
❑ GPU 加速。

5.1　机器学习的基本任务

机器学习的基本任务一般分为 4 大类：监督学习、无监督学习、半监督学习和强化学习。监督学习和无监督学习比较普遍，读者也比较熟悉。常见的分类和回归等属于监督学习，聚类和降维等属于无监督学习。半监督学习和强化学习的发展历史虽然没有前两者这么悠久，但发展势头非常迅猛。图 5-1 说明了 4 种分类的主要内容。

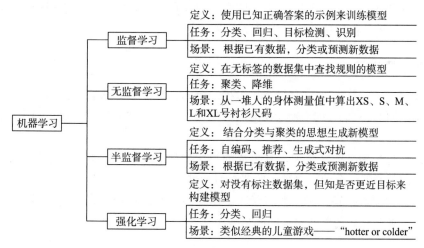

图 5-1　机器学习的基本任务

5.1.1　监督学习

监督学习是最常见的一种机器学习类型，其任务的特点就是给定学习目标，这个学习目标又称标签、标注或实际值等，整个学习过程就是围绕如何使预测与目标更接近而来的。近些年，随着深度学习的发展，分类除传统的二分类、多分类、多标签分类之外，也出现了一些新内容，如目标检测、目标识别、图像分割等监督学习的重要内容。监督学习过程如图 5-2 所示。

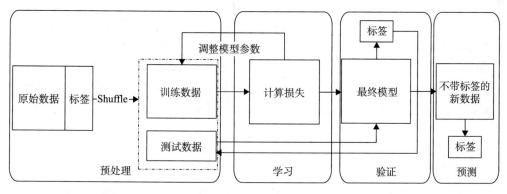

图 5-2　监督学习的一般过程

5.1.2　无监督学习

监督学习的输入数据中有标签或目标值，但在实际生活中，有很多数据是没有标签的，或者标签代价很高。这些没有标签的数据也可能包含很重要的规则或信息，从这类数据中学习到一个规则或规律的过程被称为无监督学习。在无监督学习中，我们通过推断输入数据中的结构来建模，模型包括关联学习、降维、聚类等。

5.1.3　半监督学习

半监督学习是监督学习与无监督学习相结合的一种学习方法。半监督学习使用大量的未标记数据，同时由部分使用标记数据进行模式识别。半监督学习目前正越来越受到人们的重视。

自编码器是一种半监督学习，其生成的目标就是未经修改的输入。语言处理中根据给定文本中的词预测下一个词，也是半监督学习的例子。

对抗生成式网络也是一种半监督学习，给定一些真图片或语音，然后通过对抗生成网络生成一些与真图片或是语音逼真的图形或语音。

5.1.4　强化学习

强化学习是机器学习的一个重要分支，是多学科多领域交叉的一个产物。强化学习主要包含 4 个元素：智能体（Agent）、环境状态、行动和奖励。强化学习的目标就是获得最多的累计奖励。

强化学习把学习看作一个试探评价的过程，Agent 选择一个动作用于环境，环境接受该动作后状态发生变化，同时产生一个强化信号（奖或惩）反馈给 Agent，Agent 根据强化信号和环境当前状态再选择下一个动作，选择的原则是使受到正强化（奖）的概率增大。选择的动作不仅影响立即强化值，也影响下一时刻的状态和最终的强化值。

强化学习不同于监督学习，主要表现在教师信号上。强化学习中由环境提供的强化信号是 Agent 对所产生动作的好坏做的一种评价，而不是告诉 Agent 如何去产生正确的动作。由于外部环境只提供了很少的信息，所以 Agent 必须靠自身的经历进行学习。通过这种方式，Agent 在行动——被评价的环境中获得知识，改进行动方案以适应环境。

AlphaGo Zero 带有强化学习内容，它完全摒弃了人类知识，碾压了早期版本的 AlphaGo，更显现了强化学习和深度学习结合的强大威力。

5.2　机器学习一般流程

机器学习一般需要先定义问题、收集数据、探索数据、预处理数据，对数据处理后，接下来开始训练模型、评估模型，然后优化模型等步骤，图 5-3 为机器学习一般流程图。

通过这个图形可直观地了解机器学习的一般步骤或整体框架，接下来就对各部分分别加以说明。

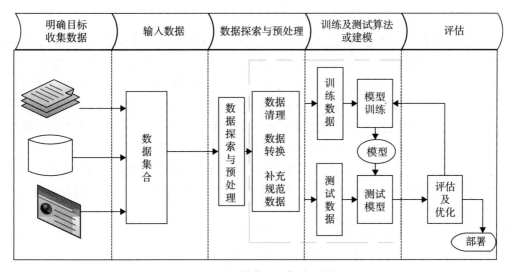

图 5-3　机器学习一般流程图

5.2.1　明确目标

在实施一个机器学习项目之初，定义需求、明确目标、了解要解决的问题以及目标涉及的范围等都非常重要，它们直接影响后续工作的质量甚至成败。1）明确目标，首先需要明确大方向，比如当前的需求是分类问题还是预测问题或聚类问题等。2）清楚大方向后，需要进一步明确目标的具体含义。如果是分类问题，还需要区分是二分类、多分类还是多标签分类；如果是预测问题，要区别是标量预测还是向量预测；其他方法类似。3）确定问题，明确目标有助于选择模型架构、损失函数及评估方法等。

当然，明确目标还包含需要了解目标的可行性，因为并不是所有问题都可以通过机器学习来解决。

5.2.2　收集数据

目标明确后，接下来就是了解数据。为解决这个问题，需要哪些数据？数据是否充分？哪些数据能获取？哪些无法获取？这些数据是否包含我们学习的一些规则等，都需要全面把握。

接下来就是收集数据，数据可能涉及不同平台、不同系统、不同部分、不同形式等，对这些问题的了解有助于确定具体数据收集方案、实施步骤等。

能收集的数据尽量实现自动化、程序化。

5.2.3　数据探索与预处理

收集到的数据，不一定规范和完整，这就需要对数据进行初步分析或探索，然后根据探索结果与问题目标，确定数据预处理方案。

对数据探索包括了解数据的大致结构、数据量、各特征的统计信息、整个数据质量情况、数据的分布情况等。为了更好地体现数据分布情况，数据可视化是一个不错的方法。

通过对数据探索后，可能会发现不少问题：如存在缺失数据、数据不规范、数据分布不均衡、存在奇异数据、有很多非数值数据、存在很多无关或不重要的数据等。这些问题的存在直接影响数据质量，为此，数据预处理工作就应该是接下来的重点工作。数据预处理是机器学习过程中必不可少的重要步骤，特别是在生产环境中的机器学习，数据往往是原始、未加工和未处理过的，数据预处理常常占据整个机器学习过程的大部分时间。

数据预处理过程中，一般包括数据清理、数据转换、规范数据、特征选择等工作。

5.2.4 选择模型及损失函数

数据准备好以后，接下来就是根据目标选择模型。模型选择上可以先用一个简单、自身比较熟悉的方法来实现，用这个方法开发一个原型或比基准更好一点的模型。通过这个简单模型有助于读者快速了解整个项目的主要内容。

❑ 了解整个项目的可行性、关键点。

❑ 了解数据质量、数据是否充分等。

❑ 为读者开发一个更好的模型奠定基础。

在模型选择时，一般不存在某种对任何情况都表现很好的算法（这种现象又称为"没有免费的午餐"）。因此在实际选择时，一般会选用几种不同的方法来训练模型，然后比较它们的性能，从中选择最优的那个。

模型选择后，还需要考虑以下几个关键点：

❑ 最后一层是否需要添加 softmax 或 sigmoid 激活层。

❑ 选择合适损失函数。

❑ 选择合适的优化器。

表 5-1 列出了常见问题类型最后一层激活函数和损失函数的对应关系，供大家参考。

表 5-1 根据问题类型选择损失函数

问题类型	最后一层激活函数	损失函数
二分类，单标签	添加 sigmoid 层	nn.BCELoss
	不添加 sigmoid 层	nn.BCEWithLogitsLoss
二分类，多标签	无	nn.SoftMarginLoss（target 为 1 或 -1）
多分类，单标签	不添加 softmax 层	nn.CrossEntropyLoss（target 的类型为 torch.LongTensor 的 one-hot）
	添加 softmax 层	nn.NLLLoss
多分类，多标签	无	nn.MultiLabelSoftMarginLoss（target 为 0 或 1）
回归	无	nn.MSELoss
识别	无	nn.TripleMarginLoss
		nn.CosineEmbeddingLoss（margin 在 [-1,1] 之间）

5.2.5　评估及优化模型

模型确定后，还需要确定一种评估模型性能的方法，即评估方法。评估方法大致有以下 3 种。

❑ 留出法（Holdout）：留出法的步骤相对简单，直接将数据集划分为两个互斥的集合，其中一个集合作为训练集，另一个作为测试集。在训练集上训练出模型后，用测试集来评估测试误差，作为泛化误差的估计。使用留出法，还可以优化出一种更好的方法，就是把数据分成 3 部分：训练数据集、验证数据集、测试数据集。训练数据集用来训练模型，验证数据集用来调优超参数，测试集则用来测试模型的泛化能力。数据量较大时可采用这种方法。

❑ K 折交叉验证：不重复地随机将训练数据集划分为 k 个，其中 $k-1$ 个用于模型训练，剩余的一个用于测试。

❑ 重复的 K 折交叉验证：当数据量比较小，数据分布不很均匀时可以采用这种方法。

使用训练数据构建模型后，通常使用测试数据对模型进行测试，测试模型对新数据的适应情况。如果对模型的测试结果满意，就可以用此模型对以后的数据进行预测；如果测试结果不满意，可以优化模型。优化的方法很多，其中网格搜索参数是一种有效方法，当然我们也可以采用手工调节参数等方法。如果出现过拟合，尤其是回归类的问题，可以考虑正则化的方法来降低模型的泛化误差。

5.3　过拟合与欠拟合

前面已经介绍了机器学习的一般流程，即模型确定后，开始训练模型，然后对模型进行评估和优化，这个过程往往是循环往复的。在训练模型过程中，经常会出现刚开始训练时，训练和测试精度不高（或损失值较大），然后通过增加迭代次数或通过优化，训练精度和测试精度继续提升，如果出现这种情况，当然最好。但随着我们训练迭代次数的增加或不断优化，也有可能会出现训练精度或损失值继续改善，但测试精度或损失值不降反升的情况，如图 5-4 所示。

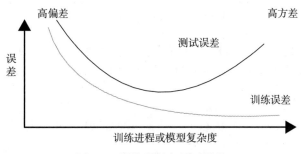

图 5-4　训练误差与测试误差

出现这种情况，说明我们的优化过头了，把训练数据中一些无关紧要甚至错误的模式也学到了。这就是通常说的出现过拟合了。那如何解决这类问题？机器学习中有很多解决方法，这些方法又统称为正则化，接下来我们介绍一些常用的正则化方法。

5.3.1 权重正则化

如何解决过拟合问题呢？正则化是其中一个有效方法。正则化不仅可以有效地降低高方差，还有利于降低偏差。那么为正则化？在机器学习中，很多被显式地用来减少测试误差的策略，统称为正则化。正则化旨在减少泛化误差而不是训练误差。为使大家对正则化的作用及原理有个直观印象，先看如图 5-5 所示的正则化示意图。

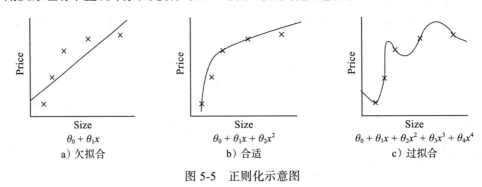

图 5-5　正则化示意图

图 5-5 是根据房屋面积（Size）预测房价（Price）的回归模型。正则化是如何解决模型过复杂这个问题的呢？主要是通过正则化使参数变小甚至趋于原点。如图 5-5c 所示，其模型或目标函数是一个 4 次多项式，因它把一些噪声数据也包括进来了，所以导致模型很复杂，实际上房价与房屋面积应该是 2 次多项式函数，如图 5-5b 所示。

如果要降低模型的复杂度，可以通过缩减它们的系数来实现，如把第 3 次、4 次项的系数 θ_3、θ_4 缩减到接近于 0 即可。

那在算法中如何实现呢？这个得从其损失函数或目标函数着手。

假设房屋价格与面积间模型的损失函数为：

$$\min_{\theta} \frac{1}{2m} \sum_{i=1}^{m} (h_{\theta}(x^{(i)}) - y^{(i)})^2 \tag{5-1}$$

这个损失函数是我们的优化目标，也就是说我们需要尽量减少损失函数的均方误差。

对于这个函数我们对它添加一些正则项，如加上 10000 乘以 θ_3 的平方，再加上 10000 乘以 θ_4 的平方，得到如下函数：

$$\min_{\theta} \frac{1}{2m} \sum_{i=1}^{m} (h_{\theta}(x^{(i)}) - y^{(i)})^2 + 10000 * \theta_3^2 + 10000 * \theta_4^2 \tag{5-2}$$

这里取 10000 只是用来代表它是一个"大值"。现在，如果要最小化这个新的损失函数，

应要让 θ_3 和 θ_4 尽可能的小。因为如果你在原有损失函数的基础上加上 10000 乘以 θ_3 这一项，那么这个新的损失函数将变得很大，所以，当要最小化这个新的损失函数时，将使 θ_3 的值接近于 0，同样 θ_4 的值也接近于 0，就像我们所忽略的这两个值一样。如果做到这一点（θ_3 和 θ_4 接近于 0），那么将得到一个近似的二次函数，如图 5-6 所示。

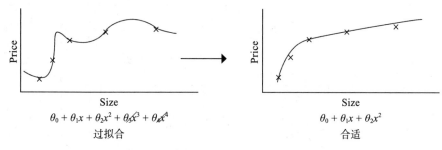

图 5-6 利用正则化提升模型泛化能力

希望通过上面的简单介绍，能让读者有个直观理解。传统意义上的正则化一般分为 L_0、L_1、L_2、L_∞ 等。

PyTorch 如何实现正则化呢？这里以实现 L_2 为例，神经网络的 L_2 正则化称为权重衰减（Weight Decay）。torch.optim 集成了很多优化器，如 SGD、Adadelta、Adam、Adagrad、RMSprop 等，这些优化器自带的一个参数 weight_decay，用于指定权值衰减率，相当于 L_2 正则化中的 λ 参数，也就是下式中的 λ。

$$\min_{\theta} \frac{1}{2m} \sum_{i=1}^{m} (h_\theta(x^{(i)}) - y^{(i)})^2 + \lambda \|W\|^2 \tag{5-3}$$

5.3.2 Dropout 正则化

Dropout 是 Srivastava 等人在 2014 年发表的一篇论文中，提出了一种针对神经网络模型的正则化方法 Dropout（A Simple Way to Prevent Neural Networks from Overfitting）。

那 Dropout 在训练模型中是如何实现的呢？Dropout 的做法是在训练过程中按一定比例（比例参数可设置）随机忽略或屏蔽一些神经元。这些神经元会被随机"抛弃"，也就是说它们在正向传播过程中对于下游神经元的贡献效果暂时消失了，反向传播时该神经元也不会有任何权重的更新。所以，通过传播过程，Dropout 将产生和 L_2 范数相同的收缩权重的效果。

随着神经网络模型的不断学习，神经元的权值会与整个网络的上下文相匹配。神经元的权重针对某些特征进行调优，进而产生一些特殊化。周围的神经元则会依赖于这种特殊化，但如果过于特殊化，模型会因为对训练数据的过拟合而变得脆弱不堪。神经元在训练过程中的这种依赖于上下文的现象被称为复杂的协同适应（Complex Co-Adaptations）。

加入了 Dropout 以后，输入的特征都是有可能会被随机清除的，所以该神经元不会再特别依赖于任何一个输入特征，也就是说不会给任何一个输入设置太大的权重。由于网络模型对神经元特定的权重不那么敏感。这反过来又提升了模型的泛化能力，不容易对训练数据过拟合。

Dropout 训练的集成包括所有从基础网络除去非输出单元形成子网络，如图 5-7 所示。

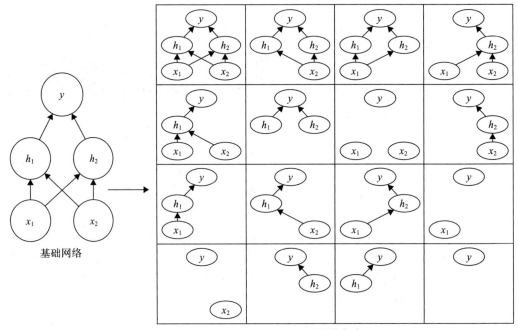

图 5-7　基础网络 Dropout 为多个子网络

Dropout 训练所有子网络组成的集合，其中子网络是从基本网络中删除非输出单元所构建的。我们从具有两个可见单元和两个隐藏单元的基本网络开始，这 4 个单元有 16 个可能的子集。图 5-7 展示了从原始网络中丢弃不同的单元子集而形成的所有的 16 个子网络。在这个例子中，所得的大部分网络没有输入单元或没有从输入连接到输出的路径。当层较宽时，丢弃所有从输入到输出的可能路径的概率变小，所以这个问题对于层较宽的网络不是很重要。

较先进的神经网络基于一系列仿射变换和非线性变换，我们可以将一些单元的输出乘零，这样就能有效地删除一些单元。这个过程需要对模型进行一些修改，如径向基函数网络，单元的状态和参考值之间存在着一定区别。为简单起见，在这里提出乘零的简单 Dropout 算法，被简单地修改后，可以与其他操作一起工作。

Dropout 在训练阶段和测试阶段是不同的，一般在训练中使用，测试时不使用。不过在测试时，为了平衡（因训练时舍弃了部分节点或输出），一般将输出按 Dropout Rate 比例缩小。

如何或何时使用 Dropout 呢？以下是一般原则。

1）通常丢弃率控制在 20% ~ 50% 比较好，可以从 20% 开始尝试。如果比例太低则起不到效果，比例太高则会导致模型的欠拟合。

2）在大的网络模型上应用。

当 Dropout 应用在较大的网络模型时，更有可能得到效果的提升，模型有更多的机会学习到多种独立的表征。

3）在输入层和隐藏层都使用 Dropout。

对于不同的层，设置的 keep_prob 也不同，一般来说神经元较少的层，会设 keep_prob 为 1.0 或接近于 1.0 的数；神经元较多的层，则会将 keep_prob 设置得较小，如 0.5 或更小。

4）增加学习速率和冲量。

把学习速率扩大 10 ~ 100 倍，冲量值调高到 0.9 ~ 0.99。

5）限制网络模型的权重。

大的学习速率往往会导致大的权重值。对网络的权重值做最大范数的正则化，被证明能提升模型性能。

以下是我们通过实例来比较使用 Dropout 和不使用 Dropout 对训练损失或测试损失的影响。数据还是房屋销售数据，构建网络层，添加两个 Dropout，具体构建网络代码如下：

```
net1_overfitting = torch.nn.Sequential(
    torch.nn.Linear(13, 16),
    torch.nn.ReLU(),
    torch.nn.Linear(16, 32),
    torch.nn.ReLU(),
    torch.nn.Linear(32, 1),
)

net1_dropped = torch.nn.Sequential(
    torch.nn.Linear(13, 16),
    torch.nn.Dropout(0.5),   # drop 50% of the neuron
    torch.nn.ReLU(),
    torch.nn.Linear(16, 32),
    torch.nn.Dropout(0.5),   # drop 50% of the neuron
    torch.nn.ReLU(),
    torch.nn.Linear(32, 1),
)
```

获取测试集上不同损失值的代码如下：

```
writer.add_scalars('test_group_loss',{'origloss':orig_loss.item(),'droploss':drop_
loss.item()}, epoch)
```

把运行结果，通过 tensorboardX 在 Web 显示，可看到图 5-8 的结果。

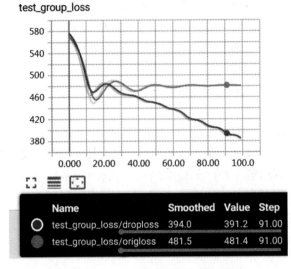

test_group_loss

Name	Smoothed	Value	Step
⭕ test_group_loss/droploss	394.0	391.2	91.00
⚫ test_group_loss/origloss	481.5	481.4	91.00

图 5-8　Dropout 对测试损失值的影响

从图 5-8 可以看出，添加 Dropout 层，对提升模型的性能或泛化能力，效果还是比较明显的。

5.3.3　批量正则化

上文已经介绍了数据归一化，这个通常是针对输入数据而言。但在实际训练过程中，经常出现隐含层因数据分布不均，导致梯度消失或不起作用的情况。如采用 sigmoid 函数或 tanh 函数为激活函数时，如果数据分布在两侧，这些激活函数的导数就接近于 0。这样一来，BP 算法得到的梯度也就消失了。如何解决这个问题？

Sergey Ioffe 和 Christian Szegedy 两位学者提出了批标准化（Batch Normalization）方法。Batch Normalization 不仅可以有效地解决梯度消失问题，而且还可以让调试超参数更加简单，在提高训练模型效率的同时，还可让神经网络模型更加"健壮"。那么 Batch Normalization 是如何做到这些的呢？首先，我们介绍一下 BN 的算法流程。

输入：微批次（mini-batch）数据：$B=\{x_1, x_2, \cdots, x_m\}$

学习参数：γ, β 类似于权重参数，可以通过梯度下降等算法求得。

其中 x_i 并不是网络的训练样本，而是指原网络中任意一个隐藏层激活函数的输入，这些输入是训练样本在网络中前向传播得来的。

输出：$\{y_i = NB_{\gamma, \beta}(x_i)\}$

\# 求微批次样本均值：

$$\mu_B \leftarrow \frac{1}{m}\sum_{i=1}^{m}x_i \tag{5-4}$$

\# 求微批次样本方差：

$$\sigma_B^2 \leftarrow \frac{1}{m}\sum_{i=1}^{m}(x_i - \mu_B)^2 \tag{5-5}$$

\# 对 x_i 进行标准化处理：

$$\hat{x}_1 \leftarrow \frac{x_i - \mu_B}{\sqrt{\sigma_B^2 + \epsilon}} \tag{5-6}$$

\# 反标准化操作：

$$y_i = \gamma \hat{x}_1 + \beta \equiv NB_{\gamma,\beta}(x_i) \tag{5-7}$$

BN 是对隐藏层的标准化处理，它与输入的标准化处理 Normalizing Inputs 是有区别的。Normalizing Inputs 是使所有输入的均值为 0，方差为 1。而 Batch Normalization 可使各隐藏层输入的均值和方差为任意值。实际上，从激活函数的角度来看，如果各隐藏层的输入均值在靠近 0 的区域，即处于激活函数的线性区域，这样不利于训练好的非线性神经网络，而且得到的模型效果也不会太好。式（5-6）就起这个作用，当然它还有将归一化后的 x 还原的功能。那么 BN 一般用在哪里呢？ BN 应作用在非线性映射前，即对 $x = Wu + b$ 做规范化时，在每一个全连接和激励函数之间。

何时使用 BN 呢？一般在神经网络训练时遇到收敛速度很慢，或梯度爆炸等无法训练的状况时，可以尝试用 BN 来解决。另外，在一般情况下，也可以加入 BN 来加快训练速度，提高模型精度，还可以大大地提高训练模型的效率。BN 具体功能如下所示。

1）可以选择比较大的初始学习率，让训练速度飙升。之前还需要慢慢地调整学习率，甚至在网络训练到一半的时候，还需要想着学习率进一步调小的比例选择多少比较合适。现在我们可以采用初始很大的学习率，然而学习率的衰减速度也很快，因为这个算法收敛很快。当然，这个算法即使你选择了较小的学习率，也比以前的收敛速度快，因为它具有快速训练收敛的特性。

2）不用再去理会过拟合中 Dropout、L_2 正则项参数的选择问题，采用 BN 算法后，你可以移除这两项参数，或者可以选择更小的 L_2 正则约束参数了，因为 BN 具有提高网络泛化能力的特性。

3）再也不需要使用局部响应归一化层。

4）可以把训练数据彻底打乱。

下面仍以房价预测为例，比较添加 BN 层与不添加 BN 层，两者在测试集上的损失值比较。下例为两者网络结构代码。

```
net1_overfitting = torch.nn.Sequential(
    torch.nn.Linear(13, 16),
    torch.nn.ReLU(),
    torch.nn.Linear(16, 32),
    torch.nn.ReLU(),
    torch.nn.Linear(32, 1),
)
```

```
net1_nb = torch.nn.Sequential(
    torch.nn.Linear(13, 16),
    nn.BatchNorm1d(num_features=16),
    torch.nn.ReLU(),
    torch.nn.Linear(16, 32),
    nn.BatchNorm1d(num_features=32),
    torch.nn.ReLU(),
    torch.nn.Linear(32, 1),
)
```

图 5-9 为运行结果图。

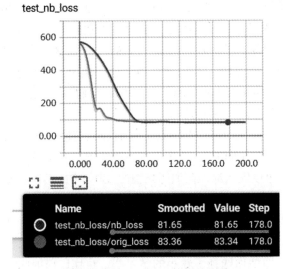

图 5-9　BN 层对测试数据的影响

从图 5-9 可以看出，添加 BN 层对改善模型的泛化能力有一定的帮助，不过没有 Dropout 那么明显。这个神经网络比较简单，BN 在一些复杂网络中，效果会更好。

5.3.4　权重初始化

深度学习为何要初始化？传统机器学习算法中很多并不是采用迭代式优化，因此需要初始化的内容不多。但深度学习的算法一般采用迭代方法，而且参数多、层数也多，所以很多算法不同程度上会受到初始化的影响。

初始化对训练有哪些影响？初始化能决定算法是否收敛，如果算法的初始化不适当，初始值过大可能会在前向传播或反向传播中产生爆炸的值；如果太小将导致丢失信息。对收敛的算法适当的初始化能加快收敛速度。初始值的选择将影响模型收敛局部最小值还是全局最小值，如图 5-10 所示，因初始值的不同，导致收敛到不同的极值点。另外，初始化也可以影响模型的泛化。

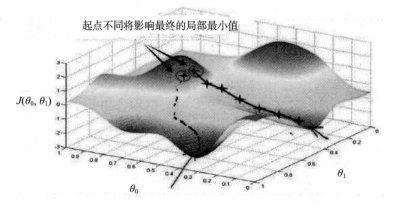

起点不同将影响最终的局部最小值

图 5-10 初始点的选择影响算法是否陷入局部最小点

如何对权重、偏移量进行初始化？初始化这些参数是否有一般性原则？常见的参数初始化有零值初始化、随机初始化、均匀分布初始、正态分布初始和正交分布初始等。一般采用正态分布或均匀分布的初始值，实践表明正态分布、正交分布、均匀分布的初始值能带来更好的效果。

继承 nn.Module 的模块参数都采取了较合理的初始化策略，一般情况使用其缺省初始化策略就足够了。当然，如果想要修改，PyTorch 也提供了 nn.init 模块，该模块提供了常用的初始化策略，如 xavier、kaiming 等经典初始化策略，使用这些初始化策略有利于激活值的分布呈现出更有广度或更贴近正态分布。xavier 一般用于激活函数是 S 型（如 sigmoid、tanh）的权重初始化，而 kaiming 则更适合于激活函数为 ReLU 类的权重初始化。

5.4 选择合适激活函数

激活函数在神经网络中作用有很多，主要作用是给神经网络提供非线性建模能力。如果没有激活函数，那么再多层的神经网络也只能处理线性可分问题。常用的激活函数有 sigmoid、tanh、relu、softmax 等。它们的图形、表达式、导数等信息如表 5-2 所示。

表 5-2　激活函数各种属性

名称	表达式	导数	图形
sigmoid	$f(x) = \dfrac{1}{1+e^{-x}}$	$f'(x) = f(x)(1-f(x))$	
tanh	$f(x) = \dfrac{1-e^{-2x}}{1+e^{-2x}}$	$f'(x) = 1-(f(x))^2$	

（续）

名称	表达式	导数	图形
relu	$f(x) = \max(0, x)$	$f'(x) = \begin{cases} 1 & x \geqslant 0 \\ 0 & x < 0 \end{cases}$	
LeakyReLU	$f(x) = \max(ax, x)$	$f'(x) = \begin{cases} 1 & x \geqslant 0 \\ \alpha & x < 0 \end{cases}$	
softmax	$\sigma_i(z) = \dfrac{e^{z_i}}{\sum\limits_{j=1}^{m} e^{z_j}}$		

在搭建神经网络时，如何选择激活函数？如果搭建的神经网络层数不多，选择 sigmoid、tanh、relu、softmax 都可以；而如果搭建的网络层次较多，那就需要小心，选择不当就可导致梯度消失问题。此时一般不宜选择 sigmoid、tanh 激活函数，因它们的导数都小于 1，尤其是 sigmoid 的导数在 [0,1/4] 之间，多层叠加后，根据微积分链式法则，随着层数增多，导数或偏导将指数级变小。所以层数较多的激活函数需要考虑其导数不宜小于 1 当然也不能大于 1，大于 1 将导致梯度爆炸，导数为 1 最好，而激活函数 relu 正好满足这个条件。所以，搭建比较深的神经网络时，一般使用 relu 激活函数，当然一般神经网络也可使用。此外，激活函数 softmax 由于 $\sum_i \sigma_i(z) = 1$，常用于多分类神经网络输出层。

激活函数在 PyTorch 中使用示例：

```
m = nn.Sigmoid()
input = torch.randn(2)
output = m(input)
```

激活函数输入维度与输出维度是一样的。激活函数的输入维度一般包括批量数 N，即输入数据的维度一般是 4 维，如 (N,C,W,H)。

5.5 选择合适的损失函数

损失函数（Loss Function）在机器学习中非常重要，因为训练模型的过程实际就是优化损失函数的过程。损失函数对每个参数的偏导数就是梯度下降中提到的梯度，防止过拟合时添加的正则化项也是加在损失函数后面。损失函数用来衡量模型的好坏，损失函数越小说明模型和参数越符合训练样本。任何能够衡量模型预测值与真实值之间的差异的函数都可以叫作损失函数。在机器学习中常用的损失函数有两种，即交叉熵 (Cross Entropy) 和均方误差（Mean squared error，MSE），分别对应机器学习中的分类问题和回归问题。

对分类问题的损失函数一般采用交叉熵，交叉熵反应的两个概率分布的距离（不是欧氏距离）。分类问题进一步又可分为多目标分类，如一次要判断 100 张图是否包含 10 种动物，或单目标分类。

回归问题预测的不是类别，而是一个任意实数。在神经网络中一般只有一个输出节点，该输出值就是预测值。反应的预测值与实际值之间的距离可以用欧氏距离来表示，所以对这类问题通常使用均方差作为损失函数，均方差的定义如下：

$$\text{MSE} = \frac{\sum_{i=1}^{n}(y_i - y_i^{'})^2}{n} \qquad (5\text{-}8)$$

PyTorch 中已集成多种损失函数，这里介绍两个经典的损失函数，其他损失函数基本上是在它们的基础上的变种或延伸。

1. torch.nn.MSELoss

❏ 具体格式：

```
torch.nn.MSELoss(size_average=None, reduce=None, reduction='mean')
```

❏ 计算公式：

$\ell(x, y) = L = \{l_1, l_2, \cdots, l_N\}^{\mathrm{T}}$, $l_n = (x_n - y_n)^2$, N 是批量大小。

如果参数 reduction 为非 None（缺省值为 'mean'），则：

$$\ell(x, y) = \begin{cases} \text{mean}(L), \text{ if reduction= 'mean'} \\ \text{sum}(L), \text{ if reduction='sum'} \end{cases} \qquad (5\text{-}9)$$

x 和 y 是任意形状的张量，每个张量都有 n 个元素，如果 reduction 取 'none'，$\ell(x,y)$ 将不是标量；如果取 'sum'，则 $\ell(x,y)$ 只是差平方的和，但不会除以 n。

❏ 参数说明：

size_average、reduce 在以后版本将移除，主要看参数 reduction，reduction 可以取 none、mean、sum，缺省值为 mean。如果 size_average、reduce 取值，将覆盖 reduction 的取值。

❏ 代码示例：

```
import torch
import torch.nn as nn
import torch.nn.functional as F

torch.manual_seed(10)

loss = nn.MSELoss(reduction='mean')
input = torch.randn(1, 2, requires_grad=True)
print(input)
target = torch.randn(1, 2)
print(target)
output = loss(input, target)
print(output)
output.backward()
```

2. torch.nn.CrossEntropyLoss

交叉熵损失（Cross-Entropy Loss）又称对数似然损失（Log-likelihood Loss）、对数损失；二分类时还可称之为逻辑回归损失（Logistic Loss）。在 PyTroch 里，它不是严格意义上的交叉熵损失函数，而是先将 Input 经过 softmax 激活函数，将向量"归一化"成概率形式，然后再与 target 计算严格意义上的交叉熵损失。在多分类任务中，经常采用 softmax 激活函数 + 交叉熵损失函数，因为交叉熵描述了两个概率分布的差异，然而神经网络输出的是向量，并不是概率分布的形式。所以需要 softmax 激活函数将一个向量进行"归一化"成概率分布的形式，再采用交叉熵损失函数计算 loss。

❑ 一般格式：

```
torch.nn.CrossEntropyLoss(weight=None, size_average=None, ignore_index=-100,
reduce=None, reduction='mean')
```

❑ 计算公式：

$$loss(x, \text{class}) = -\log\left(\frac{\exp(x[\text{class}])}{\sum_j \exp(x[j])}\right) = -x[\text{class}] + \log(\textstyle\sum_j \exp(x[j])) \tag{5-10}$$

如果带上权重参数 weight，则：

$$loss(x, \text{class}) = weight[\text{class}](-x[\text{class}] + \log(\textstyle\sum_j \exp(x[j]))) \tag{5-11}$$

weight(Tensor)- 为每个类别的 loss 设置权值，常用于类别不均衡问题。weight 必须是 float 类型的 tensor，其长度要与类别 C 一致，即每一个类别都要设置 weight。

❑ 代码示例

```
import torch
import torch.nn as nn

torch.manual_seed(10)

loss = nn.CrossEntropyLoss()
#假设类别数为5
input = torch.randn(3, 5, requires_grad=True)
#每个样本对应的类别索引,其值范围为[0,4]
target = torch.empty(3, dtype=torch.long).random_(5)
output = loss(input, target)
output.backward()
```

5.6 选择合适优化器

优化器在机器学习、深度学习中往往起着举足轻重的作用，同一个模型，因选择不同的优化器，性能有可能相差很大，甚至导致一些模型无法训练。所以，了解各种优化器的基本原理非常必要。本节将重点介绍各种优化器或算法的主要原理，及各自的优点或不足。

5.6.1 传统梯度优化的不足

传统梯度更新算法为最常见、最简单的一种参数更新策略。其基本思想是：先设定一个学习率 λ，参数沿梯度的反方向移动。假设需更新的参数为 θ，梯度为 g，则其更新策略可表示为：

$$\theta \leftarrow \theta - \lambda g \tag{5-12}$$

这种梯度更新算法简洁，当学习率取值恰当时，可以收敛到全面最优点（凸函数）或局部最优点（非凸函数）。

但其不足也很明显，对超参数学习率比较敏感（过小导致收敛速度过慢，过大又越过极值点），如图 5-11 的右图所示。在比较平坦的区域，因梯度接近于 0，易导致提前终止训练，如图 5-11 的左图所示，要选中一个恰当的学习速率往往要花费不少时间。

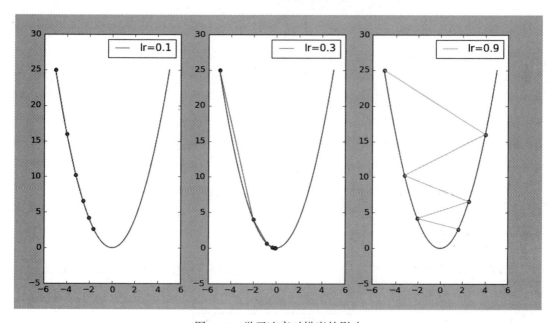

图 5-11　学习速率对梯度的影响

学习率除了敏感，有时还会因其在迭代过程中保持不变，很容易造成算法被卡在鞍点的位置，如图 5-12 所示。

另外，在较平坦的区域，由于梯度接近于 0，优化算法会因误判，在还未到达极值点时，就提前结束迭代，如图 5-13 所示。

传统梯度优化方面的这些不足，在深度学习中会更加明显。为此，研究人员自然想到如何克服这些不足的问题。从式（5-12）可知，影响优化的无非两个因素：一个是梯度方向，一个是学习率。所以很多优化方法大多从这两方面入手，有些从梯度方向入手，如5.6.2 节介绍的动量更新策略；而有些从学习率入手，这涉及调参问题；还有从两方面同时入手，如自适应更新策略，接下来将分别介绍这些方法。

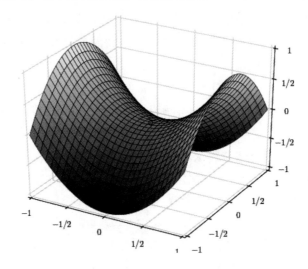

图 5-12　算法卡在鞍点示意图

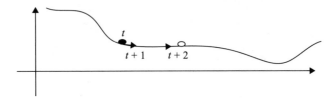

图 5-13　在较平坦区域，梯度接近于 0，优化算法因误判而提前终止迭代

5.6.2　动量算法

梯度下降法在遇到平坦或高曲率区域时，学习过程有时很慢。利用动量算法能比较好解决这个问题。动量算法与传统梯度下降优化的效果如图 5-14 所示。

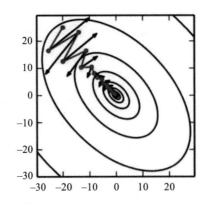

图 5-14　使用或不使用动量算法的 SGD 效果比较，振幅较小的为有动量梯度下降行为

　　从图 5-14 可以看出，不使用动量算法的 SGD 学习速度较慢，振幅较大；而使用动量算法的 SGD，振幅较小，而且会较快到达极值点。那动量算法是如何做到这点的呢？

　　动量（Momentum）是模拟物理里动量的概念，具有物理上惯性的含义，一个物体在运动时具有惯性，把这个思想运用到梯度下降计算中，可以增加算法的收敛速度和稳定性，具体实现如图 5-15 所示。

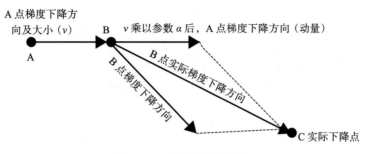

图 5-15　动量算法示意图

　　由图 5-15 可知，动量算法每下降一步都是由前面下降方向的一个累积和当前点的梯度方向组合而成。含动量的随机梯度下降法，其算法伪代码如下：

```
假设batch_size=10, m=1000
初始化参数向量θ、学习率为λ、动量参数α、初始速度v
while停止准则未满足do
        Repeat {
        for j = 1, 11, 21, .., 991 {
```

$$\text{更新梯度：} \hat{g} \leftarrow \frac{1}{batch\_size} \sum_{i=j}^{j+batch\_size} \nabla_\theta L(f(x^{(i)}, \theta), y^{(i)})$$

$$\text{计算速度：} v \leftarrow \alpha v - \lambda \hat{g}$$

$$\text{更新参数：} \theta \leftarrow \theta + v$$

```
                    }
                }
end while
```

　　既然每一步都要将两个梯度方向（历史梯度、当前梯度）做一个合并再下降，那为什么不先按照历史梯度往前走那么一小步，按照前面一小步位置的"超前梯度"来做梯度合并呢？这样就可以先往前走一步，在靠前一点的位置（如图 5-16 中的 C 点）看到梯度，然后按照那个位置再来修正这一步的梯度方向，如图 5-16 所示。这就得到动量算法的一种改进算法，称为 Nesterov Accelerated Gradient，简称 NAG 算法。这种预更新方法能防止大幅振荡，不会错过最小值，并会对参数更新更加敏感。

　　NAG 下降法的算法伪代码如下所示：

```
假设 batch_size=10, m=1000
初始化参数向量θ、学习率λ、动量参数α、初始速度v
while 停止准则未满足 do
```

$$\text{更新超前点：} \tilde{\theta} \leftarrow \theta + \alpha v$$

```
Repeat {
for j = 1, 11, 21, .., 991 {
```

$$更新梯度（在超前点）: \hat{g} \leftarrow \frac{1}{batch\_size} \sum_{i=j}^{j+batch\_size} \nabla_{\tilde{\theta}} L(f(x^{(i)}, \tilde{\theta}), y^{(i)})$$

$$计算速度: v \leftarrow \alpha v - \lambda \hat{g}$$
$$更新参数: \theta \leftarrow \theta + v$$

```
            }
    }
end while
```

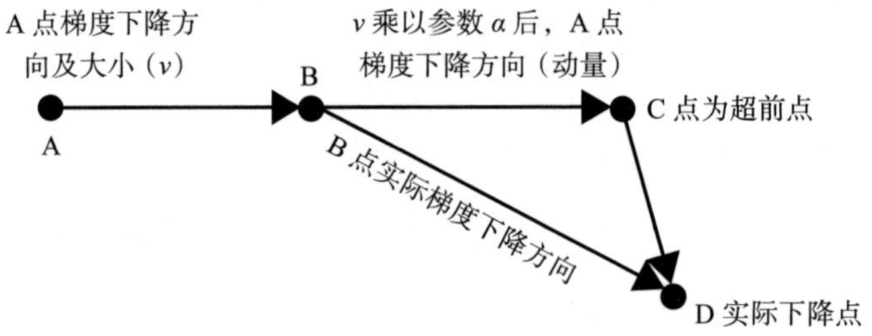

图 5-16　NAG 下降法示意图

NAG 动量法和经典动量法的差别就在 B 点和 C 点梯度的不同。动量法更多关注梯度下降方法的优化，如果能从方向和学习率同时优化，效果或许更理想。事实也确实如此，而且这些优化在深度学习中显得尤为重要。接下来将介绍几种自适应优化算法，这些算法同时从梯度方向及学习率进行优化，效果都非常好。

5.6.3　AdaGrad 算法

传统梯度下降算法对学习率这个超参数非常敏感，难以驾驭，对参数空间的某些方向也没有很好的方法。这些不足在深度学习中，因高维空间、多层神经网络等因素，常会出现平坦、鞍点、悬崖等问题，因此，传统梯度下降法在深度学习中显得力不从心。还好现在已有很多解决这些问题的有效方法。5.6.2 节介绍的动量算法在一定程度上缓解了对参数空间某些方向的问题，但需要新增一个参数，而且对学习率的控制还不是很理想。为了更好地驾驭这个超参数，人们想出来多种自适应优化算法，使用自适应优化算法，学习率不再是一个固定不变值，它会根据不同情况自动调整来适应相应的情况。这些算法使得深度学习向前迈出了一大步！本节我们将介绍几种自适应优化算法。

AdaGrad 算法是通过参数来调整合适的学习率 λ，是能独立地自动调整模型参数的学习率，对稀疏参数进行大幅更新和对频繁参数进行小幅更新。因此，Adagrad 方法非常适合处理稀疏数据。AdaGrad 算法在某些深度学习模型上效果不错。但还有些不足，可能因其累积梯度平方导致学习率过早或过量的减少所致。

AdaGrad 算法伪代码：

```
假设 batch_size=10, m=1000
初始化参数向量θ、学习率λ
小参数δ,一般取一个较小值(如10⁻⁷),该参数避免分母为0
初始化梯度累积变量 r=0
while 停止准则未满足 do
        Repeat {
        for j = 1, 11, 21, .., 991 {
```

$$更新梯度:\hat{g} \leftarrow \frac{1}{\text{batch\_size}} \sum_{i=j}^{j+\text{batch\_size}} \nabla_\theta L(f(x^{(i)},\theta),y^{(i)})$$

累积平方梯度:$r \leftarrow r + \hat{g}\odot\hat{g}$ #⊙表示逐元运算

计算速度:$\triangle\theta \leftarrow -\frac{\lambda}{\delta+\sqrt{r}}\odot\hat{g}$

更新参数:$\theta \leftarrow \theta + \triangle\theta$

```
                }
        }
end while
```

由上面算法的伪代码可知:

1)随着迭代时间越长,累积梯度 r 越大,导致学习速率 $\frac{\lambda}{\delta+\sqrt{r}}$ 随着时间减小,在接近目标值时,不会因为学习速率过大而越过极值点。

2)不同参数之间的学习速率不同,因此,与前面固定学习速率相比,不容易在鞍点卡住。

3)如果梯度累积参数 r 比较小,则学习速率会比较大,所以参数迭代的步长就会比较大。相反,如果梯度累积参数比较大,则学习速率会比较小,所以迭代的步长会比较小。

5.6.4 RMSProp 算法

RMSProp 算法通过修改 AdaGrad 得来,其目的是在非凸背景下效果更好。针对梯度平方和累计越来越大的问题,RMSProp 指数加权的移动平均代替梯度平方和。RMSProp 为了使用移动平均,还引入了一个新的超参数 ρ,用来控制移动平均的长度范围。

RMSProp 算法伪代码:

```
假设 batch_size=10, m=1000
初始化参数向量θ、学习率λ、衰减速率ρ
小参数δ,一般取一个较小值(如10⁻⁷),该参数避免分母为0
初始化梯度累积变量 r=0
while 停止准则未满足 do
        Repeat {
        forj = 1, 11, 21, .., 991 {
```

$$更新梯度:\hat{g} \leftarrow \frac{1}{\text{batch\_size}} \sum_{i=j}^{j+\text{batch\_size}} \nabla_\theta L(f(x^{(i)},\theta),y^{(i)})$$

累积平方梯度:$r \leftarrow \rho r+(1-\rho)\hat{g}\odot\hat{g}$

计算参数更新:$\triangle\theta \leftarrow -\frac{\lambda}{\delta+\sqrt{r}}\odot g$

更新参数:$\theta \leftarrow \theta+\triangle\theta$

```
        }
    }
end while
```

RMSProp 算法在实践中已被证明是一种有效且实用的深度神经网络优化算法，因而在深度学习中得到广泛应用。

5.6.5　Adam 算法

Adam（Adaptive Moment Estimation）本质上是带有动量项的 RMSprop，它利用梯度的一阶矩估计和二阶矩估计动态调整每个参数的学习率。Adam 的优点主要在于经过偏置校正后，每一次迭代学习率都有个确定范围，使得参数比较平稳。

Adam 是另一种学习速率自适应的深度神经网络方法，它利用梯度的一阶矩估计和二阶矩估计动态调整每个参数的学习速率。Adam 算法伪代码如下：

```
假设 batch_size=10, m=1000
初始化参数向量θ、学习率λ
矩估计的指数衰减速率ρ₁和ρ₂在区间[0,1)内。
小参数δ，一般取一个较小值（如10⁻⁷），该参数避免分母为0
初始化一阶和二阶矩变量 s=0，r=0
初始化时间步 t=0
while 停止准则未满足 do
        Repeat {
        for j = 1, 11, 21, .., 991 {
```

$$更新梯度：\hat{g} \leftarrow \frac{1}{\text{batch\_size}} \sum_{i=j}^{j+\text{batch\_size}} \nabla_{\tilde{\theta}} L(f(x^{(i)}, \tilde{\theta}), y^{(i)})$$

```
        t←t+1
        更新有偏一阶矩估计：s ←ρ₁ s +(1-ρ₁) ĝ
更新有偏二阶矩估计：r ←ρ₂ r +(1-ρ₂) ĝ⊙ĝ
```

$$修正一阶矩偏差：\hat{s} = \frac{s}{1-\rho_1^t}$$

$$修正二阶矩偏差：\hat{r} = \frac{s}{1-\rho_2^t}$$

$$累积平方梯度：r \leftarrow \rho r + (1-\rho) \hat{g} \odot \hat{g}$$

$$计算参数更新：\triangle\theta = -\lambda \frac{\hat{s}}{\delta + \sqrt{\hat{r}}}$$

$$更新参数：\theta \leftarrow \theta + \triangle\theta$$

```
        }
end while
```

前文介绍了深度学习的正则化方法，它是深度学习核心之一；优化算法也是深度学习的核心之一。优化算法有很多，如随机梯度下降法、自适应优化算法等，那么具体使用时该如何选择呢？

RMSprop、Adadelta 和 Adam 被认为是自适应优化算法，因为它们会自动更新学习率。而使用 SGD 时，必须手动选择学习率和动量参数，通常会随着时间的推移而降低学习率。

有时可以考虑综合使用这些优化算法，如采用先使用 Adam，然后使用 SGD 的优化方法，这个想法，实际上是由于在训练的早期阶段 SGD 对参数调整和初始化非常敏感。因此，我们可以通过先使用 Adam 优化算法来进行训练，这将大大地节省训练时间，且不必担心初始化和参数调整，一旦用 Adam 训练获得较好的参数后，就可以切换到 SGD + 动量优化，以达到最佳性能。采用这种方法有时能达到很好的效果，如图 5-17 所示，迭代次数超过 150 后，用 SGD 效果好于 Adam。

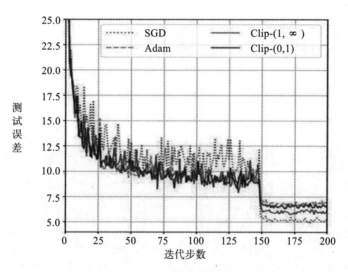

图 5-17　迭代次数与测试误差间的对应关系

5.7　GPU 加速

深度学习涉及很多向量或多矩阵运算，如矩阵相乘、矩阵相加、矩阵 - 向量乘法等。深层模型的算法，如 BP、Auto-Encoder、CNN 等，都可以写成矩阵运算的形式，无须写成循环运算。然而，在单核 CPU 上执行时，矩阵运算会被展开成循环的形式，本质上还是串行执行。图形处理器（Graphic Process Units，GPU）的众核体系结构包含几千个流处理器，可将矩阵运算并行化执行，大幅缩短计算时间。随着 NVIDIA、AMD 等公司不断推进其 GPU 的大规模并行架构，面向通用计算的 GPU 已成为加速可并行应用程序的重要手段。得益于 GPU 众核（Many-Core）的体系结构，程序在 GPU 系统上的运行速度相较于单核 CPU 往往提升了几十倍乃至上千倍。

目前，GPU 已经发展到了较为成熟的阶段。利用 GPU 来训练深度神经网络，可以充分发挥其数以千计的计算核心的能力，在使用海量训练数据的场景下，所耗费的时间大幅缩短，占用的服务器也更少。如果对适当的深度神经网络进行合理优化，一块 GPU 卡可能相当于数十甚至上百台 CPU 服务器的计算能力，因此 GPU 已经成为业界在深度学习模型训练方面的首选解决方案。

如何使用 GPU？现在很多深度学习工具都支持 GPU 运算，使用时只要简单配置即可。PyTorch 支持 GPU，可以通过 to（device）函数来将数据从内存中转移到 GPU 显存，如果有多个 GPU 还可以定位到哪个或哪些 GPU。PyTorch 一般把 GPU 作用于张量（Tensor）或模型（包括 torch.nn 下面的一些网络模型以及自己创建的模型）等数据结构上。

5.7.1 单 GPU 加速

使用 GPU 之前，需要确保 GPU 是可以使用的，可通过 torch.cuda.is_available() 方法的返回值来进行判断。返回 True 则具有能够使用的 GPU。

通过 torch.cuda.device_count() 方法可以获得能够使用的 GPU 数量。

如何查看平台 GPU 的配置信息？在命令行输入命令 " nvidia-smi" 即可（适合于 Linux 或 Windows 环境）。图 5-18 是 GPU 配置信息样例，从中可以看出共有 2 个 GPU。

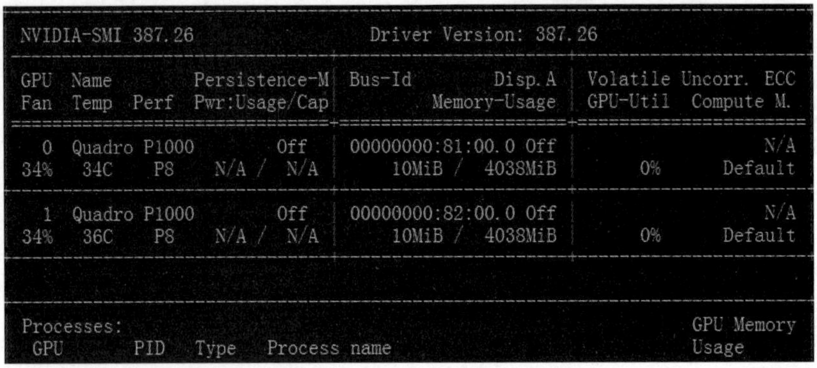

图 5-18　GPU 配置信息

把数据从内存转移到 GPU，一般针对张量（我们需要的数据）和模型。对张量（类型为 FloatTensor 或者是 LongTensor 等），一律直接使用方法 .to(device) 或 .cuda()。

```
device = torch.device("cuda:0" if torch.cuda.is_available() else "cpu")
#或device = torch.device("cuda:0")
device1 = torch.device("cuda:1")
for batch_idx, (img, label) in enumerate(train_loader):
    img=img.to(device)
    label=label.to(device)
```

对于模型来说，也是同样的方式，使用 .to(device) 或 .cuda 来将网络放到 GPU 显存。

```
#实例化网络
model = Net()
model.to(device)    #使用序号为0的GPU
#或model.to(device1) #使用序号为1的GPU
```

5.7.2　多 GPU 加速

这里主要介绍单主机多 GPU 的情况，单机多 GPU 主要采用了 DataParallel 函数，而不是 DistributedParallel，后者一般用于多主机多 GPU，当然也可用于单机多 GPU。

使用多卡训练的方式有很多，当然前提是我们的设备中存在两个及以上的 GPU。

使用时直接用 model 传入 torch.nn.DataParallel 函数即可，代码如下所示：

```
#对模型
net = torch.nn.DataParallel(model)
```

这时，默认所有存在的显卡都会被使用。

如果你的电脑有很多显卡，但只想利用其中一部分，如只使用编号为 0、1、3、4 的 4 个 GPU，那么可以采用以下方式：

```
#假设有4个GPU,其id设置如下
device_ids =[0,1,2,3]
#对数据
input_data=input_data.to(device=device_ids[0])
#对于模型
net = torch.nn.DataParallel(model)
net.to(device)
```

或者

```
os.environ["CUDA_VISIBLE_DEVICES"] = ','.join(map(str, [0,1,2,3]))
net = torch.nn.DataParallel(model)
```

其中 CUDA_VISIBLE_DEVICES 表示当前可以被 PyTorch 程序检测到的 GPU。下面为单机多 GPU 的实现代码：

1）背景说明。

这里使用波士顿房价数据为例，共 506 个样本，13 个特征。数据划分成训练集和测试集，然后用 data.DataLoader 转换为可批加载的方式。采用 nn.DataParallel 并发机制，环境有 2 个 GPU。当然，数据量很小，按理不宜用 nn.DataParallel，这里只是为了更好地说明使用方法。

2）加载数据。

```
boston = load_boston()
X,y   = (boston.data, boston.target)

X_train, X_test, y_train, y_test = train_test_split(X, y, test_size=0.2, random_
state=0)
#组合训练数据及标签
myset = list(zip(X_train,y_train))
```

3）把数据转换为批处理加载方式。

批次大小为 128，打乱数据。

```
from torch.utils import data
device = torch.device("cuda:0" if torch.cuda.is_available() else "cpu")
dtype = torch.FloatTensor
train_loader = data.DataLoader(myset,batch_size=128,shuffle=True)
```

4）定义网络。

```
class Net1(nn.Module):
    """
    使用sequential构建网络，Sequential()函数的功能是将网络的层组合到一起
    """
    def __init__(self, in_dim, n_hidden_1, n_hidden_2, out_dim):
        super(Net1, self).__init__()
        self.layer1 = torch.nn.Sequential(nn.Linear(in_dim, n_hidden_1))
        self.layer2 = torch.nn.Sequential(nn.Linear(n_hidden_1, n_hidden_2))
        self.layer3 = torch.nn.Sequential(nn.Linear(n_hidden_2, out_dim))


    def forward(self, x):
        x1 = F.relu(self.layer1(x))
        x1 = F.relu(self.layer2(x1))
        x2 = self.layer3(x1)
        #显示每个GPU分配的数据大小
        print("\tIn Model: input size", x.size(),"output size", x2.size())
        return x2
```

5）把模型转换为多 GPU 并发处理格式。

```
device = torch.device("cuda:0" if torch.cuda.is_available() else "cpu")
#实例化网络
model = Net1(13, 16, 32, 1)
if torch.cuda.device_count() > 1:
    print("Let's use", torch.cuda.device_count(), "GPUs")
    # dim = 0 [64, xxx] -> [32, ...], [32, ...] on 2GPUs
    model = nn.DataParallel(model)
model.to(device)
```

运行结果：

```
Let's use 2 GPUs
DataParallel(
  (module): Net1(
    (layer1): Sequential(
      (0): Linear(in_features=13, out_features=16, bias=True)
    )
    (layer2): Sequential(
      (0): Linear(in_features=16, out_features=32, bias=True)
    )
    (layer3): Sequential(
      (0): Linear(in_features=32, out_features=1, bias=True)
    )
  )
)
```

6）选择优化器及损失函数。

```
optimizer_orig = torch.optim.Adam(model.parameters(), lr=0.01)
loss_func = torch.nn.MSELoss()
```

7）模型训练，并可视化损失值。

```
from tensorboardX import SummaryWriter
writer = SummaryWriter(log_dir='logs')
for epoch in range(100):
    model.train()
    for data,label in train_loader:
        input = data.type(dtype).to(device)
        label = label.type(dtype).to(device)
        output = model(input)
        loss = loss_func(output, label)
        # 反向传播
        optimizer_orig.zero_grad()
        loss.backward()
        optimizer_orig.step()
        print("Outside: input size", input.size() ,"output_size", output.size())
    writer.add_scalar('train_loss_paral',loss, epoch)
```

运行的部分结果：

```
In Model: input size torch.Size([64, 13]) output size torch.Size([64, 1])
    In Model: input size torch.Size([64, 13]) output size torch.Size([64, 1])
Outside: input size torch.Size([128, 13]) output_size torch.Size([128, 1])
    In Model: input size torch.Size([64, 13]) output size torch.Size([64, 1])
    In Model: input size torch.Size([64, 13]) output size torch.Size([64, 1])
Outside: input size torch.Size([128, 13]) output_size torch.Size([128, 1])
```

从运行结果可以看出，一个批次数据（batch-size=128）拆分成两份，每份大小为 64，分别放在不同的 GPU 上。此时用 GPU 监控也可发现，两个 GPU 都同时在使用，如图 5-19 所示。

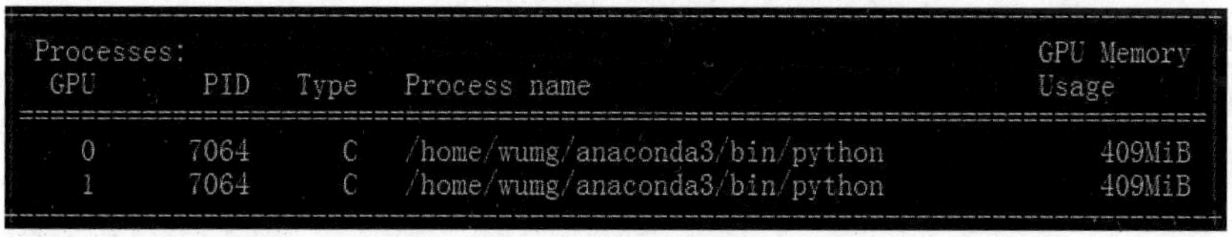

图 5-19 同时使用多个 GPU 的情况

8）通过 web 查看损失值的变化情况，如图 5-20 所示。

图 5-20 中出现较大振幅，是由于采用批次处理，而且数据没有做任何预处理，因此对数据进行规范化应该更平滑一些，读者可以尝试一下。

单机多 GPU 也可使用 DistributedParallel，它多用于分布式训练，但也可以用在单机多 GPU 的训练，配置比使用 nn.DataParallel 稍微麻烦一点，但是训练速度和效果更好一点。

具体配置为：

```
#初始化使用nccl后端
torch.distributed.init_process_group(backend="nccl")
#模型并行化
model=torch.nn.parallel.DistributedDataParallel(model)
```

单机运行时使用下列方法启动：

```
python -m torch.distributed.launch main.py
```

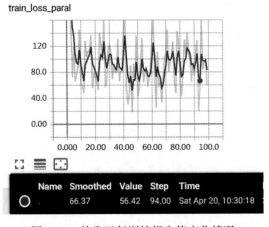

图 5-20　并发运行训练损失值变化情况

5.7.3　使用 GPU 注意事项

使用 GPU 可以提升训练的速度，但如果使用不当，可能影响使用效率，具体使用时要注意以下几点：

1）GPU 的数量尽量为偶数，奇数的 GPU 有可能会出现异常中断的情况；

2）GPU 很快，但数据量较小时，效果可能没有单 GPU 好，甚至还不如 CPU；

3）如果内存不够大，使用多 GPU 训练的时候可设置 pin_memory 为 False，当然使用精度稍微低一点的数据类型有时也有效果。

5.8　本章小结

本章从机器学习这个比深度学习更宽泛的概念出发，首先介绍了其基本任务、一般流程等，然后介绍了在机器学习中解决过拟合、欠拟合的一些常用技巧或方法。同时介绍了各种激活函数、损失函数、优化器等机器学习、深度学习的核心内容。最后介绍了在程序中如何设置 GPU 设备、如何用 GPU 加速训练模型等内容。本章是深度学习的基础，接下来我们将从视觉处理、自然语言处理和生成式网络等方面，深入介绍深度学习的核心基础内容。

第 6 章 Chapter 6

视觉处理基础

传统神经网络层之间都采用全连接方式。这种连接方式，如果层数较多，输入又是高维数据的话，其参数量可能是一个天文数字。比如训练一张 1000×1000 像素的灰色图片，输入节点数就是 1000×1000，如果隐含层节点是 100，那么输入层到隐含层间的权重矩阵就是 1000000×100！如果要增加隐含层，同时还要进行反向传播，那结果可想而知。同时，采用全连接方式还容易导致过拟合。

因此，为更有效地处理像图片、视频、音频、自然语言等大数据，必须另辟蹊径。经过多年不懈努力，研究者终于找到了一些有效的方法或工具。其中卷积神经网络、循环神经网络就是典型代表。本章介绍卷积神经网络，第 7 章将介绍循环神经网络。

那卷积神经网络是如何解决海量参数、过拟合等问题的呢？卷积神经网络这么神奇，如何用代码实现？本章就是为解决这些问题而设置的，本章主要内容有：

❑ 卷积神经网络简介。
❑ 卷积定义。
❑ 卷积运算。
❑ 卷积层。
❑ 池化层。
❑ 现代经典网络架构。
❑ 实例：用 TensorFlow 实现一个卷积神经网络。

6.1 卷积神经网络简介

卷积神经网络（Convolutional Neural Network, CNN）是一种前馈神经网络，对于 CNN

最早可以追溯到 1986 年的 BP 算法。1989 年 LeCun 将其用到多层神经网络中，直到 1998 年 LeCun 提出 LeNet-5 模型，神经网络的雏形才基本形成。在接下来近十年的时间里，卷积神经网络的相关研究正处于低谷，原因有两个：一是研究人员意识到多层神经网络在进行 BP 训练时的计算量极大，当时的硬件计算能力完全不可能实现；二是包括 SVM 在内的浅层机器学习算法正开始崭露头角。

2006 年，Hinton 一鸣惊人，在《科学》上发表文章，CNN 再度觉醒，并取得长足发展。2012 年，ImageNet 大赛上 CNN 夺冠。2014 年，谷歌研发出 20 层的 VGG 模型。同年，DeepFace、DeepID 模型横空出世，直接将 LFW 数据库上的人脸识别、人脸认证的正确率提高到 99.75%，已超越人类平均水平。

卷积神经网络由一个或多个卷积层和顶端的全连通层（对应经典的神经网络）组成，同时也包括关联权重和池化层（Pooling Layer）等。图 6-1 就是一个卷积神经网络架构。

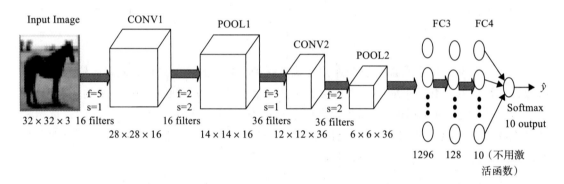

图 6-1　卷积神经网络示意图

与其他深度学习结构相比，卷积神经网络在图像和语音识别方面能够给出更好的结果。这一模型也可以使用反向传播算法进行训练。相比其他深度、前馈神经网络，卷积神经网络可以用更少的参数，却获得更高的性能。

图 6-1 为卷积神经网络的一般结构，其中包括卷积神经网络的常用层，如卷积层、池化层、全连接层和输出层；有些还包括其他层，如正则化层、高级层等。接下来我们就各层的结构、原理等进行详细说明。

图 6-1 是用一个比较简单的卷积神经网络对手写输入数据进行分类，由卷积层（Conv2d）、池化层（MaxPool2d）和全连接层（Linear）叠加而成。下面我们先用代码定义这个卷积神经网络，然后再介绍各部分的定义及原理。

```python
import torch.nn as nn
import torch.nn.functional as F
device = torch.device("cuda:0" if torch.cuda.is_available() else "cpu")

class CNNNet(nn.Module):
    def __init__(self):
```

```
        super(CNNNet,self).__init__()
            self.conv1 = nn.Conv2d(in_channels=3,out_channels=16,kernel_
size=5,stride=1)
        self.pool1 = nn.MaxPool2d(kernel_size=2,stride=2)
            self.conv2 = nn.Conv2d(in_channels=16,out_channels=36,kernel_
size=3,stride=1)
        self.pool2 = nn.MaxPool2d(kernel_size=2, stride=2)
        self.fc1 = nn.Linear(1296,128)
        self.fc2 = nn.Linear(128,10)

    def forward(self,x):
        x=self.pool1(F.relu(self.conv1(x)))
        x=self.pool2(F.relu(self.conv2(x)))
        #print(x.shape)
        x=x.view(-1,36*6*6)
        x=F.relu(self.fc2(F.relu(self.fc1(x))))
        return x

net = CNNNet()
net=net.to(device)
```

6.2　卷积层

卷积层是卷积神经网络的核心层，而卷积（Convolution）又是卷积层的核心。对卷积直观的理解，就是两个函数的一种运算，这种运算就称为卷积运算。这样说或许比较抽象，我们还是先抛开复杂概念，先从具体实例开始吧。图 6-2 就是一个简单的二维空间卷积运算示例，虽然简单，但却包含了卷积的核心内容。

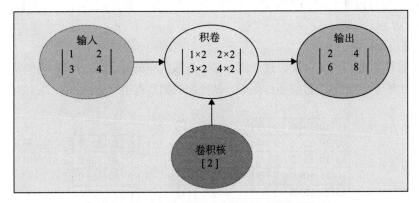

图 6-2　在二维空间上的一个卷积运算

在图 6-2 中，输入和卷积核都是张量，卷积运算就是用卷积分别乘以输入张量中的每个元素，然后输出一个代表每个输入信息的张量。其中卷积核（kernel）又称权重过滤器，简称为过滤器（filter）。接下来将输入、卷积核推广到更高维空间上，输入由 2×2 矩阵，拓展为 5×5 矩阵，卷积核由一个标量拓展为一个 3×3 矩阵，如图 6-3 所示。那这时该如何进行卷积呢？

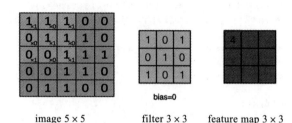

图 6-3　卷积神经网络卷积运算，生成右边矩阵中第 1 行第 1 列的数据

用卷积核中每个元素，乘以对应输入矩阵中的对应元素，这点还是一样，但输入张量为 5×5 矩阵，而卷积核为 3×3 矩阵，所以这里首先就要解决一个如何对应的问题，这个问题解决了，这个推广也就完成了。把卷积核作为在输入矩阵上的一个移动窗口，对应关系就迎刃而解了。

卷积核如何确定？卷积核如何在输入矩阵中移动？移动过程中出现超越边界时又该如何处理？这种可能因移动带来的问题，接下来将具体说明。

6.2.1　卷积核

卷积核，从这个名字可以看出它的重要性，它是整个卷积过程的核心。比较简单的卷积核或过滤器有 Horizontalfilter、Verticalfilter、Sobel Filter 等。这些过滤器能够检测图像的水平边缘、垂直边缘、增强图像中心区域权重等。过滤器的具体作用，可以通过以下内容来说明。

1）垂直边缘检测。

这个过滤器是 3×3 矩阵（注，过滤器一般是奇数阶矩阵），其特点是有值的是第 1 列和第 3 列，第 2 列为 0。经过这个过滤器作用后，就把原数据垂直边缘检测出来了，如图 6-4 所示。

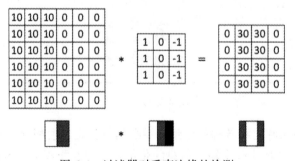

图 6-4　过滤器对垂直边缘的检测

2）水平边缘检测。

这个过滤器也是 3×3 矩阵，其特点是有值的是第 1 行和第 3 行，第 2 行为 0。经过这个过滤器作用后，就把原数据水平边缘检测出来了，如图 6-5 所示。

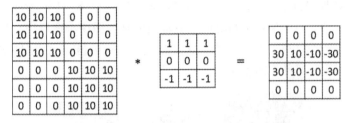

图 6-5　水平过滤器检测水平边缘示意图

3）过滤器对图像水平边缘检测、垂直边缘检测的效果图，如图 6-6 所示。

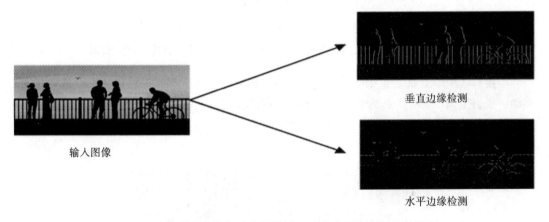

图 6-6　过滤器对图像水平边缘检测、垂直边缘检测后的效果图

以上这些过滤器是比较简单的，在深度学习中，过滤器的作用不仅在于检测垂直边缘、水平边缘等，还需要检测其他边缘特征。

过滤器如何确定呢？过滤器类似于标准神经网络中的权重矩阵 W，W 需要通过梯度下降算法反复迭代求得。同样，在深度学习学习中，过滤器也是需要通过模型训练来得到的。卷积神经网络主要目的就是计算出这些 filter 的数值。确定得到了这些 filter 后，卷积神经网络的浅层网络也就实现了对图像所有边缘特征的检测。

本节简单说明了卷积核的生成方式及作用。假设卷积核已确定，卷积核又该如何对输入数据进行卷积运算呢？这将在 6.2.2 节进行介绍。

6.2.2　步幅

如何实现对输入数据进行卷积运算？回答这个问题前，我们先回顾一下图 6-3。在图

6-3 的左边窗口中，左上方有个小窗口，这个小窗口实际上就是卷积核，其中 x 后面的值就是卷积核的值。如第 1 行为：x_1、x_0、x_1 对应卷积核的第 1 行 [1 0 1]。右边窗口中这个 4 是如何得到的呢？就是 5×5 矩阵中由前 3 行、前 3 列构成的矩阵各元素乘以卷积核中对应位置的值，然后累加得到的，即：$1 \times 1 + 1 \times 0 + 1 \times 1 + 0 \times 0 + 1 \times 1 + 1 \times 0 + 0 \times 1 + 0 \times 0 + 1 \times 1 = 4$。右边矩阵中第 1 行第 2 列的值如何得到呢？我们只要把左图中小窗口往右移动一格，然后，进行卷积运算第 1 行第 3 列，如此类推；第 2 行、第 3 行的值，只要把左边的小窗口往下移动一格，然后再往右即可。如图 6-7 所示。

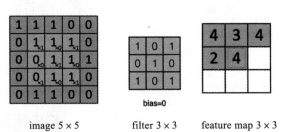

image 5×5   filter 3×3   feature map 3×3

图 6-7   卷积神经网络卷积运算，生成右边矩阵中第 2 行第 2 列的数据

小窗口（实际上就是卷积核或过滤器）在左边窗口中每次移动的格数（无论是自左向右移动，或自上向下移动）称为步幅（strides），在图像中就是跳过的像素个数。上面小窗口每次只移动一格，故参数 strides=1。这个参数也可以是 2 或 3 等数。如果是 2，每次移动时就跳 2 格或 2 个像素，如图 6-8 所示。

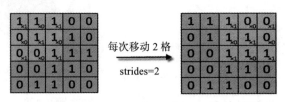

每次移动 2 格
strides=2

图 6-8   strides=2 示意图

在小窗口移动过程中，其值始终是不变的，都是卷积核的值。也可以说，卷积核的值在整个过程中都是共享的，所以又把卷积核的值称为共享变量。卷积神经网络采用参数共享的方法大大降低了参数的数量。

参数 strides 是卷积神经网络中的一个重要参数，在用 PyTorch 具体实现时，strides 参数格式为单个整数或两个整数的元组。

在图 6-8 中，小窗口如果继续往右移动 2 格，卷积核窗口部分将在输入矩阵之外，如图 6-9 所示。此时，该如何处理呢？具体处理方法就涉及 6.2.3 节要讲的内容——填充（Padding）。

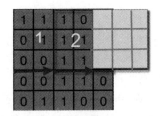

图 6-9　小窗口移动输入矩阵外

6.2.3　填充

当输入图片与卷积核不匹配时或卷积核超过图片边界时，可以采用边界填充（Padding）的方法。即把图片尺寸进行扩展，扩展区域补零，如图 6-10 所示。当然也可不扩展。

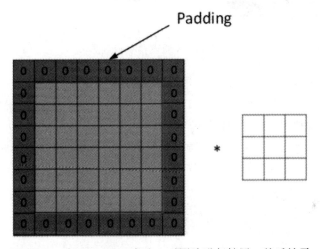

图 6-10　采用 Padding 方法，对图片进行扩展，然后补零

根据是否扩展 Padding 又分为 Same、Valid。采用 Same 方式时，对图片扩展并补 0；采用 Valid 方式时，不对图片进行扩展。那如何选择呢？在实际训练过程中，一般选择 Same 方式，使用 Same 不会丢失信息。设补 0 的圈数为 p，输入数据大小为 n，过滤器大小为 f，步幅大小为 s，则有：

$$p = \frac{f-1}{2} \tag{6-1}$$

卷积后的大小为：

$$\frac{n+2p-f}{s}+1 \tag{6-2}$$

6.2.4　多通道上的卷积

6.2.3 节我们对卷积在输入数据、卷积核的维度上进行了扩展，但由于输入数据、卷积核都是单个，因此在图形的角度来说都是灰色的，并没有考虑彩色图片情况。但在实际应用中，输入数据往往是多通道的，如彩色图片就 3 通道，即 R、G、B 通道。对于 3 通道的情况应如何卷积呢？ 3 通道图片的卷积运算与单通道图片的卷积运算基本一致，对于 3 通道的 RGB 图片，其对应的滤波器算子同样也是 3 通道的。例如一个图片是 $6 \times 6 \times 3$，分别表示图片的高度（Height）、宽度（Weight）和通道（Channel）。过程是将每个单通道（R, G, B）与对应的 filter 进行卷积运算求和，然后再将 3 通道的和相加，得到输出图片的一个像素值。具体过程如图 6-11 所示。

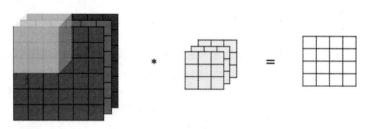

图 6-11　3 通道卷积示意图

　　为了实现更多边缘检测，可以增加更多的滤波器组。图 6-12 就是两组过滤器 Filter W_0 和 Filter W_1。$7 \times 7 \times 3$ 输入，经过两个 $3 \times 3 \times 3$ 的卷积（步幅为 2），得到了 $3 \times 3 \times 2$ 的输出。另外我们也会看到图 6-10 中的 **Zero padding** 是 1，也就是在输入元素的周围补了一圈 0。**Zero padding** 对于图像边缘部分的特征提取是很有帮助的，可以防止信息丢失。最后，不同滤波器组卷积得到不同的输出，个数由滤波器组决定。

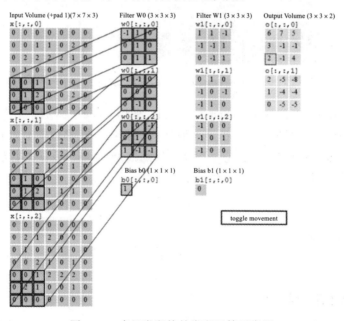

图 6-12　多组卷积核的卷积运算示意图

6.2.5 激活函数

卷积神经网络与标准的神经网络类似，为保证其非线性，也需要使用激活函数，即在卷积运算后，把输出值另加偏移量，输入到激活函数，然后作为下一层的输入，如图 6-13 所示。

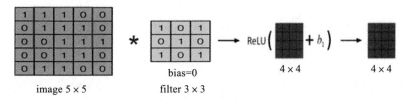

图 6-13 卷积运算后的结果 + 偏移量输入到激活函数 ReLU

常用的激活函数有：nn.Sigmoid、nn.ReLU、nnLeakyReLU、nn.Tanh 等，这些激活函数的详细介绍可参考第 5 章所述内容。

6.2.6 卷积函数

卷积函数是构建神经网络的重要支架，通常 PyTorch 的卷积运算是通过 nn.Conv2d 来完成的。下面先介绍 nn.Conv2d 的参数，以及如何计算输出的形状（Shape）。

1）nn.Conv2d 函数。

```
torch.nn.Conv2d(in_channels, out_channels, kernel_size, stride=1, padding=0,
dilation=1, groups=1, bias=True, padding_mode='zeros')
```

主要参数说明。

❑ in_channels(int)：输入信号的通道。

❑ out_channels(int)：卷积产生的通道。

❑ kerner_size(int or tuple)：卷积核的尺寸。

❑ stride(int or tuple, optional)：卷积步长。

❑ padding(int or tuple, optional)：输入的每一条边补充 0 的层数。

❑ dilation(int or tuple, optional)：卷积核元素之间的间距。

❑ groups(int, optional)：控制输入和输出之间的连接。group=1，输出是所有的输入的卷积；group=2，此时相当于有并排的两个卷积层，每个卷积层计算输入通道的一半，并且产生的输出是输出通道的一半，随后将这两个输出连接起来。

❑ bias(bool, optional)：如果 bias=True，添加偏置。其中参数 kernel_size、stride、padding、dilation 也可以是一个 int 的数据，此时卷积 height 和 width 值相同；也可以是一个 tuple 数组，tuple 的第一维度表示 height 的数值，tuple 的第二维度表示 width 的数值。

2）输出形状。

❑ Input: $(N, C_{in}, H_{in}, W_{in})$

❑ Output: (N, C_{out}, H_{out}, W_{out}) 这里

$$H_{out} = \frac{H_{in} + 2 \times padding[0] - dilation[0] \times (kernel\_size[0]-1)-1}{stride[0]} + 1 \qquad (6\text{-}3)$$

$$W_{out} = \frac{W_{in} + 2 \times padding[1] - dilation[1] \times (kernel\_size[1]-1)-1}{stride[1]} + 1 \qquad (6\text{-}4)$$

❑ weight: (out_channels, $\dfrac{in\_channels}{groups}$, kernel_size[0], kernel_size[1])

当 groups=1 时：

```
conv = nn.Conv2d(in_channels=6, out_channels=12, kernel_size=1, groups=1)
conv.weight.data.size()  #torch.Size([12, 6, 1, 1])
```

当 groups=2 时：

```
conv = nn.Conv2d(in_channels=6, out_channels=12, kernel_size=1, groups=2)
conv.weight.data.size() #torch.Size([12, 3, 1, 1])
```

当 groups=3 时：

```
conv = nn.Conv2d(in_channels=6, out_channels=12, kernel_size=1, groups=3)
conv.weight.data.size() #torch.Size([12, 2, 1, 1])
```

in_channels/groups 必须是整数，否则报错。

6.2.7　转置卷积

转置卷积（Transposed Convolution）在一些文献中也称为反卷积（Deconvolution）或部分跨越卷积（Fractionally-Strided Convolution）。何为转置卷积，它与卷积又有哪些不同？

通过卷积的正向传播的图像一般越来越小，记为下采样（Downsampled）。卷积的方向传播实际上就是一种转置卷积，它是上采样（Up-Sampling）。

我们先简单回顾卷积的正向传播是如何运算的，假设卷积操作的相关参数为：输入大小为 4，卷积核大小为 3，步幅为 1，填充为 0，即（$n=4, f=3, s=1, p=0$），根据式（6-2）可知，输出 o = 2。

整个卷积过程，可用图 6-14 表示。

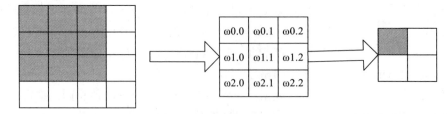

图 6-14　卷积运算示意图

对于上述卷积运算，我们把图 6-14 所示的 3×3 卷积核展成一个如下所示的 [4,16] 的

稀疏矩阵 C，其中非 0 元素 $\omega_{i,j}$ 表示卷积核的第 i 行和第 j 列。

$$C = \begin{bmatrix} \omega_{0,0} & \omega_{0,1} & \omega_{0,2} & 0 & \omega_{1,0} & \omega_{1,1} & \omega_{1,2} & 0 & \omega_{2,0} & \omega_{2,1} & \omega_{2,2} & 0 & 0 & 0 & 0 & 0 \\ 0 & \omega_{0,0} & \omega_{0,1} & \omega_{0,2} & 0 & \omega_{1,0} & \omega_{1,1} & \omega_{1,2} & 0 & \omega_{2,0} & \omega_{2,1} & \omega_{2,2} & 0 & 0 & 0 & 0 \\ 0 & 0 & 0 & 0 & \omega_{0,0} & \omega_{0,1} & \omega_{0,2} & 0 & \omega_{1,0} & \omega_{1,1} & \omega_{1,2} & 0 & \omega_{2,0} & \omega_{2,1} & \omega_{2,2} & 0 \\ 0 & 0 & 0 & 0 & 0 & \omega_{0,0} & \omega_{0,1} & \omega_{0,2} & 0 & \omega_{1,0} & \omega_{1,1} & \omega_{1,2} & 0 & \omega_{2,0} & \omega_{2,1} & \omega_{2,2} \end{bmatrix}$$

我们再把 4×4 的输入特征展成 $[16,1]$ 的矩阵 X，那么 $Y = CX$ 则是一个 $[4,1]$ 的输出特征矩阵，把它重新排列 2×2 的输出特征就得到最终的结果，从上述分析可以看出，卷积层的计算其实是可以转化成矩阵相乘的。

那反向传播时又会如何呢？首先从卷积的反向传播算法开始。假设损失函数为 L，则反向传播时，对 L 关系的求导，利用链式法则得到：

$$\frac{\partial L}{\partial x_j} = \sum_i \frac{\partial L}{\partial y_i} \frac{\partial y_i}{\partial x_j} = \sum_i \frac{\partial L}{\partial y_i} C_{i,j} = \frac{\partial L}{\partial y} C_{*,j} = C_{*,j}^{\mathrm{T}} \frac{\partial L}{\partial y}$$

由此，可得 $X = C^{\mathrm{T}} Y$，即反卷积的操作就是要对这个矩阵运算过程进行逆运算。

转置卷积在生成式对抗网络（GAN）中使用很普遍，后续我们将介绍，图 6-15 为使用转置卷积的一个示例，是一个上采样过程。

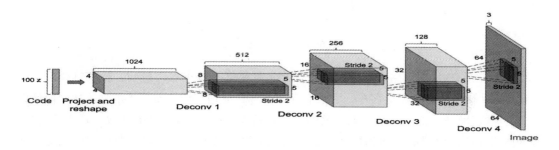

图 6-15　转置卷积示例

PyTorch 二维转置卷积的格式为：

```
torch.nn.ConvTranspose2d(in_channels, out_channels, kernel_size, stride=1,
padding=0, output_padding=0, groups=1, bias=True, dilation=1, padding_
mode='zeros')
```

6.3　池化层

池化（Pooling）又称下采样，通过卷积层获得图像的特征后，理论上可以直接使用这些特征训练分类器（如 Softmax）。但是，这样做将面临巨大的计算量挑战，而且容易产生过拟合的现象。为了进一步降低网络训练参数及模型的过拟合程度，就要对卷积层进行池

化 (Pooling) 处理。常用的池化方式通常有 3 种。

- ❑ 最大池化（Max Pooling）：选择 Pooling 窗口中的最大值作为采样值。
- ❑ 均值池化（Mean Pooling）：将 Pooling 窗口中的所有值相加取平均，以平均值作为采样值。
- ❑ 全局最大（或均值）池化：与平常最大或最小池化相对而言，全局池化是对整个特征图的池化而不是在移动窗口范围内的池化。

这 3 种池化方法，可用图 6-16 来描述。

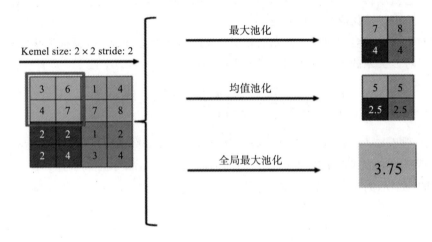

图 6-16　3 种池化方法

池化层在 CNN 中可用来减小尺寸，提高运算速度及减小噪声影响，让各特征更具有健壮性。池化层比卷积层更简单，它没有卷积运算，只是在滤波器算子滑动区域内取最大值或平均值。而池化的作用则体现在降采样：保留显著特征、降低特征维度，增大感受野。深度网络越往后面越能捕捉到物体的语义信息，这种语义信息是建立在较大的感受野基础上。

6.3.1　局部池化

我们通常使用的最大或平均池化，是在特征图（Feature Map）上以窗口的形式进行滑动（类似卷积的窗口滑动），操作为取窗口内的平均值作为结果，经过操作后，特征图降采样，减少了过拟合现象。其中在移动窗口内的池化被称为局部池化。

在 PyTorch 中，最大池化常使用 nn.MaxPool2d，平均池化使用 nn.AvgPool2d。在实际应用中，最大池化比其他池化方法更常用。它们的具体格式如下：

```
torch.nn.MaxPool2d(kernel_size, stride=None, padding=0, dilation=1, return_indices=False, ceil_mode=False)
```

参数说明如下所示。

❏ kernel_size：池化窗口的大小，取一个 4 维向量，一般是 [height，width]，如果两者相等，可以是一个数字，如 kernel_size=3。

❏ stride：窗口在每一个维度上滑动的步长，一般也是 [stride_h，stride_w]，如果两者相等，可以是一个数字，如 stride =1。

❏ padding：和卷积类似。

❏ dilation：卷积对输入数据的空间间隔。

❏ return_indices：是否返回最大值对应的下标。

❏ ceil_mode：使用一些方块代替层结构。

输入、输出的形状计算公式如下所示。

假设输入 input 的形状为：(N, C, H_{in}, W_{in})。

输出 output 的形状为：(N, C, H_{out}, W_{out})，则输出大小与输入大小的计算公式如下所示。

$$H_{out} = [\frac{H_{in} + 2 \times padding[0] – dilation[0] \times (kernel\_size[0]–1)–1}{stride[0]} +1] \quad （6-5）$$

$$W_{out} = [\frac{W_{in} + 2 \times padding[1] – dilation[1] \times (kernel\_size[1]–1)–1}{stride[1]} +1] \quad （6-6）$$

如果不能整除，则取整数。

实例代码：

```
# 池化窗口为正方形 size=3, stride=2
m1 = nn.MaxPool2d(3, stride=2)
# 池化窗口为非正方形
m2 = nn.MaxPool2d((3, 2), stride=(2, 1))
input = torch.randn(20, 16, 50, 32)
output = m2(input)
print(output.shape)
#orch.Size([20, 16, 24, 31])
```

6.3.2　全局池化

与局部池化相对的就是全局池化，全局池化也分最大或平均池化。所谓的全局就是针对常用的平均池化而言，平均池化会有它的 filter size，比如 2×2，而全局平均池化就没有 size，它针对的是整张 Feature Map。下面以全局平均池化为例。全局平均池化（Global Average Pooling，GAP），不以窗口的形式取均值，而是以特征图为单位进行均值化，即一个特征图输出一个值。

那如何理解全局池化呢？可以通过图 6-17 来说明。

图 6-17 左边把 4 个特征图，先用一个全连接层展平为一个向量，然后通过一个全连接层输出为 4 个分类节点。GAP 可以把这两步合二为一。我们可以把 GAP 视为一个特殊的 Average Pool 层，只不过其 Pool Size 和整个特征图一样大，其实就是求每张特征图所有像素的均值，输出一个数据值，这样 4 个特征图就会输出 4 个数据点，这些数据点组成一个

1*4 的向量。

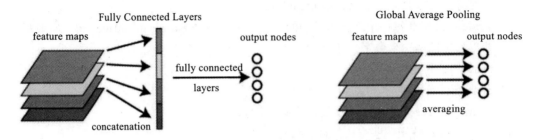

feature maps
Fully Connected Layers
output nodes
fully connected
layers

concatenation

Global Average Pooling
feature maps
output nodes

averaging

图 6-17　全局平均池化原理

使用全局平均池化代替 CNN 中传统的全连接层。在使用卷积层的识别任务中，全局平均池化能够为每一个特定的类别生成一个特征图（Feature Map）。

GAP 的优势在于：各个类别与 Feature Map 之间的联系更加直观（相比与全连接层的黑箱来说），Feature Map 被转化为分类概率也更加容易，因为在 GAP 中没有参数需要调，所以避免了过拟合问题。GAP 汇总了空间信息，因此对输入的空间转换鲁棒性更强。所以目前卷积网络中最后几个全连接层，大都用 GAP 替换。

全局池化层在 Keras 中有对应的层，如全局最大池化层（GlobalMaxPooling2D）。PyTorch 虽然没有对应名称的池化层，但可以使用 PyTorch 中的自适应池化层 (AdaptiveMaxPool2d(1) 或 nn.AdaptiveAvgPool2d(1)) 来实现，如何实现后续有实例介绍，这里先简单介绍自适应池化层，其一般格式为：

```
nn.AdaptiveMaxPool2d(output_size, return_indices=False)
```

代码实例：

```
# 输出大小为5×7
m = nn.AdaptiveMaxPool2d((5,7))
input = torch.randn(1, 64, 8, 9)
output = m(input)
# t输出大小为正方形 7×7
m = nn.AdaptiveMaxPool2d(7)
input = torch.randn(1, 64, 10, 9)
output = m(input)
# 输出大小为 10×7
m = nn.AdaptiveMaxPool2d((None, 7))
input = torch.randn(1, 64, 10, 9)
output = m(input)
# 输出大小为 1×1
m = nn.AdaptiveMaxPool2d((1))
input = torch.randn(1, 64, 10, 9)
output = m(input)
print(output.size())
```

Adaptive Pooling 输出张量的大小都是给定的 output_size。例如输入张量大小为（1，

64, 8, 9), 设定输出大小为（5, 7），通过 Adaptive Pooling 层，可以得到大小为（1, 64, 5, 7）的张量。

6.4　现代经典网络

卷积神经网络发展非常迅速，应用非常广阔，所以近几年的卷积神经网络得到了长足的发展，图 6-18 为卷积神经网络近几年发展的大致轨迹。

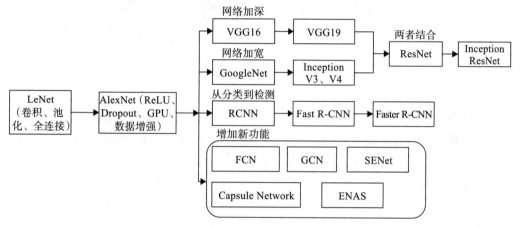

图 6-18　卷积网络发展轨迹

1998 年 LeCun 提出了 LeNet，可谓是开山鼻祖，系统地提出了卷积层、池化层、全连接层等概念。时隔多年后，2012 年 Alex 等提出 AlexNet，提出一些训练深度网络的重要方法或技巧，如 Dropout、ReLu、GPU、数据增强方法等。此后，卷积神经网络迎来了爆炸式的发展。接下来我们将就一些经典网络架构进行说明。

6.4.1　LeNet-5 模型

LeNet 是卷积神经网络的大师 LeCun 在 1998 年提出的，用于解决手写数字识别的视觉任务。自那时起，CNN 最基本的架构就定下来了，即卷积层、池化层、全连接层。

（1）模型架构

LeNet-5 模型结构为输入层 - 卷积层 - 池化层 - 卷积层 - 池化层 - 全连接层 - 全连接层 - 输出，为串联模式，如图 6-19 所示。

（2）模型特点

❑ 每个卷积层包含 3 个部分：卷积、池化和非线性激活函数。

❑ 使用卷积提取空间特征。

❑ 采用降采样（Subsample）的平均池化层（Average Pooling）。

❑ 使用双曲正切（Tanh）的激活函数。

❑ 最后用 MLP 作为分类器。

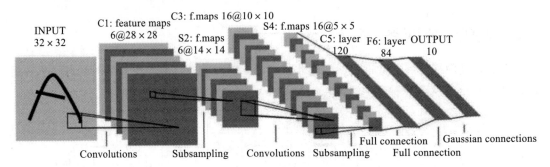

图 6-19　LeNet-5 模型

6.4.2　AlexNet 模型

AlexNet 在 2012 年 ImageNet 竞赛中以超过第 2 名 10.9 个百分点的绝对优势一举夺冠，从此，深度学习和卷积神经网络如雨后春笋般得到迅速发展。

（1）模型架构

AlexNet 为 8 层深度网络，其中 5 层卷积层和 3 层全连接层，不计 LRN 层和池化层，如图 6-20 所示。

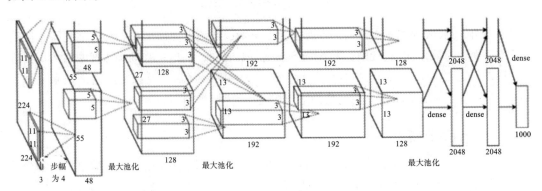

图 6-20　AlexNet 模型

（2）模型特点

❑ 由 5 层卷积和 3 层全连接组成，输入图像为 3 通道 224×224 大小，网络规模远大于 LeNet。

❑ 使用 ReLU 激活函数。

❑ 使用 Dropout，可以作为正则项防止过拟合，提升模型鲁棒性。

❑ 具备一些很好的训练技巧，包括数据增广、学习率策略、Weight Decay 等。

6.4.3　VGG 模型

在 AlexNet 之后，另一个提升很大的网络是 VGG，ImageNet 上将 Top5 错误率减小到 7.3%。VGG-Nets 是由牛津大学 VGG（Visual Geometry Group）提出，是 2014 年 ImageNet 竞赛定位任务的第一名和分类任务的第二名。VGG 可以看成是加深版本的 AlexNet. 都是 Conv Layer + FC layer，在当时看来这是一个非常深的网络了，层数高达 16 或 19 层，其模型结构如图 6-21 所示。

（1）模型结构

ConvNet Configuration					
A	A-LRN	B	C	D	E
11 weight layers	11 weight layers	13 weight layers	16 weight layers	16 weight layers	19 weight layers
input (224 × 224 RGB image)					
conv3-64	conv3-64 **LRN**	conv3-64 **conv3-64**	conv3-64 conv3-64	conv3-64 conv3-64	conv3-64 conv3-64
maxpool					
conv3-128	conv3-128	conv3-128 **conv3-128**	conv3-128 conv3-128	conv3-128 conv3-128	conv3-128 conv3-128
maxpool					
conv3-256 conv3-256	conv3-256 conv3-256	conv3-256 conv3-256	conv3-256 conv3-256 **conv1-256**	conv3-256 conv3-256 **conv3-256**	conv3-256 conv3-256 conv3-256 **conv3-256**
maxpool					
conv3-512 conv3-512	conv3-512 conv3-512	conv3-512 conv3-512	conv3-512 conv3-512 **conv1-512**	conv3-512 conv3-512 **conv3-512**	conv3-512 conv3-512 conv3-512 **conv3-512**
maxpool					
conv3-512 conv3-512	conv3-512 conv3-512	conv3-512 conv3-512	conv3-512 conv3-512 **conv1-512**	conv3-512 conv3-512 **conv3-512**	conv3-512 conv3-512 conv3-512 **conv3-512**
maxpool					
FC-4096					
FC-4096					
FC-1000					
soft-max					

图 6-21　VGG 模型结构

（2）模型特点

❑ 更深的网络结构：网络层数由 AlexNet 的 8 层增至 16 和 19 层，更深的网络意味着更强大的网络能力，也意味着需要更强大的计算力，不过后来硬件发展也很快，显卡运算力也在快速增长，以此助推深度学习的快速发展。

❑ 使用较小的 3×3 的卷积核：模型中使用 3×3 的卷积核，因为两个 3×3 的感受野相当于一个 5×5，同时参数量更少，之后的网络都基本遵循这个范式。

6.4.4 GoogleNet 模型

VGG 是增加网络的深度，但深度达到一个程度时，可能就成为瓶颈。GoogLeNet 则从另一个维度来增加网络能力，每单元有许多层并行计算，让网络更宽了，基本单元如图 6-22 所示。

（1）模型结构

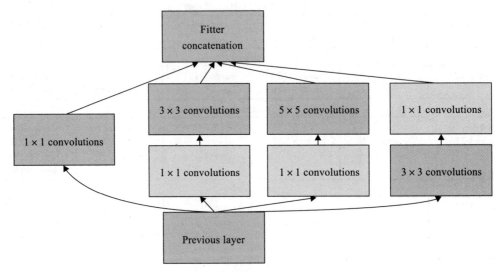

图 6-22　Inception 模块

网络总体结构如图 6-23 所示，包含多个图 6-22 所示的 Inception 模块，为便于训练添加了两个辅助分类分支补充梯度，如图 6-23 所示。

图 6-23　GoogleNet 模型结构

（2）模型特点

1）引入 Inception 结构，这是一种网中网（Network In Network）的结构。

通过网络的水平排布，可以用较浅的网络得到较好的模型能力，并进行多特征融合，同时更容易训练。另外，为了减少计算量，使用了 1×1 卷积来先对特征通道进行降维。堆叠 Inception 模块就叫作 Inception 网络，而 GoogLeNet 就是一个精心设计的性能良好的 Inception 网络（Inception v1）的实例，即 GoogLeNet 是 Inception v1 网络的一种。

2）采用全局平均池化层。

将后面的全连接层全部替换为简单的全局平均池化，在最后参数会变得更少。而在 AlexNet 中最后 3 层的全连接层参数差不多占总参数的 90%，使用大网络在宽度和深度上允许 GoogLeNet 移除全连接层，但并不会影响到结果的精度，在 ImageNet 中实现 93.3% 的精度，而且要比 VGG 还快。不过，网络太深无法很好训练的问题还是没有得到解决，直到 ResNet 提出了 Residual Connection。

6.4.5　ResNet 模型

2015 年，何恺明推出的 ResNet 在 ISLVRC 和 COCO 上超越所有选手，获得冠军。ResNet 在网络结构上做了一大创新，即采用残差网络结构，而不再是简单地堆积层数，ResNet 在卷积神经网络中提供了一个新思路。残差网络的核心思想即：输出的是两个连续的卷积层，并且输入时绕到下一层去，如图 6-24 所示。

（1）模型结构

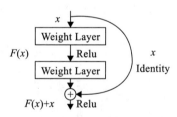

图 6-24　ResNet 残差单元结构

其完整网络结构如图 6-25 所示：

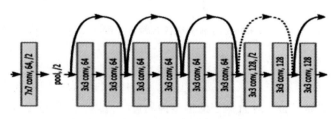

图 6-25　ResNet 完整网络结构

通过引入残差，Identity 恒等映射，相当于一个梯度高速通道，可以更容易地训练避免梯度消失的问题。所以，可以得到很深的网络，网络层数由 GoogLeNet 的 22 层到了 ResNet 的 152 层。

（2）模型特点

❑ 层数非常深，已经超过百层。

❑ 引入残差单元来解决退化问题。

6.4.6　胶囊网络简介

2017 年底，Hinton 和他的团队在论文中介绍了一种全新的神经网络，即胶囊网络（CapsNet）[⊖]。与当前的卷积神经网络（CNN）相比，胶囊网络具有许多优点。目前，对胶囊网络的研究还处于起步阶段，但可能会挑战当前最先进的图像识别方法。

胶囊网络克服了卷积神经网络的一些不足：

1）训练卷积神经网络一般需要较大数据量，而胶囊网络使用较少数据就能泛化。

2）卷积神经网络因池化层、全连接层等丢失大量的信息，从而降低了空间位置的分辨率，而胶囊网络对很多细节的姿态信息（如对象的准确位置、旋转、厚度、倾斜度、尺寸等）能在网络里被保存。这就有效地避免嘴巴和眼睛倒挂也认为是人脸的错误。

3）卷积神经网络不能很好地应对模糊性，但胶囊网络可以。所以，它能在非常拥挤的场景中也表现得很好。

胶囊网络是如何实现这些优点的呢？当然这主要归功于胶囊网络的一些独特算法，因为这些算法比较复杂，这里就不展开来说，我们先从其架构来说，希望通过对架构的了解，对胶囊网络有个直观的认识，胶囊网络的结构如图 6-26 所示。

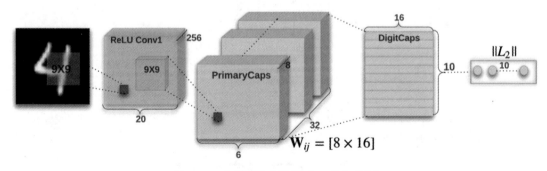

图 6-26　胶囊网络识别数字 4 的架构图

（1）模型结构

该架构由两个卷积层和一个全连接层组成，其中第一个为一般的卷积层，第二个卷积相当于为 Capsule 层做准备，并且该层的输出为向量，所以，它的维度要比一般的卷积层再高一个维度。最后就是通过向量的输入与路由（Routing）过程等构建出 10 个向量，每一个

⊖　Geoffrey E. Hinton, arXiv: 1710.09829v2 [cs.CV] 7 Nov 2017。

向量的长度都直接表示某个类别的概率。

（2）模型特点

1）神经元输出为向量：

每个胶囊给出的是输出是一组向量，不是如同传统的人工神经元是一个单独的数值（权重）。

2）采用动态路由机制：

为了解决这组向量向更高层的神经元传输的问题，就需要动态路由（Dynamic Routing）机制，而这是胶囊神经网络的一大创新点。Dynamic Routing 使得胶囊神经网络可以识别图形中的多个图形，这一点也是 CNN 所不具备的功能。

虽然，CapsNet 在简单的数据集 MNIST 上表现出了很好的性能，但是在更复杂的数据集如 ImageNet、CIFAR-10 上，却没有这种表现。这是因为在图像中发现的信息过多会使胶囊脱落。由于胶囊网络仍然处于研究和开发阶段，并且不够可靠，现在还没有很成熟的任务。但是，这个概念是合理的，这个领域将会取得更多的进展，使胶囊网络标准化，以更好地完成任务。

如果读者想进一步了解，大家可参考原论文（https://arxiv.org/pdf/1710.09829.pdf）或有关博客。

6.5　PyTorch 实现 CIFAR-10 多分类

本节基于数据集 CIFAR-10，利用卷积神经网络进行分类。

6.5.1　数据集说明

CIFAR-10 数据集由 10 个类的 60000 个 32×32 彩色图像组成，每个类有 6000 个图像。有 50000 个训练图像和 10000 个测试图像。

数据集分为 5 个训练批次和 1 个测试批次，每个批次有 10000 个图像。测试批次包含来自每个类别的恰好 1000 个随机选择的图像。训练批次以随机顺序包含剩余图像，但由于一些训练批次可能包含来自一个类别的图像比另一个更多，因此总体来说，5 个训练集之和包含来自每个类的正好 5000 张图像。

图 6-27 显示了数据集中涉及的 10 个类，以及来自每个类的 10 个随机图像。

这 10 类都是彼此独立的，不会出现重叠，即这是多分类单标签问题。

6.5.2　加载数据

这里采用 PyTorch 提供的数据集加载工具 torchvision，同时对数据进行预处理。为方便起见，已预先下载数据好并解压，并存放在当前目录的 data 日录下，所以，参数 download=False。

飞机
汽车
鸟
猫
鹿
狗
青蛙
马
轮船
卡车

图 6-27　CIFAR-10 数据集

（1）导入库及下载数据

```
import torch
import torchvision
import torchvision.transforms as transforms

transform = transforms.Compose(
    [transforms.ToTensor(),
     transforms.Normalize((0.5, 0.5, 0.5), (0.5, 0.5, 0.5))])

trainset = torchvision.datasets.CIFAR10(root='./data', train=True,
                                download=False, transform=transform)
trainloader = torch.utils.data.DataLoader(trainset, batch_size=4,
                                shuffle=True, num_workers=2)

testset = torchvision.datasets.CIFAR10(root='./data', train=False,
                                download=False, transform=transform)
testloader = torch.utils.data.DataLoader(testset, batch_size=4,
                                shuffle=False, num_workers=2)

classes = ('plane', 'car', 'bird', 'cat',
           'deer', 'dog', 'frog', 'horse', 'ship', 'truck')
```

（2）随机查看部分数据

```
import matplotlib.pyplot as plt
import numpy as np
%matplotlib inline

# 显示图像

def imshow(img):
```

```
        img = img / 2 + 0.5      # unnormalize
        npimg = img.numpy()
        plt.imshow(np.transpose(npimg, (1, 2, 0)))
        plt.show()

# 随机获取部分训练数据
dataiter = iter(trainloader)
images, labels = dataiter.next()

# 显示图像
imshow(torchvision.utils.make_grid(images))
# 打印标签
print(' '.join('%5s' % classes[labels[j]] for j in range(4)))
```

运行结果如图 6-28 所示。

图 6-28　加载数据运行结果

6.5.3　构建网络

（1）根据图 6-1 构建网络

```
import torch.nn as nn
import torch.nn.functional as F
device = torch.device("cuda:0" if torch.cuda.is_available() else "cpu")

class CNNNet(nn.Module):
    def __init__(self):
        super(CNNNet,self).__init__()
        self.conv1 = nn.Conv2d(in_channels=3,out_channels=16,kernel_size=5,stride=1)
        self.pool1 = nn.MaxPool2d(kernel_size=2,stride=2)
        self.conv2 = nn.Conv2d(in_channels=16,out_channels=36,kernel_size=3,stride=1)
        self.pool2 = nn.MaxPool2d(kernel_size=2, stride=2)
        self.fc1 = nn.Linear(1296,128)
        self.fc2 = nn.Linear(128,10)

    def forward(self,x):
        x=self.pool1(F.relu(self.conv1(x)))
        x=self.pool2(F.relu(self.conv2(x)))
        #print(x.shape)
        x=x.view(-1,36*6*6)
        x=F.relu(self.fc2(F.relu(self.fc1(x))))
```

```
        return x
net = CNNNet()
net=net.to(device)
```

（2）查看网络结构

```
#显示网络中定义了哪些层
print(net)
```

运行结果：

```
CNNNet(
    (conv1): Conv2d(3, 16, kernel_size=(5, 5), stride=(1, 1))
    (pool1): MaxPool2d(kernel_size=2, stride=2, padding=0, dilation=1, ceil_
mode=False)
    (conv2): Conv2d(16, 36, kernel_size=(3, 3), stride=(1, 1))
    (pool2): MaxPool2d(kernel_size=2, stride=2, padding=0, dilation=1, ceil_
mode=False)
    (fc1): Linear(in_features=1296, out_features=128, bias=True)
    (fc2): Linear(in_features=128, out_features=10, bias=True)
)
```

（3）查看网络中前几层

```
#取模型中的前四层
nn.Sequential(*list(net.children())[:4])
```

（4）初始化参数

以下几行代码仅说明 PyTorch 显式初始化参数的几种方法，仅供参考。本书实际代码没有显式指明使用哪种初始化方法，而采用 PyTorch 更加灵活的默认初始化方法。

```
for m in net.modules():
    if isinstance(m,nn.Conv2d):
        nn.init.normal_(m.weight)
        nn.init.xavier_normal_(m.weight)
        nn.init.kaiming_normal_(m.weight)#卷积层参数初始化
        nn.init.constant_(m.bias, 0)
    elif isinstance(m,nn.Linear):
        nn.init.normal_(m.weight)#全连接层参数初始化
```

6.5.4   训练模型

（1）选择优化器

```
import torch.optim as optim

criterion = nn.CrossEntropyLoss()
#optimizer = optim.SGD(net.parameters(), lr=0.001, momentum=0.9)
```

（2）训练模型

```
for epoch in range(10):

    running_loss = 0.0
    for i, data in enumerate(trainloader, 0):
```

```
# 获取训练数据
inputs, labels = data
inputs, labels = inputs.to(device), labels.to(device)

# 权重参数梯度清零
optimizer.zero_grad()

# 正向及反向传播
outputs = net(inputs)
loss = criterion(outputs, labels)
loss.backward()
optimizer.step()

# 显示损失值
running_loss += loss.item()
if i % 2000 == 1999:    # print every 2000 mini-batches
    print('[%d, %5d] loss: %.3f' %(epoch + 1, i + 1, running_loss / 2000))
    running_loss = 0.0

print('Finished Training')
```

运行结果：

```
[10,  2000] loss: 0.306
[10,  4000] loss: 0.348
[10,  6000] loss: 0.386
[10,  8000] loss: 0.404
[10, 10000] loss: 0.419
[10, 12000] loss: 0.438
Finished Training
```

6.5.5　测试模型

执行以下代码：

```
correct = 0
total = 0
with torch.no_grad():
    for data in testloader:
        images, labels = data
        images, labels = images.to(device), labels.to(device)
        outputs = net(images)
        _, predicted = torch.max(outputs.data, 1)
        total += labels.size(0)
        correct += (predicted == labels).sum().item()

print('Accuracy of the network on the 10000 test images: %d %%' % (
    100 * correct / total))
```

运行结果为：

```
Accuracy of the network on the 10000 test images: 68 %
```

目前使用的网络还比较简单，即两层卷积层、两层池化层和两层全连接层。没有做过多的优化，到达这个精度也不错。后续我们将从数据增强、正则化、使用预训练模型等方面进行优化。

各种类别的准确率：

```
class_correct = list(0. for i in range(10))
class_total = list(0. for i in range(10))
with torch.no_grad():
    for data in testloader:
        images, labels = data
        images, labels = images.to(device), labels.to(device)
        outputs = net(images)
        _, predicted = torch.max(outputs, 1)
        c = (predicted == labels).squeeze()
        for i in range(4):
            label = labels[i]
            class_correct[label] += c[i].item()
            class_total[label] += 1


for i in range(10):
    print('Accuracy of %5s : %2d %%' % (
        classes[i], 100 * class_correct[i] / class_total[i]))
```

运行结果：

```
Accuracy of plane : 74 %
Accuracy of   car : 83 %
Accuracy of  bird : 50 %
Accuracy of   cat : 46 %
Accuracy of  deer : 63 %
Accuracy of   dog : 57 %
Accuracy of  frog : 79 %
Accuracy of horse : 76 %
Accuracy of  ship : 79 %
Accuracy of truck : 74 %
```

6.5.6 采用全局平均池化

PyTorch 可以用 nn.AdaptiveAvgPool2d(1) 实现全局平均池化或全局最大池化。

```
import torch.nn as nn
import torch.nn.functional as F
device = torch.device("cuda:0" if torch.cuda.is_available() else "cpu")

class Net(nn.Module):
    def __init__(self):
        super(Net, self).__init__()
        self.conv1 = nn.Conv2d(3, 16, 5)
        self.pool1 = nn.MaxPool2d(2, 2)
        self.conv2 = nn.Conv2d(16, 36, 5)
```

```
        #self.fc1 = nn.Linear(16 * 5 * 5, 120)
        self.pool2 = nn.MaxPool2d(2, 2)
        #使用全局平均池化层
     self.aap=nn.AdaptiveAvgPool2d(1)
        self.fc3 = nn.Linear(36, 10)

    def forward(self, x):
        x = self.pool1(F.relu(self.conv1(x)))
        x = self.pool2(F.relu(self.conv2(x)))
x = self.aap(x)
        x = x.view(x.shape[0], -1)
        x = self.fc3(x)
        return x

net = Net()
net=net.to(device)
```

循环同样的次数，其精度达到 63% 左右，但其使用的参数比没使用全局池化层的网络少很多。前者只用了 16022 个参数，而后者用了 173742 个参数，是前者的 10 倍多。这个网络比较简单，如果遇到复杂的网络，这个差距将更大。

具体查看参数总量的语句如下。由此可见，使用全局平均池化层确实能减少很多参数，而且在减少参数的同时，其泛化能力也比较好。不过，它收敛速度比较慢，这或许是它的一个不足。不过这个不足可以通过增加循环次数来弥补。

使用带全局平均池化层的网络，使用的参数总量为：

```
print("net_gvp have {} paramerters in total".format(sum(x.numel() for x in net.
parameters())))
#et_gvp have 16022 paramerters in total
```

不使用全局平均池化层的网络，使用的参数总量为：

```
net have 173742 paramerters in total
```

6.5.7　像 Keras 一样显示各层参数

用 Keras 显示一个模型参数及其结构非常方便，结果详细且规整。当然，PyTorch 也可以显示模型参数，但结果不是很理想。这里介绍一种显示各层参数的方法，其结果类似 Keras 的展示结果。

（1）先定义汇总各层网络参数的函数

```
import collections
import torch
def paras_summary(input_size, model):
    def register_hook(module):
        def hook(module, input, output):
            class_name = str(module.__class__).split('.')[-1].split("'")[0]
            module_idx = len(summary)
```

```
            m_key = '%s-%i' % (class_name, module_idx+1)
            summary[m_key] = collections.OrderedDict()
            summary[m_key]['input_shape'] = list(input[0].size())
            summary[m_key]['input_shape'][0] = -1
            summary[m_key]['output_shape'] = list(output.size())
            summary[m_key]['output_shape'][0] = -1

            params = 0
            if hasattr(module, 'weight'):
                params += torch.prod(torch.LongTensor(list(module.weight.size())))
                if module.weight.requires_grad:
                    summary[m_key]['trainable'] = True
                else:
                    summary[m_key]['trainable'] = False
            if hasattr(module, 'bias'):
                params += torch.prod(torch.LongTensor(list(module.bias.size())))
            summary[m_key]['nb_params'] = params

        if not isinstance(module, nn.Sequential) and \
           not isinstance(module, nn.ModuleList) and \
           not (module == model):
            hooks.append(module.register_forward_hook(hook))

    # check if there are multiple inputs to the network
    if isinstance(input_size[0], (list, tuple)):
        x = [torch.rand(1,*in_size) for in_size in input_size]
    else:
        x = torch.rand(1,*input_size)

    # create properties
    summary = collections.OrderedDict()
    hooks = []
    # register hook
    model.apply(register_hook)
    # make a forward pass
    model(x)
    # remove these hooks
    for h in hooks:
        h.remove()

    return summary
```

（2）确定输入及实例化模型

```
net = CNNNet()
#输入格式为[c,h,w]即通道数，图像的高级宽度
input_size=[3,32,32]
paras_summary(input_size,net)
OrderedDict([('Conv2d-1',
            OrderedDict([('input_shape', [-1, 3, 32, 32]),
                        ('output_shape', [-1, 16, 28, 28]),
                        ('trainable', True),
                        ('nb_params', tensor(1216))])),
```

```
('MaxPool2d-2',
 OrderedDict([('input_shape', [-1, 16, 28, 28]),
             ('output_shape', [-1, 16, 14, 14]),
             ('nb_params', 0)])),
('Conv2d-3',
 OrderedDict([('input_shape', [-1, 16, 14, 14]),
             ('output_shape', [-1, 36, 12, 12]),
             ('trainable', True),
             ('nb_params', tensor(5220))])),
('MaxPool2d-4',
 OrderedDict([('input_shape', [-1, 36, 12, 12]),
             ('output_shape', [-1, 36, 6, 6]),
             ('nb_params', 0)])),
('Linear-5',
 OrderedDict([('input_shape', [-1, 1296]),
             ('output_shape', [-1, 128]),
             ('trainable', True),
             ('nb_params', tensor(166016))])),
('Linear-6',
 OrderedDict([('input_shape', [-1, 128]),
             ('output_shape', [-1, 10]),
             ('trainable', True),
             ('nb_params', tensor(1290))])])])
```

6.6　模型集成提升性能

为改善一项机器学习或深度学习的任务，首先想到的是从模型、数据、优化器等方面进行优化，使用方法比较方便。不过有时尽管如此，但效果还不是很理想，此时，我们可尝试一下其他方法，如模型集成、迁移学习、数据增强等优化方法。本节我们将介绍利用模型集成来提升任务的性能，后续章节将介绍利用迁移学习、数据增强等方法来提升任务的效果和质量。

模型集成是提升分类器或预测系统效果的重要方法，目前在机器学习、深度学习国际比赛中时常能看到利用模型集成取得佳绩的事例。其在生产环境也是人们经常使用的方法。模型集成的原理比较简单，有点像多个盲人摸象，每个盲人只能摸到大象的一部分，但综合每人摸到的部分，就能形成一个比较完整、符合实际的图像。每个盲人就像单个模型，那如果集成这些模型犹如综合这些盲人各自摸到的部分，就能得到一个强于单个模型的模型。

实际上模型集成也和我们通常说的集思广益、投票选举领导人等原理差不多，是 1+1>2 的有效方法。

当然，要是模型集成发挥效应，模型的多样性也是非常重要的，使用不同架构、甚至不同的学习方法是模型多样性的重要体现。如果只是改一下初始条件或调整几个参数，有时效果可能还不如单个模型。

具体使用时，除了要考虑各模型的差异性，还要考虑模型的性能。如果各模型性能差不多，可以取各模型预测结果的平均值；如果模型性能相差较大，模型集成后的性能可能还不及单个模型，相差较大时，可以采用加权平均的方法，其中权重可以采用 SLSQP、Nelder-Mead、Powell、CG、BFGS 等优化算法获取。

接下来，通过使用 PyTorch 来具体实现一个模型集成的实例，希望通过这个实例，使读者对模型集成有更进一步的理解。

6.6.1　使用模型

本节使用 6.5 节的两个模型（即 CNNNet，Net）及经典模型 LeNet。前面两个模型比较简单，在数据集 CIFAR-10 上的正确率在 68% 左右，这个精度是比较低的。而采用模型集成的方法，可以提高到 74% 左右，这个提升还是比较明显的。CNNNet、Net 的模型结构请参考 6.5 节，下列代码生成了 LeNet 模型。

```
class LeNet(nn.Module):
    def __init__(self):
        super(LeNet, self).__init__()
        self.conv1 = nn.Conv2d(3, 6, 5)
        self.conv2 = nn.Conv2d(6, 16, 5)
        self.fc1   = nn.Linear(16*5*5, 120)
        self.fc2   = nn.Linear(120, 84)
        self.fc3   = nn.Linear(84, 10)

    def forward(self, x):
        out = F.relu(self.conv1(x))
        out = F.max_pool2d(out, 2)
        out = F.relu(self.conv2(out))
        out = F.max_pool2d(out, 2)
        out = out.view(out.size(0), -1)
        out = F.relu(self.fc1(out))
        out = F.relu(self.fc2(out))
        out = self.fc3(out)
        return out
```

6.6.2　集成方法

模型集成方法采用类似投票机制的方法，具体代码如下：

```
mlps=[net1.to(device),net2.to(device),net3.to(device)]
optimizer=torch.optim.Adam([{"params":mlp.parameters()} for mlp in mlps],lr=LR)
loss_function=nn.CrossEntropyLoss()

for ep in range(EPOCHES):
    for img,label in trainloader:
        img,label=img.to(device),label.to(device)
        optimizer.zero_grad()#10个网络清除梯度
        for mlp in mlps:
```

```
        mlp.train()
        out=mlp(img)
        loss=loss_function(out,label)
        loss.backward()#网络获得的梯度
    optimizer.step()

pre=[]
vote_correct=0
mlps_correct=[0 for i in range(len(mlps))]
for img,label in testloader:
    img,label=img.to(device),label.to(device)
    for i, mlp in  enumerate( mlps):
        mlp.eval()
        out=mlp(img)

        _,prediction=torch.max(out,1)  #按行取最大值
        pre_num=prediction.cpu().numpy()
        mlps_correct[i]+=(pre_num==label.cpu().numpy()).sum()

        pre.append(pre_num)
    arr=np.array(pre)
    pre.clear()
    result=[Counter(arr[:,i]).most_common(1)[0][0] for i in range(BATCHSIZE)]
    vote_correct+=(result == label.cpu().numpy()).sum()
print("epoch:" + str(ep)+"集成模型的正确率"+str(vote_correct/len(testloader)))

for idx, coreect in enumerate( mlps_correct):
    print("模型"+str(idx)+"的正确率为: "+str(coreect/len(testloader)))
```

6.6.3　集成效果

这里取最后 5 次的运行结果：

```
epoch:95集成模型的正确率73.67
模型0的正确率为: 55.82
模型1的正确率为: 69.36
模型2的正确率为: 71.03
epoch:96集成模型的正确率74.14
模型0的正确率为: 56.19
模型1的正确率为: 69.69
模型2的正确率为: 70.65
epoch:97集成模型的正确率73.18
模型0的正确率为: 55.51
模型1的正确率为: 68.42
模型2的正确率为: 71.24
epoch:98集成模型的正确率74.19
模型0的正确率为: 56.15
模型1的正确率为: 69.44
模型2的正确率为: 70.96
epoch:99集成模型的正确率73.91
模型0的正确率为: 55.49
模型1的正确率为: 69.03
```

模型2的正确率为：70.86

由此，可以看出集成模型的精度高于各模型的精度，这就是模型集成的魅力所在。

6.7　使用现代经典模型提升性能

前面通过使用一些比较简单的模型对数据集 CIFAR-10 进行分类，精度在 68% 左右，然后使用模型集成的方法，同样是这些模型，但精度却提升到 74% 左右。虽有一定提升，但结果还是不够理想。

精度不够很大程度与模型有关，前面我们介绍的一些现代经典网络，在大赛中都取得了不俗的成绩，说明其模型结构有很多突出的优点，所以，人们经常直接使用这些经典模型作为数据的分类器。这里我们就用 VGG16 这个模型，来对数据集 IFAR10 进行分类，直接效果非常不错，精度一下子就提高到 90% 左右，效果非常显著。

以下是 VGG16 的代码：

```
cfg = {
    'VGG16': [64, 64, 'M', 128, 128, 'M', 256, 256, 256, 'M', 512, 512, 512,
'M', 512, 512, 512, 'M'],
    'VGG19': [64, 64, 'M', 128, 128, 'M', 256, 256, 256, 256, 'M', 512, 512,
512, 512, 'M', 512, 512, 512, 512, 'M'],
}

class VGG(nn.Module):
    def __init__(self, vgg_name):
        super(VGG, self).__init__()
        self.features = self._make_layers(cfg[vgg_name])
        self.classifier = nn.Linear(512, 10)

    def forward(self, x):
        out = self.features(x)
        out = out.view(out.size(0), -1)
        out = self.classifier(out)
        return out

    def _make_layers(self, cfg):
        layers = []
        in_channels = 3
        for x in cfg:
            if x == 'M':
                layers += [nn.MaxPool2d(kernel_size=2, stride=2)]
            else:
                layers += [nn.Conv2d(in_channels, x, kernel_size=3, padding=1),
                           nn.BatchNorm2d(x),
                           nn.ReLU(inplace=True)]
                in_channels = x
        layers += [nn.AvgPool2d(kernel_size=1, stride=1)]
        return nn.Sequential(*layers)
```

```
#VGG16 = VGG('VGG16')
```

后续我们还会介绍如何使用迁移方法、数据增强等提升分类器的性能，数据集采用这些方法，可以使精度达到 95% 左右。

6.8　本章小结

卷积神经网络为视觉处理的核心技术，本章首先介绍了卷积基本概念，如卷积、步幅、填充等，卷积神经网络的主要层，如卷积层、池化层、转置卷积层、全局平均池化层等；然后，简单介绍了一些现代经典网络的架构及特点；最后，通过一些实例说明，使用卷积神经网络解决分类问题、利用模型集成、经典网络等方法提升分类效果。

自然语言处理基础

第 6 章我们介绍了视觉处理中的卷积神经网络，卷积神经网络利用卷积核的方式来共享参数，这使得参数量大大降低的同时还可以利用位置信息，不过其输入大小是固定的。但是，在语言处理、语音识别等方面，文档中每句话的长度是不一样的，且一句话的前后是有关系的，类似这样的数据还有很多，如语音数据、翻译的语句等。像这样与先后顺序有关的数据被称之为序列数据。处理这样的数据就不是卷积神经网络的特长了。

对于序列数据，可以使用循环神经网络（Recurrent Natural Network，RNN），它特别适合处理序列数据，RNN 是一种常用的神经网络结构，已经成功应用于自然语言处理（Neuro-Linguistic Programming，NLP）、语音识别、图片标注、机器翻译等众多时序问题中。

本章主要内容包括：
- ❏ 循环神经网络简介。
- ❏ 梯度消失问题。
- ❏ LSTM 网络。
- ❏ RNN 其他变种。
- ❏ 实例：用 RNN 和 PyTorch 实现手写数字分类、词性标注、股市预测等。

7.1　循环神经网络基本结构

图 7-1 是循环神经网络的经典结构，从图中可以看到输入 x、隐含层、输出层等，这些与传统神经网络类似，不过自循环 W 却是它的一大特色。这个自循环直观理解就是神经元之间还有关联，这是传统神经网络、卷积神经网络所没有的。

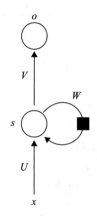

图 7-1　循环神经网络的结构

其中 U 是输入到隐含层的权重矩阵，W 是状态到隐含层的权重矩阵，s 为状态，V 是隐含层到输出层的权重矩阵。图 7-1 比较抽象，展开后如图 7-2 所示。

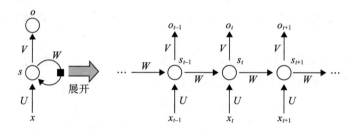

图 7-2　循环神经网络的展开结构

这是一个典型的 Elman 循环神经网络，从图 7-2 可以看出，它的共享参数方式是各个时间节点对应的 W、U、V 都是不变的，这个机制就像卷积神经网络的过滤器机制一样，通过这种方法实现参数共享，同时大大降低参数数量。

图 7-2 中隐含层不够详细，把隐含层再细化就可得如图 7-3 所示的结构图。

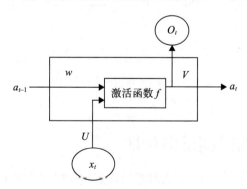

图 7-3　循环神经网络使用单层的全连接结构图

这个网络在每一时间 t 有相同的网络结构，假设输入 x 为 n 维向量，隐含层的神经元个数为 m，输出层的神经元个数为 r，则 U 的大小为 $n \times m$ 维；W 是上一次的 a_{t-1} 作为这一次输入的权重矩阵，大小为 $m \times m$ 维；V 是连输出层的权重矩阵，大小为 $m \times r$ 维。而 x_t、a_t 和 o_t 都是向量，它们各自表示的含义如下：

- x_t 是时刻 t 的输入；
- a_t 是时刻 t 的隐层状态。它是网络的记忆。a_t 基于前一时刻的隐层状态和当前时刻的输入进行计算，即 $a_t = f(Ux_t + Wa_{t-1})$。函数 f 通常是非线性的，如 tanh 或者 ReLU。a_{t-1} 为前一个时刻的隐藏状态，其初始化通常为 0；
- o_t 是时刻 t 的输出。例如，如想预测句子的下一个词，它将会是一个词汇表中的概率向量，$o_t = \text{softmax}(Va_t)$；

a_t 认为是网络的记忆状态，a_t 可以捕获之前所有时刻发生的信息。输出 o_t 的计算仅仅依赖于时刻 t 的记忆。

图 7-2 中每一步都有输出，但根据任务的不同，这不是必须的。例如，当预测一个句子的情感时，我们可能仅关注最后的输出，而不是每个词的情感。与此类似，在每一步中可能也不需要输入。循环神经网络最大的特点就是隐层状态，它可以捕获一个序列的一些信息。

循环神经网络也可像卷积神经网络一样，除可以横向拓展（增加时间步或序列长度），也可纵向拓展成多层循环神经网络，如图 7-4 所示。

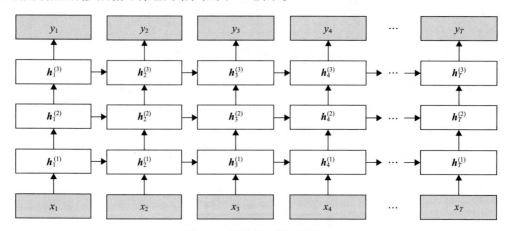

图 7-4　深层循环神经网络

7.2　前向传播与随时间反向传播

7.1 节已经简单地介绍了 RNN 的大致情况，它和卷积神经网络类似也有参数共享机制，那么，这些参数是如何更新的呢？一般神经网络采用前向传播和反向传播来更新，RNN

基本思路是一样的，但还是有些不同。为便于理解，我们结合图 7-5 进行说明，图 7-5 为 RNN 架构图。

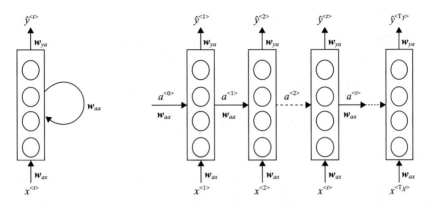

图 7-5　RNN 沿时间展开后的结构图

其中 $x^{<t>}$ 为输入值，一般是向量，$a^{<t>}$ 为状态值，$y^{<t>}$ 为输出值或预测值，w_{ax}、w_{aa}、w_{ya} 为参数矩阵。其前向传播可表示为：

初始化状态 a 为 $a^{<0>} = \bar{0}$，然后计算状态及输出，具体如下：

$$a^{<1>} = \tanh(a^{<0>}w_{aa} + x^{<1>}w_{ax} + b_a) \text{（其中激活函数也可为 Relu 等）} \tag{7-1}$$

$$\hat{y}^{<1>} = \text{sigmoid}(a^{<1>}w_{ya} + b_y) \tag{7-2}$$

$$a^{<t>} = \tanh(a^{<t-1>}w_{aa} + x^{<t>}w_{ax} + b_a) \text{（其中激活函数也可为 Relu 等）} \tag{7-3}$$

$$\hat{y}^{<t>} = \text{sigmoid}(a^{<t>}w_{ya} + b_y) \tag{7-4}$$

上式在实际运行中，为提高并行处理能力，一般转换为矩阵运算，具体转换如下：

令 $w_a = \begin{bmatrix} w_{aa} \\ w_{ax} \end{bmatrix}$ 把两个矩阵按列拼接在一起，$[a^{<t-1>}, x^{<t>}] = [a^{<t-1>} x^{<t>}]$ 把两个矩阵按行拼接在一起，$w_y = [w_{ya}]$

则：

$$a^{<t>} = \tanh(a^{<t-1>}w_{aa} + x^{<t>}w_{ax} + b_a)$$

$$= \tanh([a^{<t-1>} x^{<t>}] \begin{bmatrix} w_{aa} \\ w_{ax} \end{bmatrix} + b_a) \tag{7-5}$$

$$\hat{y}^{<t>} = \text{sigmoid}(a^{<t>}w_y + b_y) \tag{7-6}$$

这样描述如果大家还不是很清楚，可以通过以下具体实例来加深理解。

假设：$a^{<0>} = [0.0, 0.0], x^{<1>} = 1$

$$w_{aa} = \begin{bmatrix} 0.1 & 0.2 \\ 0.3 & 0.4 \end{bmatrix}, w_{ax} = [0.5 \quad 0.6], w_{ya} = \begin{bmatrix} 1.0 \\ 2.0 \end{bmatrix}$$

$$b_a = [0.1, \ -0.1], \ b_y = 0.1$$

则根据式（7-5）可得：

$$a^{<1>} = \tanh\left([0.0, 0.0, 1.0] \times \begin{bmatrix} 0.1 & 0.2 \\ 0.3 & 0.4 \\ 0.5 & 0.6 \end{bmatrix} + [0.1, -0.1]\right) = \tanh([0.6, 0.5]) = [0.537, 0.462]$$

根据式（7-6），为简便起见，把 sigmoid 去掉，直接作为输出值，可得：

$$y^{<1>} = [0.537, 0.462] \times \begin{bmatrix} 1.0 \\ 2.0 \end{bmatrix} + 0.1 = 1.56$$

详细过程如图 7-6 所示。

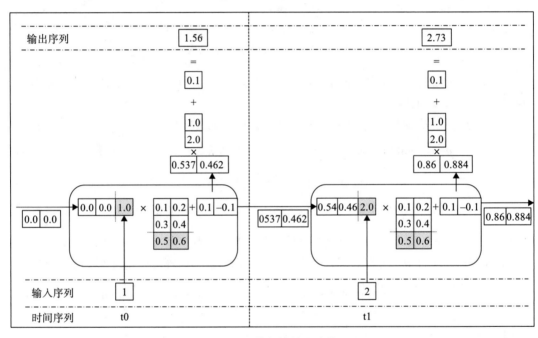

图 7-6　RNN 前向传播的计算过程

以上计算过程，用 Python 程序实现的详细代码如下：

```
import numpy as np

X = [1,2]
state = [0.0, 0.0]
w_cell_state = np.asarray([[0.1, 0.2], [0.3, 0.4],[0.5, 0.6]])
b_cell = np.asarray([0.1, -0.1])
w_output = np.asarray([[1.0], [2.0]])
b_output = 0.1

for i in range(len(X)):
```

```
state=np.append(state,X[i])
before_activation = np.dot(state, w_cell_state) + b_cell
state = np.tanh(before_activation)
final_output = np.dot(state, w_output) + b_output
print("状态值_%i: "%i, state)
print("输出值_%i: "%i, final_output)
```

打印结果：

```
状态值_0: [ 0.53704957  0.46211716]
输出值_0: [ 1.56128388]
状态值_1: [ 0.85973818  0.88366641]
输出值_1: [ 2.72707101]
```

循环神经网络的反向传播训练算法称为随时间反向传播（Backpropagation Through Time，BPTT）算法，其基本原理和反向传播算法是一样的。只不过，反向传播算法是按照层进行反向传播，而 BPTT 是按照时间 t 进行反向传播。

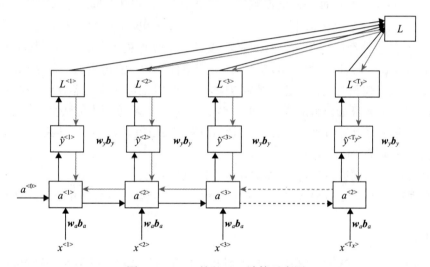

图 7-7　RNN 的 BPTT 计算示意图

BPTT 的详细过程如图 7-7 中的绿色箭头方向（即箭头朝下）所示，其中：

$$L^{<t>}(\hat{y}^{<t>}, y^{<t>}) = -y^{<t>}\log\hat{y}^{<t>} + (1-y^{<t>})\log(1-\hat{y}^{<t>}) \tag{7-7}$$

$$L(\hat{y}, y) = \sum_{t=1}^{T_y} L^{<t>}(\hat{y}^{<t>}, y^{<t>}) \tag{7-8}$$

$L^{<t>}$ 为各输入对应的代价函数，$L(\hat{y}, y)$ 为总代价函数。

7.3　循环神经网络变种

在实际应用中，上述的标准循环神经网络训练的优化算法面临一个很大的难题，就是长期依赖问题——由于网络结构的变深使得模型丧失了学习到先前信息的能力。通俗的说，标准的循环神经网络虽然有了记忆，但很健忘。从图 7-6 及后面的计算图构建过程可以看出，循环神经网络实际上是在长时间序列的各个时刻重复应用相同操作来构建非常深的计算图，并且模型参数共享，这就让问题变得更加凸显。例如，W 是一个在时间步中反复被用于相乘的矩阵，假设说 W 可以有特征值分解 $W = \text{Vdiag}(\lambda)V^{-1}$，很容易看出：

$$W_t = (V\text{diag}(\lambda)V^{-1})^t = V\text{diag}(\lambda)^t\ V^{-1} \tag{7-9}$$

当特征值 λ_i 不在 1 附近时，若在量级上大于 1 则会爆炸；若小于 1 则会消失。这便是著名的梯度消失或爆炸问题（Vanishing and Exploding Gradient Problem）。梯度的消失使得我们难以知道参数朝哪个方向移动能改进代价函数，而梯度的爆炸会使学习过程变得不稳定。

实际上梯度消失或爆炸问题是深度学习中的一个基本问题，在任何深度神经网络中都可能存在，而不仅是循环神经网络所独有的。在 RNN 中，相邻时间步是连接在一起的，因此，它们的权重偏导数要么都小于 1，要么都大于 1，RNN 中每个权重都会向相同方向变化，这样，与前馈神经网络相比，RNN 的梯度消失或爆炸更为明显。由于简单 RNN 遇到时间步（timestep）较大时，容易出现梯度消失或爆炸问题，且随着层数的增加，网络最终无法训练，无法实现长时记忆。这就导致 RNN 存在短时记忆问题，这个问题在自然语言处理中是非常致命的，那如何解决这个问题？解决 RNN 中的梯度消失方法很多，常用的有：

1）选取更好的激活函数，如 ReLU 激活函数。ReLU 函数的左侧导数为 0，右侧导数恒为 1，这就避免了"梯度消失"的发生。

2）加入 BN 层，其优点包括可加速收敛、控制过拟合。

3）修改网络结构，LSTM 结构可以有效地解决这个问题。下面将介绍 LSTM 相关内容。

7.3.1 LSTM

目前最流行的一种解决方案称为长短时记忆网络（Long Short-Term Memory, LSTM），还有基于 LSTM 的几种变种算法，如 GRU（Gated Recurrent Unit）算法等。接下来我们将介绍 LSTM 有关架构及原理。

长短时记忆神经网络（Long Short-Term Memory, LSTM）最早由 Hochreiter & Schmidhuber 于 1997 年提出，能够有效解决信息的长期依赖，避免梯度消失或爆炸。事实上，长短时记忆神经网络的设计就是专门用于解决长期依赖问题的。与传统 RNN 相比，它在结构上的独特之处是它精巧的设计了循环体结构。LSTM 用两个门来控制单元状态 c 的内容，一个是遗忘门（Forget Gate），它决定了上一时刻的单元状态 c_{t-1} 有多少保留到当前时刻 c_t；另一个是输入门（Input Gate），它决定了当前时刻网络的输入 x_t 有多少保存到单元状态 c_t。LSTM 用输出门（Output Gate）来控制单元状态 c_t 有多少输出到 LSTM 的当前输出值 h_t。LSTM 的循环体结构如图 7-8 所示。

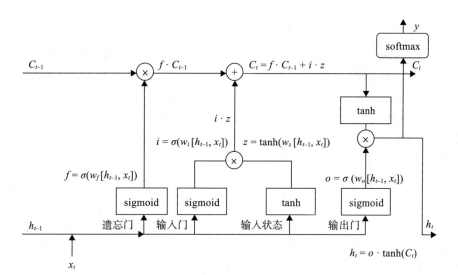

图 7-8　LSTM 架构图

7.3.2　GRU

7.3.1 节我们介绍了 RNN 的改进版 LSTM，它有效地克服了传统 RNN 的一些不足，比较好地解决了梯度消失、长期依赖等问题。不过，LSTM 也有一些不足，如结构比较复杂、计算复杂度较高等问题。因此，后来研究人员在 LSTM 的基础上，又推出其他变种，如目前非常流行的 GRU(Gated Recurrent Unit)，图 7-9 为 GRU 架构图，GRU 对 LSTM 做了很多简化，比 LSTM 少一个 Gate，因此，计算效率更高，占用内存也相对较少。在实际使用中，GRU 和 LSTM 差异不大，因此，GRU 最近变得越来越流行。

GRU 对 LSTM 做了两个大改动：

1）将输入门、遗忘门、输出门变为两个门：更新门（Update Gate）z_t 和重置门（Reset Gate）r_t

2）将单元状态与输出合并为一个状态：h_t

GRU 的示意图如图 7-9 所示。

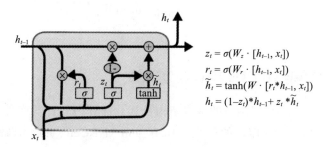

$$z_t = \sigma(W_z \cdot [h_{t-1}, x_t])$$
$$r_t = \sigma(W_r \cdot [h_{t-1}, x_t])$$
$$\widetilde{h}_t = \tanh(W \cdot [r_t * h_{t-1}, x_t])$$
$$h_t = (1 - z_t) * h_{t-1} + z_t * \widetilde{h}_t$$

图 7-9　GRU 网络架构，其中小圆圈表示向量的点乘

7.3.3　Bi-RNN

LSTM 的变种除了 GRU 之外，比较流行还有双向循环神经网络（Bidirectional Recurrent Neural Networks，Bi-RNN），图 7-10 为 Bi-RNN 的架构图。Bi-RNN 模型由 Schuster、Paliwal 于 1997 年首次提出，和 LSTM 同年。Bi-RNN 增加了 RNN 可利用信息，普通 MLP，数据长度有限制。RNN，可以处理不固定长度时序数据，但无法利用未来信息。而 Bi-RNN，同时使用时序数据输入历史及未来数据，时序相反的两个循环神经网络连接同一输出，输出层可以同时获取历史未来信息。

采用 Bi-RNN 能提升模型效果。百度语音识别就是通过 Bi-RNN 综合上下文语境，提升模型准确率。

双向循环神经网络的基本思想是提出每一个训练序列向前和向后分别是两个循环神经网络（RNN），而且这两个都连接着一个输出层。这个结构提供给输出层输入序列中每一个点完整的过去和未来的上下文信息。图 7-10 展示的是一个沿着时间展开的双向循环神经网络。6 个独特的权值在每一个时步被重复的利用，6 个权值分别对应：输入到向前和向后隐含层（w1, w3）、隐含层到隐含层自己（w2, w5）、向前和向后隐含层到输出层（w4, w6）。值得注意的是，向前和向后隐含层之间没有信息流，这保证了展开图是非循环的。

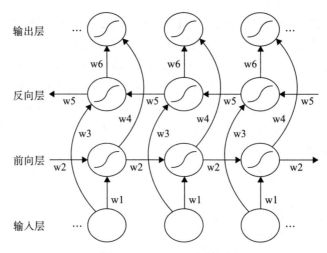

图 7-10　Bi-RNN 架构图

7.4　循环神经网络的 PyTorch 实现

前面已经介绍了循环神经网络的基本架构及其 LSTM、GRU 等变种。这些循环神经网络 PyTorch 提供了相应的 API，如单元版的有：nn.RNNCell、nn.LSTMCell、nn.GRUCell 等；封装版的有：nn.RNN、nn.LSTM、nn.GRU。单元版与封装版的最大区别就是输入，前者是时间步或序列的一个元素，后者是一个时间步序列。利用这些 API 可以极大地提高开发效率。

7.4.1　RNN 实现

PyTorch 提供了两个版本的循环神经网络接口，单元版的输入是每个时间步，或循环神经网络的一个循环，而封装版的是一个序列。下面我们从简单的封装版 torch.nn.RNN 开始，其一般格式为：

```
torch.nn.RNN( args, * kwargs)
```

由图 7-3 可知，RNN 状态输出 a_t 的计算公式为：

$$a_t = \tanh(U*x_t + b_{ih} + w*a_{t-1} + b_{hh}) \tag{7-10}$$

令 $U = w_{ih}$, $w = w_{hh}$，得到式（7-11）：

$$a_t = \tanh(w_{ih}*x_t + b_{ih} + w_{hh}*a_{t-1} + b_{hh}) \tag{7-11}$$

nn.RNN 函数中的参数说明如下：

❑ input_size：输入 x 的特征数量。

❑ hidden_size：隐含层的特征数量。

❑ num_layers：RNN 的层数。

❑ nonlinearity：指定非线性函数使用 tanh 还是 relu。默认是 tanh。

❑ bias：如果是 False，那么 RNN 层就不会使用偏置权重 b_i 和 b_h，默认是 True。

❑ batch_first：如果 True 的话，那么输入 Tensor 的 shape 应该是（batch, seq, feature），输出也是这样。默认网络输入是（seq, batch, feature），即序列长度、批次大小、特征维度。

❑ dropout：如果值非零（该参数取值范围为 0 ~ 1 之间），那么除了最后一层外，其他层的输出都会加上一个 dropout 层，缺省为零。

❑ bidirectional：如果 True，将会变成一个双向 RNN，默认为 False。

函数 nn.RNN() 的输入包括特征及隐含状态，记为（x_t、h_0），输出包括输出特征及输出隐含状态，记为（output$_t$、h_n）。

其中特征值 x_t 的形状为（seq_len, batch, input_size），h_0 的形状为（num_layers * num_directions, batch, hidden_size），其中 num_layers 为层数，num_directions 方向数，如果取 2 则表示双向（bidirectional,），取 1 则表示单向。output$_t$ 的形状为（seq_len, batch, num_directions * hidden_size），h_n 的形状为（num_layers * num_directions, batch, hidden_size）。

为使读者对循环神经网络有个直观理解，下面先用 PyTorch 实现简单循环神经网络，然后验证其关键要素。

首先建立一个简单循环神经网络，输入维度为 10，隐含状态维度为 20，单向两层网络。

```
rnn = nn.RNN(input_size=10, hidden_size=20,num_layers= 2)
```

因输入节点与隐含层节点是全连接的，根据输入维度、隐含层维度，可以推算出相关权重参数的维度，w_{ih} 应该是 20×10，w_{hh} 是 20×20，b_{ih} 和 b_{hh} 都是 hidden_size。以下我们通过查询 weight_ih_l0、weight_hh_l0 等进行验证。

```
#第一层相关权重参数形状
print("wih形状{},whh形状{},bih形状{}".format(rnn.weight_ih_l0.shape,rnn.weight_hh_
l0.shape,rnn.bias_hh_l0.shape))
#wih形状torch.Size([20, 10]),whh形状torch.Size([20, 20]),bih形状#torch.Size([20])
#第二层相关权重参数形状
print("wih形状{},whh形状{},bih形状{}".format(rnn.weight_ih_l1.shape,rnn.weight_hh_
l1.shape,rnn.bias_hh_l1.shape))
#wih形状torch.Size([20, 20]),whh形状torch.Size([20, 20]),bih形状#torch.Size([20])
```

RNN 网络已搭建好，接下来将输入 (x_t、h_0) 传入网络，根据网络配置及网络要求，来生成输入数据。输入特征长度为 100，批量大小为 32，特征维度为 10 的张量。隐含状态按网络要求，其形状为（2, 32, 20）。

```
#生成输入数据
input=torch.randn(100,32,10)
h_0=torch.randn(2,32,20)
```

将输入数据传入 RNN 网络，将得到输出及更新后隐含状态值。根据以上规则，输出 output 的形状应该是（100, 32, 20），隐含状态的输出形状应该与输入的形状一致。

```
output,h_n=rnn(input,h_0)
print(output.shape,h_n.shape)
#torch.Size([100, 32, 20]) torch.Size([2, 32, 20])
```

其结果与我们设想的完全一致。

RNNCell 的输入形状是（batch, input_size）没有序列长度了，隐含状态输入，因只有单层，故其形状为（batch, hdden_size）。网络的输出只有隐含状态输出，其形状与输入一致，即（batch, hdden_size）。

接下来我们利用 PyTorch 来实现 RNN 网络，RNN 主要由全连接来构建，其中隐含状态的传递通过在每一步输出预测和"隐藏状态"，将其先前的隐藏状态输入至下一时刻来实现，具体如图 7-11 所示。

图 7-11 结构是一个典型的 RNN 网络，我们采用 PyTorch 实现该网络。

```
import torch.nn as nn

class RNN(nn.Module):
    def __init__(self, input_size, hidden_size, output_size):
        super(RNN, self).__init__()
        self.hidden_size = hidden_size
```

```
        self.i2h = nn.Linear(input_size + hidden_size, hidden_size)
        self.i2o = nn.Linear(input_size + hidden_size, output_size)
        self.softmax = nn.LogSoftmax(dim=1)
    def forward(self, input, hidden):
        combined = torch.cat((input, hidden), 1)
        hidden = self.i2h(combined)
        output = self.i2o(combined)
        output = self.softmax(output)
        return output, hidden

    def initHidden(self):
        return torch.zeros(1, self.hidden_size)

n_hidden = 128
rnn = RNN(n_letters, n_hidden, n_categories)
```

详细实现方式大家可参考 PyTorch 官网：https://PyTorch.org/tutorials/intermediate/char_rnn_classification_tutorial.html。

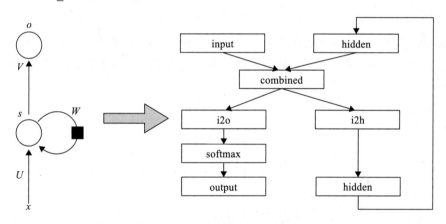

图 7-11　RNN 网络结构

7.4.2　LSTM 实现

LSTM 是在 RNN 基础上增加了长时间记忆功能，具体通过增加一个状态 C 及利用 3 个门（Gate）实现对信息的更精准控制。具体实现可参考图 7-8。

LSTM 比标准的 RNN 多了 3 个线性变换，多出的 3 个线性变换的权重合在一起是 RNN 的 4 倍，偏移量也是 RNN 的 4 倍。所以，LSTM 的参数个数是 RNN 的 4 倍。

除了参数的区别外，隐含状态除 h_0 外，多了一个 c_0，两者形状相同，都是（num_layers * num_directions, batch, hidden_size），它们合在一起构成了 LSTM 的隐含状态。所以，LSTM 的输入隐含状态为（h_0, c_0），输出的隐含状态为（h_n, c_n），其他输入与输出与 RNN 相同。

LSTM 的 PyTorch 实现格式与 RNN 类似。下面定义一个和标准 RNN 相同的 LSTM：

```
lstm = nn.LSTM(input_size=10, hidden_size=20,num_layers= 2)
```

通过 weight_ih_l0、weight_hh_l0 等查看其参数信息。

第一层相关权重参数形状
```
print("wih形状{},whh形状{},bih形状{}".format(lstm.weight_ih_l0.shape,lstm.weight_
hh_l0.shape,lstm.bias_hh_l0.shape))
#wih形状torch.Size([80, 10]),whh形状torch.Size([80, 20]),bih形状#torch.Size([80])
```

其结果都变成了 4×20，正好是 RNN 的 4 倍。传入输入及隐含状态，隐含状态为（h_0, c_0），如果不传入隐含状态，系统将默认传入全是零的隐含状态。

```
input=torch.randn(100,32,10)
h_0=torch.randn(2,32,20)
h0=(h_0,h_0)

output,h_n=lstm(input,h0)
#或output,h_n=lstm(input)
print(output.size(),h_n[0].size(),h_n[1].size())
#torch.Size([100, 32, 20]),torch.Size([2, 32, 20]) torch.Size([2, 32, 20])
```

下面可以采用 PyTorch 实现图 7-8 的 LSTM 的网络结构，该网络结构是一个 LSTM 单元，其输入是一个时间步。通过具体代码的了解，有助于进一步了解 LSTM 的原理，具体代码如下：

```
import torch.nn as nn
import torch

class LSTMCell(nn.Module):
    def __init__(self, input_size, hidden_size, cell_size, output_size):
        super(LSTMCell, self).__init__()
        self.hidden_size = hidden_size
        self.cell_size = cell_size
        self.gate = nn.Linear(input_size + hidden_size, cell_size)
        self.output = nn.Linear(hidden_size, output_size)
        self.sigmoid = nn.Sigmoid()
        self.tanh = nn.Tanh()
        self.softmax = nn.LogSoftmax(dim=1)

    def forward(self, input, hidden, cell):
        combined = torch.cat((input, hidden), 1)
        f_gate = self.sigmoid(self.gate(combined))
        i_gate = self.sigmoid(self.gate(combined))
        o_gate = self.sigmoid(self.gate(combined))
        z_state = self.tanh(self.gate(combined))
        cell = torch.add(torch.mul(cell, f_gate), torch.mul(z_state, i_gate))
        hidden = torch.mul(self.tanh(cell), o_gate)
        output = self.output(hidden)
        output = self.softmax(output)
        return output, hidden, cell

    def initHidden(self):
```

```
                return torch.zeros(1, self.hidden_size)

        def initCell(self):
                return torch.zeros(1, self.cell_size)
```

实例化 LSTMCell，并传入输入、隐含状态等进行验证。

```
lstmcell = LSTMCell(input_size=10,hidden_size=20,cell_size=20,output_size=10)
input=torch.randn(32,10)
h_0=torch.randn(32,20)

output,hn,cn=lstmcell(input,h_0,h_0)
print(output.size(),hn.size(),cn.size())
#torch.Size([32, 10]) torch.Size([32, 20]) torch.Size([32, 20])
```

7.4.3　GRU 实现

从图 7-9 可知，GRU 网络结构与 LSTM 基本相同，主要区别是 LSTM 共有 3 个门，两个隐含状态；而 GRU 只有两个门，一个隐含状态。其参数是标准 RNN 的 3 倍。

用 PyTorch 实现 GRUCell 与实现 LSTMCell 相当，具体代码如下：

```
class GRUCell(nn.Module):
    def __init__(self, input_size, hidden_size, output_size):
        super(GRUCell, self).__init__()
        self.hidden_size = hidden_size
        self.gate = nn.Linear(input_size + hidden_size, hidden_size)
        self.output = nn.Linear(hidden_size, output_size)
        self.sigmoid = nn.Sigmoid()
        self.tanh = nn.Tanh()
        self.softmax = nn.LogSoftmax(dim=1)

    def forward(self, input, hidden):
        combined = torch.cat((input, hidden), 1)
        z_gate = self.sigmoid(self.gate(combined))
        r_gate = self.sigmoid(self.gate(combined))
        combined01 = torch.cat((input, torch.mul(hidden,r_gate)), 1)
        h1_state = self.tanh(self.gate(combined01))

        h_state = torch.add(torch.mul((1-z_gate), hidden), torch.mul(h1_state, z_gate))
        output = self.output(h_state)
        output = self.softmax(output)
        return output, h_state

    def initHidden(self):
        return torch.zeros(1, self.hidden_size)
```

实例化，并传入输入、隐含状态等进行验证。

```
grucell = GRUCell(input_size=10,hidden_size=20,output_size=10)
input=torch.randn(32,10)
h_0=torch.randn(32,20)
```

```
output,hn=grucell(input,h_0)
print(output.size(),hn.size())
# torch.Size([32, 10]) torch.Size([32, 20])
```

7.5 文本数据处理

在自然语言处理（NLP）任务中，我们将自然语言交给机器学习算法来处理，但机器无法直接理解人类的语言，因此，首先要做的就是将语言数字化。如何对自然语言进行数字化呢？词向量提供了一种很好的方式。那何为词向量？简单来说就是，对字典 D 中的任意词 w，指定一个固定长度的实值向量：$v(w) \in R^m$，$v(w)$ 就称为 w 的词向量，m 为词量的长度。

中文文本数据处理一般步骤，如图 7-12 所示。

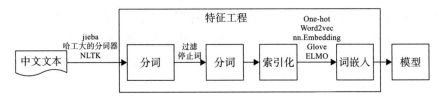

图 7-12   中文文本处理一般步骤

接下来，就先用 PyTorch 的词嵌入模块把语句用词向量表示，然后把这些词向量导入到 GRU 模型中，这是自然语言处理的基础也是核心部分。

以下是中文文本处理代码示例。

1）收集数据，定义停用词。

```
import jieba
raw_text = """我爱上海
              她喜欢北京"""
stoplist=[' ','\n'] #停用词包括空格''、回车符'\n'
```

2）利用 jieba 进行分词，并过滤停止词。

```
#利用jieba进行分词
words = list(jieba.cut(raw_text))
#过滤停用词，如空格，回车符\n等
words=[i for i in words if i not in stoplist]
words
#['我', '爱', '上海', '她', '喜欢', '北京']
```

3）去重，然后对每个词加上索引或给一个整数。

```
word_to_ix = { i: word for i, word in enumerate(set(words))}
word_to_ix
# {0: '爱', 1: '她', 2: '我', 3: '北京', 4: '喜欢', 5: '上海'}
```

4）词向量或词嵌入。

这里采用 PyTorch 的 nn.Embedding 层，把整数转换为向量，参数为（词总数，向量长度）。

```
from torch import nn
import torch
embeds = nn.Embedding(6, 8)
lists=[]
for k,v in word_to_ix.items():
    tensor_value=torch.tensor(k)
    lists.append((embeds(tensor_value).data))

lists
```

运行结果：

```
[tensor([-1.2987, -1.7718, -1.2558,  1.1263, -0.3844, -1.0864, -1.1354,
-0.5142]),
 tensor([ 0.3172, -0.3927, -1.3130,  0.2153, -0.0199, -0.4796,  0.9555,
-0.0238]),
 tensor([ 0.9242,  0.8165, -0.0359, -1.9358, -0.0850, -0.1948, -1.6339,
-1.8686]),
 tensor([-0.3601, -0.4526,  0.2154,  0.3406,  0.0291, -0.6840, -1.7888,
0.0919]),
 tensor([ 1.3991, -0.0109, -0.4496,  0.0665, -0.5131,  1.3339, -0.9947,
-0.6814]),
 tensor([ 0.8438, -1.5917,  0.6100, -0.0655,  0.7406,  1.2341,  0.2712,
0.5606])]
```

7.6　词嵌入

我们如果要把语句或文档让机器认识出，首先需要把这些语句或文档转换成数字，其中最基本的一项任务就是把字或词转换为词向量，这个任务又被称为词嵌入。把字或词转换为向量，最开始采用 One-Hot 编码，用于判断文本中是否具有该词语。后来发展使用 Bag-of-Words，使用词频信息对词语进行表示。再后来使用 TF-IDF 根据词语在文本中分布情况进行表示。而近年来，随着神经网络的发展，分布式的词语表达得到大量使用，Word2Vec 就是对词语进行连续的多维向量表示。

这里我们介绍两种比较典型的词向量化方法，一种是独热表示（One-Hot Representation），另一种是分布式表示（Distributional Representation）。

1. 独热表示

最初人们把字词转换成离散的单独数字，就像电报的表示方法，比如将"中国"转换为 5178，将"北京"转换 3987，诸如此类。后来，人们认为这种表示方法不够方便灵活，所以，把这种方式转换为独热表示方法，独热表示的向量长度为词典的大小，向量的分量只有一个 1，其他全为 0，1 的位置对应该词在词典中的位置。例如：

"汽车"表示为 [0 0 0 1 0 0 0 0 0 0 0 0 0 0 0 0 ...]

"启动"表示为 [0 0 0 0 0 0 0 0 1 0 0 0 0 0 0 0 ...]

对字或词转换为独热向量，而整篇文章则转换为一个稀疏矩阵。对于文本分类问题，我们一般使用词袋模型（Bag of words），把文章对应的稀疏矩阵合并为一个向量，然后统计每个词出现的频率。这种表示方法的优点是：存储简洁，实现时就可以用序列号 0，1，2，3，…来表示词语，如这样"汽车"就为 3，"启动"为 8。但其缺点也很明显：

1）容易受维数灾难的困扰，尤其是将其用于深度学习算法时；

2）任何两个词都是孤立的，存在语义鸿沟词（任意两个词之间都是孤立的，不能体现词和词之间的关系）。为了克服此不足，人们提出了另一种表示方法，即分布式表示。

2. 分布式表示

分布式表示最早由 Hinton 于 1986 年提出的，可以克服独热表示的缺点。解决词汇与位置无关问题，可以通过计算向量之间的距离（欧式距离、余弦距离等）来体现词与词的相似性。其基本想法是直接用一个普通的向量表示一个词，此向量为：[0.792, -0.177, -0.107, 0.109, -0.542, ...]，常见维度为 50 或 100。用这种方式表示的向量，"麦克"和"话筒"的距离会远远小于"麦克"和"天气"的距离。

词向量的分布式表示的优点是解决了词汇与位置无关问题，不足是学习过程相对复杂且受训练语料的影响很大。训练这种向量表示的方法较多，常见的有 LSA、PLSA、LDA、Word2Vec 等，其中 Word2Vec 是 Google 在 2013 年开源的一个词向量计算工具，同时也是一套生成词向量的算法方案。Word2Vec 算法的背后是一个浅层神经网络，其网络深度仅为 3 层，所以，严格说 Word2Vec 并非深度学习范畴。但其生成的词向量在很多任务中都可以作为深度学习算法的输入，因此，在一定程度上可以说 Word2Vec 技术是深度学习在 NLP 领域的基础。

7.6.1 Word2Vec 原理

在介绍 Word2Vec 原理之前，我们先来看对一句话的两种预测方式：

假设有这样一句话：**今天 下午 2 点钟 搜索 引擎 组 开 组会**。

方法 1（根据上下文预测目标值）

对于每一个词汇（Word），使用该词汇周围的词汇来预测当前词汇生成的概率。假设目标值为"2 点钟"，我们可以使用"2 点钟"的上文"**今天、下午**"和"2 点钟"的下文"**搜索、引擎、组**"来生成或预测。

方法 2（由目标值预测上下文）

对于每一个词汇，使用该词汇本身来预测生成其他词汇的概率。如使用"**2 点钟**"来预测其上下文"**今天、下午、搜索、引擎、组**"中的每个词。

这两个方法共同的限制条件是：对于相同的输入，输出每个词汇的概率之和为 1。

两个方法分别对应 Word2Vec 模型的两种模式，即 CBOW 模型和 Skip-Gram 模型。根据上下文生成目标值（即方法 1）使用 CBOW 模型，根据目标值生成上下文（即方法 2）采用 Skip-Gram 模型。

7.6.2　CBOW 模型

CBOW 模型包含 3 层，即输入层、映射层和输出层。其架构如图 7-13。CBOW 模型中的 $w(t)$ 为目标词，在已知它的上下文 $w(t-2)$，$w(t-1)$，$w(t+1)$，$w(t+2)$ 的前提下预测词 $w(t)$ 出现的概率，即：$p(w|\mathrm{context}(w))$。目标函数为：

$$L = \sum_{w \in c} \log p(w|\mathrm{conetxt}(w)) \tag{7-12}$$

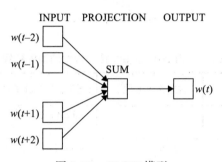

图 7-13　CBOW 模型

CBOW 模型训练其实就是根据某个词前后若干词来预测该词，这其实可以看成是多分类。最朴素的想法就是直接使用 softmax 来分别计算每个词对应的归一化的概率。但对于动辄十几万词汇量的场景中使用 softmax 计算量太大，于是需要用一种二分类组合形式的 Hierarchical Softmax，即输出层为一棵二叉树。

7.6.3　Skip-Gram 模型

Skip-Gram 模型同样包含 3 层，输入层，映射层和输出层。其架构如图 7-14 所示。Skip-Gram 模型中的 $w(t)$ 为输入词，在已知词 $w(t)$ 的前提下预测词 $w(t)$ 的上下文 $w(t-2)$，$w(t-1)$，$w(t+1)$，$w(t+2)$，条件概率写为：$p(\mathrm{context}(w)|w)$。目标函数为：

$$L = \sum_{w \in c} \log p(\mathrm{conetxt}(w)|(w)) \tag{7-13}$$

Skip-Gram 的基本思想，我们通过一个简单例子来说明。假设有个句子：

the quick brown fox jumped over the lazy dog

接下来，我们根据 Skip-Gram 算法的基本思想，把这个语句生成由系列（输入，输出）构成的数据集，详细结果如表 7-1 所示。那如何构成这样一个数据集呢？我们首先对一些单词以及它们的上下文环境建立一个数据集。可以以任何合理的方式定义"上下文"，这里把目标单词的左右单词视作一个上下文，使用大小为 1 的窗口（即 window_size=1），也就是说仅选输入词前后各 1 个词和输入词进行组合，就得到这样一个由（上下文，目标单词）组成的数据集：

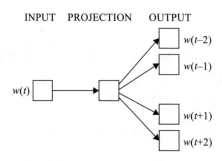

图 7-14　Skip-gram 模型

表 7-1　由 Skip-Gram 算法构成的训练数据集

输入单词	左边单词（上文）	右边单词（下文）	（上下文，目标单词）	（输入，输出）skip-gram 根据目标单词预测上下文
quick	the	brown	([the, brown], quick)	(quick, the) (quick, brown)
brown	quick	fox	([quick, fox], brown)	(brown, quick) (brown, fox)
fox	brown	jumped	([brown, jumped], fox)	(fox, brown) (fox, jumped)
…	…	…	…	…
lazy	the	dog	([the, dog], lazy)	(lazy, the) (lazy, dog)

7.7　PyTorch 实现词性判别

我们知道每一个词都有词性，如 train 这个单词，可表示火车或训练等意思，具体表示为哪种词性，跟这个词所处的环境或上下文密切相关。要根据上下文来确定词性，正是循环网络擅长的事，因循环网络，尤其是 LSTM 或 GRU 网络，其具有记忆功能。

本节将使用 LSTM 网络实现词性判别。

7.7.1　词性判别主要步骤

如何用 LSTM 对一句话里的各词进行词性标注？需要采用哪些步骤？这些问题就是本节将涉及的问题。用 LSTM 实现词性标注，我们可以采用以下步骤：

1）实现词的向量化。

假设有两个句子，作为训练数据，这两个句子的每个单词都已标好词性。当然我们不能直接把这两个语句直接输入 LSTM 模型，输入前需要把每个语句的单词向量化。假设这个句子共有 5 个单词，通过单词向量化后，就可得到序列 $[V_1, V_2, V_3, V_4, V_5]$，其中 V_i 表示第 i 个单词对应的向量。如何实现词的向量化？我们可以直接利用 nn.Embedding 层。当然在使用该层之前，需要把每句话对应单词或词性用整数表示。

2）构建网络。

词向量化之后，需要构建一个网络来训练，可以构建一个只有 3 层的网络，第一层为词嵌入层，第二层为 LSTM 层，最后一层用于词性分类的全连接层。

之后的部分小节用 PyTorch 实现这些步骤。

7.7.2　数据预处理

1. 定义语句及词性

训练数据有两个语句，定义好每个词对应的词性。测试数据为一句话，没有指定词性。

```
#定义训练数据
training_data = [
    ("The cat ate the fish".split(), ["DET", "NN", "V", "DET", "NN"]),
    ("They read that book".split(), ["NN", "V", "DET", "NN"])
]
#定义测试数据
testing_data=[("They ate the fish".split())]
```

2. 构建每个单词的索引字典

把每个单词用一个整数表示，将它们放在一个字典里。词性也如此。

```
word_to_ix = {} # 单词的索引字典
for sent, tags in training_data:
    for word in sent:
        if word not in word_to_ix:
            word_to_ix[word] = len(word_to_ix)
print(word_to_ix)
#两句话，共有9个不同单词
#{'The': 0, 'cat': 1, 'ate': 2, 'the': 3, 'fish': 4, 'They': 5, 'read': 6,
'that': 7, 'book': 8}
```

手工设置词性的索引字典。

```
tag_to_ix = {"DET": 0, "NN": 1, "V": 2}
```

7.7.3　构建网络

构建训练网络，共 3 层，分别为嵌入层、LSTM 层、全连接层。

```
class LSTMTagger(nn.Module):

    def __init__(self, embedding_dim, hidden_dim, vocab_size, tagset_size):
        super(LSTMTagger, self).__init__()
        self.hidden_dim = hidden_dim

        self.word_embeddings = nn.Embedding(vocab_size, embedding_dim)

        self.lstm = nn.LSTM(embedding_dim, hidden_dim)

        self.hidden2tag = nn.Linear(hidden_dim, tagset_size)
        self.hidden = self.init_hidden()

    #初始化隐含状态State及C
    def init_hidden(self):
        return (torch.zeros(1, 1, self.hidden_dim),
                torch.zeros(1, 1, self.hidden_dim))

    def forward(self, sentence):
        #获得词嵌入矩阵embeds
        embeds = self.word_embeddings(sentence)
        #按lstm格式，修改embeds的形状
        lstm_out, self.hidden = self.lstm(embeds.view(len(sentence), 1, -1), self.hidden)
        #修改隐含状态的形状，作为全连接层的输入
        tag_space = self.hidden2tag(lstm_out.view(len(sentence), -1))
        #计算每个单词属于各词性的概率
        tag_scores = F.log_softmax(tag_space,dim=1)
        return tag_scores
```

其中有一个 nn.Embedding(vocab_size, embed_dim) 类，它是 Module 类的子类，这里它接受最重要的两个初始化参数：词汇量大小，每个词汇向量表示的向量维度。Embedding 类返回的是一个形状为 [每句词个数，词维度] 的矩阵。nn.LSTM 层的输入形状为（序列长度，批量大小，输入的大小），序列长度就是时间步序列长度，这个长度是可变的。F.log_softmax() 执行的是一个 Softmax 回归的对数。

把数据转换为模型要求的格式，即把输入数据需要转换为 torch.LongTensor 张量。

```
def prepare_sequence(seq, to_ix):
    idxs = [to_ix[w] for w in seq]
    tensor = torch.LongTensor(idxs)
    return tensor
```

7.7.4 训练网络

1. 定义几个超参数、实例化模型，选择损失函数、优化器等

```
EMBEDDING_DIM=10
HIDDEN_DIM=3   #这里等于词性个数
model = LSTMTagger(EMBEDDING_DIM, HIDDEN_DIM, len(word_to_ix), len(tag_to_ix))
loss_function = nn.NLLLoss()
```

```
optimizer = torch.optim.SGD(model.parameters(), lr=0.1)
```

2. 简单运行一次

```
model = LSTMTagger(EMBEDDING_DIM, HIDDEN_DIM, len(word_to_ix), len(tag_to_ix))
loss_function = nn.NLLLoss()
optimizer = torch.optim.SGD(model.parameters(), lr=0.1)

inputs = prepare_sequence(training_data[0][0], word_to_ix)
tag_scores = model(inputs)
print(training_data[0][0])
print(inputs)
print(tag_scores)
print(torch.max(tag_scores,1))
```

运行结果：

```
['The', 'cat', 'ate', 'the', 'fish']
tensor([0, 1, 2, 3, 4])
tensor([[-1.4376, -0.9836, -0.9453],
        [-1.4421, -0.9714, -0.9545],
        [-1.4725, -0.8993, -1.0112],
        [-1.4655, -0.9178, -0.9953],
        [-1.4631, -0.9221, -0.9921]], grad_fn=<LogSoftmaxBackward>)
(tensor([-0.9453, -0.9545, -0.8993, -0.9178, -0.9221], grad_fn=<MaxBackward0>),
tensor([2, 2, 1, 1, 1]))
```

显然，这个结果不很理想。而下面我们循环多次训练该模型，精度将大大提升。

3. 训练模型

```
for epoch in range(400): # 我们要训练400次。
    for sentence, tags in training_data:
# 清除网络先前的梯度值
        model.zero_grad()
# 重新初始化隐藏层数据
        model.hidden = model.init_hidden()
# 按网络要求的格式处理输入数据和真实标签数据
        sentence_in = prepare_sequence(sentence, word_to_ix)
        targets = prepare_sequence(tags, tag_to_ix)
# 实例化模型
        tag_scores = model(sentence_in)
# 计算损失，反向传递梯度及更新模型参数
        loss = loss_function(tag_scores, targets)
        loss.backward()
        optimizer.step()
# 查看模型训练的结果
inputs = prepare_sequence(training_data[0][0], word_to_ix)
tag_scores = model(inputs)
print(training_data[0][0])
print(tag_scores)
print(torch.max(tag_scores,1))
```

运行结果：

```
['The', 'cat', 'ate', 'the', 'fish']
tensor([[-4.9405e-02, -6.8691e+00, -3.0541e+00],
        [-9.7177e+00, -7.2770e-03, -4.9350e+00],
        [-3.0174e+00, -4.4508e+00, -6.2511e-02],
        [-1.6383e-02, -1.0208e+01, -4.1219e+00],
        [-9.7806e+00, -8.2493e-04, -7.1716e+00]], grad_fn=<LogSoftmaxBackward>)
(tensor([-0.0494, -0.0073, -0.0625, -0.0164, -0.0008], grad_fn=<MaxBackward0>),
 tensor([0, 1, 2, 0, 1]))
```

精确度为 100%。

7.7.5 测试模型

这里我们用另外一句话，来测试这个模型：

```
test_inputs = prepare_sequence(testing_data[0], word_to_ix)
tag_scores01 = model(test_inputs)
print(testing_data[0])
print(test_inputs)
print(tag_scores01)
print(torch.max(tag_scores01,1))
```

运行结果：

```
['They', 'ate', 'the', 'fish']
tensor([5, 2, 3, 4])
tensor([[-7.6594e+00, -5.2700e-03, -5.3424e+00],
        [-2.6831e+00, -5.2537e+00, -7.6429e-02],
        [-1.4973e-02, -1.0440e+01, -4.2110e+00],
        [-9.7853e+00, -8.3971e-04, -7.1522e+00]], grad_fn=<LogSoftmaxBackward>)
(tensor([-0.0053, -0.0764, -0.0150, -0.0008], grad_fn=<MaxBackward0>),
 tensor([1, 2, 0, 1]))
```

测试精度达到 100%。

7.8 用 LSTM 预测股票行情

这里采用沪深 300 指数数据，时间跨度为 2010 年 10 月 10 日至今，选择每天最高价格。假设当天最高价依赖当天的前 n（如 30）天的沪深 300 的最高价。用 LSTM 模型来捕捉最高价的时序信息，通过训练模型，使之学会用前 n 天的最高价，来判断当天的最高价（作为训练的标签值）。

7.8.1 导入数据

这里使用 tushare 来下载沪深 300 指数数据。可以用 pip 安装 tushare。

```
import tushare as ts  #导入
cons = ts.get_apis()    #建立连接
#获取沪深指数(000300)的信息,包括交易日期(datetime)、开盘价(open)、收盘价(close)、
#最高价(high)、最低价(low)、成交量(vol)、成交金额(amount)、涨跌幅(p_change)
df = ts.bar('000300', conn=cons, asset='INDEX', start_date='2010-01-01', end_
date='')
#删除有null值的行
df = df.dropna()
#把df保存到当前目录下的sh300.csv文件中,以便后续使用
df.to_csv('sh300.csv')
```

7.8.2　数据概览

1. 查看下载数据的字段、统计信息等

```
#查看df涉及的列名
df.columns
#Index(['code', 'open', 'close', 'high', 'low', 'vol', 'amount', 'p_change'],
#dtype='object')
```

```
#查看df的统计信息
df.describe()
```

统计信息如图 7-15 所示。

	open	close	high	low	vol	amount	p_change
count	2295.000000	2295.000000	2295.000000	2295.000000	2.295000e+03	2.295000e+03	2295.000000
mean	3100.514637	3103.181503	3128.213684	3073.658757	1.090221e+06	1.296155e+11	0.012397
std	627.888776	628.060844	634.870454	618.306225	9.284048e+05	1.268450e+11	1.483714
min	2079.870000	2086.970000	2118.790000	2023.170000	2.190120e+05	2.120044e+10	-8.750000
25%	2534.185000	2534.185000	2558.015000	2514.585000	5.634255e+05	6.092613e+10	-0.650000
50%	3160.800000	3165.910000	3193.820000	3134.380000	8.055400e+05	9.127102e+10	0.020000
75%	3484.665000	3486.080000	3510.940000	3461.215000	1.202926e+06	1.382787e+11	0.705000
max	5379.470000	5353.750000	5380.430000	5283.090000	6.864391e+06	9.494980e+11	6.710000

图 7-15　沪深 300 指数统计信息

从图 7-15 可知,共有 2295 条数据。

2. 可视化最高价数据

```
from pandas.plotting import register_matplotlib_converters
register_matplotlib_converters()
# 获取训练数据、原始数据、索引等信息
df, df_all, df_index = readData('high', n=n, train_end-train_end)
```

```
#可视化最高价
```

```
df_all = np.array(df_all.tolist())
plt.plot(df_index, df_all, label='real-data')
plt.legend(loc='upper right')
```

运行结果如图 7-16 所示。

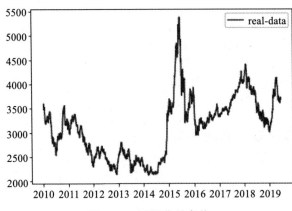

图 7-16　可视化最高价

7.8.3　预处理数据

1. 生成训练数据

```
#通过一个序列来生成一个31*(count(*)-train_end)矩阵（用于处理时序的数据）
#其中最后一列维标签数据。就是把当天的前n天作为参数，当天的数据作为label
def generate_data_by_n_days(series, n, index=False):
    if len(series) <= n:
        raise Exception("The Length of series is %d, while affect by (n=%d)." %
(len(series), n))
    df = pd.DataFrame()
    for i in range(n):
        df['c%d' % i] = series.tolist()[i:-(n - i)]
    df['y'] = series.tolist()[n:]

    if index:
        df.index = series.index[n:]
    return df

#参数n与上相同。train_end表示的是后面多少个数据作为测试集。
def readData(column='high', n=30, all_too=True, index=False, train_end=-500):
    df = pd.read_csv("sh300.csv", index_col=0)
    #以日期为索引
    df.index = list(map(lambda x: datetime.datetime.strptime(x, "%Y-%m-%d"),
df.index))
    #获取每天的最高价
    df_column = df[column].copy()
    #拆分为训练集和测试集
```

```
    df_column_train, df_column_test = df_column[:train_end], df_column[train_end
- n:]
        #生成训练数据
    df_generate_train = generate_data_by_n_days(df_column_train, n, index=index)
    if all_too:
        return df_generate_train, df_column, df.index.tolist()
    return df_generate_train
```

2. 规范化数据

```
#对数据进行预处理，规范化及转换为Tensor
df_numpy = np.array(df)

df_numpy_mean = np.mean(df_numpy)
df_numpy_std = np.std(df_numpy)

df_numpy = (df_numpy - df_numpy_mean) / df_numpy_std
df_tensor = torch.Tensor(df_numpy)

trainset = mytrainset(df_tensor)
trainloader = DataLoader(trainset, batch_size=batch_size, shuffle=False)
```

7.8.4　定义模型

这里使用 LSTM 网络，此时 LSTM 输出到一个全连接层。

```
class RNN(nn.Module):
    def __init__(self, input_size):
        super(RNN, self).__init__()
        self.rnn = nn.LSTM(
            input_size=input_size,
            hidden_size=64,
            num_layers=1,
            batch_first=True
        )
        self.out = nn.Sequential(
            nn.Linear(64, 1)
        )
    def forward(self, x):
        r_out, (h_n, h_c) = self.rnn(x, None)   #None即隐层状态用0初始化
        out = self.out(r_out)
        return out
```

7.8.5　训练模型

建立训练模型：

```
#记录损失值，并用tensorboardx在web上展示
from tensorboardX import SummaryWriter
writer = SummaryWriter(log_dir='logs')
```

```
rnn = RNN(n).to(device)
optimizer = torch.optim.Adam(rnn.parameters(), lr=LR)
loss_func = nn.MSELoss()

for step in range(EPOCH):
    for tx, ty in trainloader:
        tx=tx.to(device)
        ty=ty.to(device)
        #在第1个维度上添加一个维度为1的维度，形状变为[batch,seq_len,input_size]
        output = rnn(torch.unsqueeze(tx, dim=1)).to(device)
        loss = loss_func(torch.squeeze(output), ty)
        optimizer.zero_grad()
        loss.backward()
        optimizer.step()
    writer.add_scalar('sh300_loss', loss, step)
```

运行结果如图 7-17 所示。

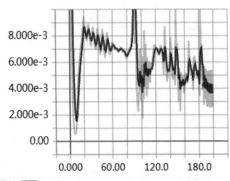

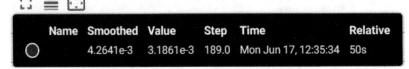

图 7-17　batch-size=20 的损失值变化情况

图 7-17 为 batch-size=20 时，损失值与迭代次数之间的关系，开始时振幅有点大，后面逐渐趋于平稳。如果 batch-size 变小，振幅可能更大。

7.8.6　测试模型

1. 使用测试数据，验证模型

```
for i in range(n, len(df_all)):
    x = df_all_normal_tensor[i - n:i].to(device)
    #rnn的输入必须是3维，故需添加两个1维的维度，最后成为[1,1,input_size]
    x = torch.unsqueeze(torch.unsqueeze(x, dim=0), dim=0)
```

```
    y = rnn(x).to(device)
    if i < test_index:
        generate_data_train.append(torch.squeeze(y).detach().cpu().numpy() * df_
numpy_std + df_numpy_mean)
    else:
        generate_data_test.append(torch.squeeze(y).detach().cpu().numpy() * df_
numpy_std + df_numpy_mean)
```

2. 查看预测数据与源数据

```
plt.plot(df_index[train_end:-500], df_all[train_end:-500], label='real-data')
plt.plot(df_index[train_end:-500], generate_data_test[-600:-500],
label='generate_test')
plt.legend()
plt.show()
```

运行结果如图 7-18 所示。

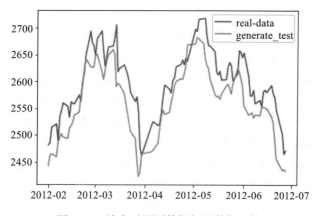

图 7-18　放大后预测数据与源数据比较

从图 7-18 来看，预测结果还是不错的。

7.9　循环神经网络应用场景

循环神经网络适合于处理序列数据，序列长度一般不固定，因此，其应用非常广泛。图 7-19 对 RNN 的应用场景做了一个概括。

图 7-19 中每一个矩形是一个向量，箭头则表示函数（比如矩阵相乘）。其中最下层为输入向量，最上层为输出向量，中间层表示 RNN 的状态。从左到右：

1）没有使用 RNN 的 Vanilla 模型，从固定大小的输入得到固定大小输出（比如图像分类）。

2）序列输出（比如图片字幕，输入一张图片输出一段文字序列）。

3）序列输入（比如情感分析，输入一段文字，然后将它分类成积极或者消极情感）。

4）序列输入和序列输出（比如机器翻译：一个 RNN 读取一条英文语句，然后将它以法语形式输出）。

5）同步序列输入输出（比如视频分类，对视频中每一帧打标签）。

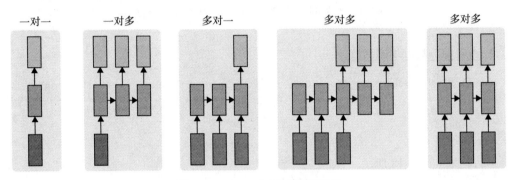

图 7-19 RNN 应用场景示意图

我们注意到在每一个案例中，都没有对序列长度进行预先特定约束，因为递归变换（绿色部分）是固定的，而且可以多次使用。

正如预想的那样，与使用固定计算步骤的固定网络相比，使用序列进行操作会更加强大，因此，这激起了人们建立更大智能系统的兴趣。而且，可以从一小方面看出，RNNs 将输入向量与状态向量用一个固定（但可以学习）函数绑定起来，从而产生一个新的状态向量。在编程层面，在运行一个程序时，可以用特定的输入和一些内部变量对其进行解释。从这个角度来看，RNNs 本质上可以描述程序。事实上，RNNs 是图灵完备的，即它们可以模拟任意程序（使用恰当的权值向量）。

7.10 小结

循环网络由于其记忆功能非常善于解决与时间序列有关的数据，目前，在自然语言处理、语音处理等方面应用都非常广泛。本章首先介绍了循环神经网络一般结构以及循环神经网络的几种衍生结构——长短期记忆网络（Long Short-Term Memory, LSTM）和 GRU 等。为便于理解还给出用 PyTorch 实现循环神经网络的代码实例。词嵌入（或词向量化）是自然语言处理的又一重要方法，为此，我们介绍了词嵌入一般原理及相关实例，如文本自然语言实例，词性标注。最后我们用沪深 300 指数数据，用 LSTM 模型预测股市，进一步说明 LSTM 在处理时序时间方面的优势。

第 8 章 *Chapter 8*

生成式深度学习

深度学习不仅在于其强大的学习能力，更在于它的创新能力。我们通过构建判别模型来提升模型的学习能力，通过构建生成模型来发挥其创新能力。判别模型通常利用训练样本训练模型，然后利用该模型，对新样本 x，进行判别或预测。而生成模型正好反过来，根据一些规则 y，来生成新样本 x。

生成式模型很多，本章主要介绍常用的两种：变分自动编码器 (VAE) 和生成式对抗网络（GAN）及其变种。虽然两者都是生成模型，并且通过各自的生成能力展现其强大的创新能力，但他们在具体实现上有所不同。GAN 是基于博弈论，目的是找到达到纳什均衡的判别器网络和生成器网络。而 VAE 基本根植贝叶斯推理，其目标是潜在地建模，从模型中采样新的数据。

本章主要介绍多种生成式网络，具体内容如下：

❑ 用变分自编码器生成图像。

❑ GAN 简介。

❑ 如何用 GAN 生成图像。

❑ 比较 VAE 与 GAN 的异同。

❑ CGAN、DCGAN 简介。

8.1 用变分自编码器生成图像

变分自编码器是自编码器的改进版本，自编码器是一种无监督学习，但它无法产生新的内容，变分自编码器对其潜在空间进行拓展，使其满足正态分布，情况就大不一样了。

8.1.1 自编码器

自编码器是通过对输入 X 进行编码后得到一个低维的向量 z，然后根据这个向量还原出输入 X。通过对比 X 与 $\tilde{X}$ 的误差，再利用神经网络去训练使得误差逐渐减小，从而达到非监督学习的目的。图 8-1 为自编码器的架构图。

自编码器因不能随意产生合理的潜在变量，从而导致它无法产生新的内容。因为潜在变量 Z 都是编码器从原始图片中产生的。为解决这一问题，研究人员对潜在空间 Z（潜在变量对应的空间）增加一些约束，使 Z 满足正态分布，由此就出现了 VAE 模型，VAE 对编码器添加约束，就是强迫它产生服从单位正态分布的潜在变量。正是这种约束，把 VAE 和自编码器区分开来。

图 8-1　自编码器架构图

8.1.2 变分自编码器

变分自编码器关键一点就是增加一个对潜在空间 Z 的正态分布约束，如何确定这个正态分布就成主要目标，我们知道要确定正态分布，只要确定其两个参数均值 u 和标准差 σ。那么如何确定 u、σ？用一般的方法或估计比较麻烦效果也不好，研究人员发现用神经网络去拟合，简单效果也不错。图 8-2 为 AVE 的架构图⊖。

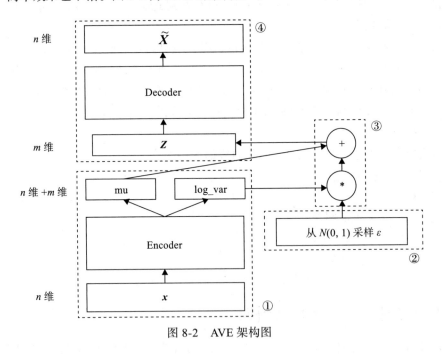

图 8-2　AVE 架构图

⊖　CARL DOERSCH, arXiv:1606.05908v2 [stat.ML] 13 Aug 2016

在图 8-2 中，模块①的功能把输入样本 *X* 通过编码器输出两个 *m* 维向量（mu、log_var），这两个向量是潜在空间（假设满足正态分布）的两个参数（相当于均值和方差）。那么如何从这个潜在空间采用一个点 *Z* ？

这里假设潜在正态分布能生成输入图像，从标准正态分布 $N(0, I)$ 中采样一个 ε（模块②的功能），然后使

$$Z = mu + \exp(\log\_var)*\varepsilon \tag{8-1}$$

这也是模块③的主要功能。

Z 是从潜在空间抽取的一个向量，*Z* 通过解码器生成一个样本 $\tilde{X}$，这是模块④的功能。

这里 ε 是随机采样的，这就可保证潜在空间的连续性、良好的结构性。而这些特性使得潜在空间的每个方向都表示数据中有意义的变化方向。

以上这些步骤构成整个网络的前向传播过程，那反向传播应如何进行？要确定反向传播就会涉及损失函数，损失函数是衡量模型优劣的主要指标。这里我们需要从以下两个方面进行衡量。

1）生成的新图像与原图像的相似度；

2）隐含空间的分布与正态分布的相似度。

度量图像的相似度一般采用交叉熵（如 nn.BCELoss），度量两个分布的相似度一般采用 KL 散度（Kullback-Leibler divergence）。这两个度量的和构成了整个模型的损失函数。

以下是损失函数的具体代码，AVE 损失函数的推导过程，有兴趣的读者可参考原论文：https://arxiv.org/pdf/1606.05908.pdf。

```
# 定义重构损失函数及KL散度
reconst_loss = F.binary_cross_entropy(x_reconst, x, size_average=False)
kl_div = - 0.5 * torch.sum(1 + log_var - mu.pow(2) - log_var.exp())
#两者相加得总损失
loss= reconst_loss+ kl_div
```

8.1.3 用变分自编码器生成图像

前面已经介绍了 AVE 的架构和原理，至此对 AVE 的"蓝图"就有了大致了解，如何实现这个蓝图？本节我们将结合代码，用 PyTorch 实现 AVE。此外，还包括在实现过程中需要注意的一些问题，为便于说明起见，数据集采用 MNIST，整个网络结构如图 8-3 所示。

先简单介绍一下实现的具体步骤，然后，结合代码详细说明，如何用 PyTorch 一步步实现 AVE。具体步骤如下：

1）导入必要的包。

```
import os
import torch
import torch.nn as nn
import torch.nn.functional as F
```

```
import torchvision
from torchvision import transforms
from torchvision.utils import save_image
```

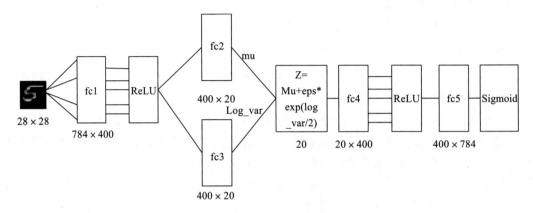

图 8-3　AVE 网络结构图

2）定义一些超参数。

```
image_size = 784
h_dim = 400
z_dim = 20
num_epochs = 30
batch_size = 128
learning_rate = 0.001
```

3）对数据集进行预处理，如转换为 Tensor，把数据集转换为循环、可批量加载的数据集。

```
# 下载MNIST训练集，这里因已下载，故download=False
# 如果需要下载，设置download=True将自动下载
dataset = torchvision.datasets.MNIST(root='data',
                                     train=True,
                                     transform=transforms.ToTensor(),
                                     download=False)


#数据加载
data_loader = torch.utils.data.DataLoader(dataset=dataset,
                                          batch_size=batch_size,
                                          shuffle=True)
```

4）构建 AVE 模型，主要由 Encode 和 Decode 两部分组成。

```
# 定义AVE模型
class VAE(nn.Module):
    def __init__(self, image_size=784, h_dim=400, z_dim=20):
        super(VAE, self).__init__()
        self.fc1 = nn.Linear(image_size, h_dim)
        self.fc2 = nn.Linear(h_dim, z_dim)
```

```
        self.fc3 = nn.Linear(h_dim, z_dim)
        self.fc4 = nn.Linear(z_dim, h_dim)
        self.fc5 = nn.Linear(h_dim, image_size)

    def encode(self, x):
        h = F.relu(self.fc1(x))
        return self.fc2(h), self.fc3(h)
```

\#用mu, log_var生成一个潜在空间点z, mu, log_var为两个统计参数，我们假设
\#这个假设分布能生成图像。

```
def reparameterize(self, mu, log_var):
        std = torch.exp(log_var/2)
        eps = torch.randn_like(std)
        return mu + eps * std

    def decode(self, z):
        h = F.relu(self.fc4(z))
        return F.sigmoid(self.fc5(h))

    def forward(self, x):
        mu, log_var = self.encode(x)
        z = self.reparameterize(mu, log_var)
        x_reconst = self.decode(z)
        return x_reconst, mu, log_var
```

5）选择 GPU 及优化器。

```
# 设置PyTorch在哪块GPU上运行，这里假设使用序号为1的这块GPU.
torch.cuda.set_device(1)
device = torch.device('cuda' if torch.cuda.is_available() else 'cpu')
model = VAE().to(device)
optimizer = torch.optim.Adam(model.parameters(), lr=learning_rate)
```

6）训练模型，同时保存原图像与随机生成的图像。

```
with torch.no_grad():
        # 保存采样图像，即潜在向量Z通过解码器生成的新图像
        z = torch.randn(batch_size, z_dim).to(device)
        out = model.decode(z).view(-1, 1, 28, 28)
        save_image(out, os.path.join(sample_dir, 'sampled-{}.png'.format(epoch+1)))

        # 保存重构图像，即原图像通过解码器生成的图像
        out, _, _ = model(x)
        x_concat = torch.cat([x.view(-1, 1, 28, 28), out.view(-1, 1, 28, 28)], dim=3)
        save_image(x_concat, os.path.join(sample_dir, 'reconst-{}.png'.format(epoch+1)))
```

7）展示原图像及重构图像。

```
reconsPath = './ave_samples/reconst-30.png'
Image = mpimg.imread(reconsPath)
plt.imshow(Image) # 显示图像
plt.axis('off') # 不显示坐标轴
plt.show()
```

这是迭代 30 次的结果，如图 8-4 所示。

图 8-4　AVE 构建图像

图 8-4 中，奇数列为原图像，偶数列为原图像重构的图像。从这个结果可以看出重构图像效果还不错。图 8-5 为由潜在空间通过解码器生成的新图像，这个图像效果也不错。

图 8-5　AVE 新图像

8）显示由潜在空间点 Z 生成的新图像。

```
genPath = './ave_samples/sampled-30.png'
Image = mpimg.imread(genPath)
plt.imshow(Image) # 显示图像
plt.axis('off') # 不显示坐标轴
plt.show()
```

这里构建网络主要用全连接层，有兴趣的读者，可以把卷积层，如果编码层使用卷积层（如 nn.Conv2d），解码器需要使用反卷积层（nn.ConvTranspose2d）。接下来我们介绍生成式对抗网络，并用该网络生成新数字，其效果将好于 AVE 生成的数字。

8.2　GAN 简介

8.1 节介绍了基于自动编码器的 VAE，根据这个网络可以生成新的图像。本节我们将介绍另一种生成式网络，它是基于博弈论的，所以又称为生成式对抗网络（Generative Adversarial Nets，GAN）。它是 2014 年由 Ian Goodfellow 提出的，它要解决的问题是如何从训练样本中学习出新样本，训练样本就是图像就生成新图像，训练样本是文章就输出新文章等。

GAN 既不依赖标签来优化，也不是根据对结果奖惩来调整参数。它是依据生成器和判别器之间的博弈来不断优化。打个不一定很恰当的比喻，就像一台验钞机和一台制造假币的机器之间的博弈，两者不断博弈，博弈的结果假币越来越像真币，直到验钞机无法识别一张货币是假币还是真币为止。这样说，还是有点抽象，接下来我们将从多个侧面进行说明。

8.2.1　GAN 架构

VAE 利用潜在空间，可以生成连续的新图像，不过因损失函数采用像素间的距离，所以图像有点模糊。那能否生成更清晰的新图像呢？可以的，这里采用 GAN 替换 VAE 的潜在空间，它能够迫使生成图像与真实图像在统计上几乎无法区别的逼真合成图像。

GAN 的直观理解，可以想象一个名画伪造者想伪造一幅达芬奇的画作，开始时，伪造者技术不精，但他将自己的一些赝品和达芬奇的作品混在一起，请一个艺术商人对每一幅画进行真实性评估，并向伪造者反馈，告诉他哪些看起来像真迹、哪些看起来不像真迹。

伪造者根据这些反馈，改进自己的赝品。随着时间的推移，伪造者技能越来越高，艺术商人也变得越来越擅长找出赝品。最后，他们手上就拥有了一些非常逼真的赝品。

这就是 GAN 的基本原理。这里有两个角色，一个是伪造者，另一个是技术鉴赏者。他们训练的目的都是打败对方。

因此，GAN 从网络的角度来看，它由两部分组成。

1）生成器网络：以一个潜在空间的随机向量作为输入，并将其解码为一张合成图像。

2）判别器网络：以一张图像（真实的或合成的均可）作为输入，并预测该图像来自训练集还是来自生成器网络。图 8-6 为其架构图。

如何不断提升判别器辨别是非的能力？如何使生成的图像越来越像真图像？这些都通过控制它们各自的损失函数来控制。

训练结束后，生成器能够将输入空间中的任何点转换为一张可信图像。与 VAE 不同的是，这个潜空间无法保证带连续性或有特殊含义的结构。

GAN 的优化过程不像通常的求损失函数的最小值，而是保持生成与判别两股力量的动态平衡。因此，其训练过程要比一般神经网络难很多。

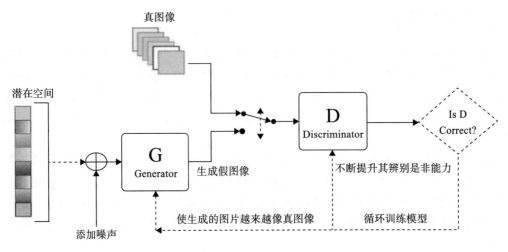

图 8-6 GAN 架构图

8.2.2 GAN 的损失函数

从 GAN 的架构图（图 8-6）可知，控制生成器或判别器的关键是损失函数，而如何定义损失函数就成为整个 GAN 的关键。我们的目标很明确，既要不断提升判断器辨别是非或真假的能力，又要不断提升生成器不断提升图像质量，使判别器越来越难判别。那这些目标如何用程序体现？损失函数就能充分说明。

为了达到判别器的目标，其损失函数既要考虑识别真图像能力，又要考虑识别假图像能力，而不能只考虑一方面，故判别器的损失函数为两者的和，具体代码如下：D 表示判别器、G 为生成器、real_labels、fake_labels 分别表示真图像标签、假图像标签。images 是真图像，z 是从潜在空间随机采样的向量，通过生成器得到假图像。

```
# 定义判断器对真图像的损失函数
outputs = D(images)
d_loss_real = criterion(outputs, real_labels)
real_score = outputs

# 定义判别器对假图像（即由潜在空间点生成的图像）的损失函数
z = torch.randn(batch_size, latent_size).to(device)
fake_images = G(z)
outputs = D(fake_images)
d_loss_fake = criterion(outputs, fake_labels)
fake_score = outputs
# 得到判别器总的损失函数
d_loss = d_loss_real + d_loss_fake
```

生成器的损失函数如何定义，才能使其越来越向真图像靠近？以真图像为标杆或标签即可。具体代码如下：

```
z = torch.randn(batch_size, latent_size).to(device)
fake_images = G(z)
outputs = D(fake_images)

g_loss = criterion(outputs, real_labels)
```

8.3　用 GAN 生成图像

为便于说明 GAN 的关键环节，这里我们弱化了网络和数据集的复杂度。数据集为 MNIST、网络用全连接层。后续将用一些卷积层的实例来说明。

8.3.1　判别器

获取数据，导入模块基本与 AVE 的类似，这里就不展开来说，详细内容读者可参考 pytorch-08-01.ipynb 代码模块。

定义判别器网络结构，这里使用 LeakyReLU 为激活函数，输出一个节点并经过 Sigmoid 后输出，用于真假二分类。

```
# 构建判断器
D = nn.Sequential(
    nn.Linear(image_size, hidden_size),
    nn.LeakyReLU(0.2),
    nn.Linear(hidden_size, hidden_size),
    nn.LeakyReLU(0.2),
    nn.Linear(hidden_size, 1),
    nn.Sigmoid())
```

8.3.2　生成器

生成器与 AVE 的生成器类似，不同的地方是输出为 nn.tanh，使用 nn.tanh 将使数据分布在 [−1,1] 之间。其输入是潜在空间的向量 z，输出维度与真图像相同。

```
# 构建生成器，这个相当于AVE中的解码器
G = nn.Sequential(
    nn.Linear(latent_size, hidden_size),
    nn.ReLU(),
    nn.Linear(hidden_size, hidden_size),
    nn.ReLU(),
    nn.Linear(hidden_size, image_size),
    nn.Tanh())
```

8.3.3　训练模型

```
for epoch in range(num_epochs):
    for i, (images, _) in enumerate(data_loader):
```

```
images = images.reshape(batch_size, -1).to(device)

# 定义图像是真或假的标签
real_labels = torch.ones(batch_size, 1).to(device)
fake_labels = torch.zeros(batch_size, 1).to(device)

# =============================================================== #
#                         训练判别器                               #
# =============================================================== #

# 定义判别器对真图像的损失函数
outputs = D(images)
d_loss_real = criterion(outputs, real_labels)
real_score = outputs

# 定义判别器对假图像（即由潜在空间点生成的图像）的损失函数
z = torch.randn(batch_size, latent_size).to(device)
fake_images = G(z)
outputs = D(fake_images)
d_loss_fake = criterion(outputs, fake_labels)
fake_score = outputs

# 得到判别器总的损失函数
d_loss = d_loss_real + d_loss_fake

# 对生成器、判别器的梯度清零
reset_grad()
d_loss.backward()
d_optimizer.step()

# =============================================================== #
#                         训练生成器                               #
# =============================================================== #

# 定义生成器对假图像的损失函数，这里我们要求
#判别器生成的图像越来越像真图片，故损失函数中
#的标签改为真图像的标签，即希望生成的假图像，
#越来越靠近真图像
z = torch.randn(batch_size, latent_size).to(device)
fake_images = G(z)
outputs = D(fake_images)


g_loss = criterion(outputs, real_labels)

# 对生成器、判别器的梯度清零
#进行反向传播及运行生成器的优化器
reset_grad()
g_loss.backward()
g_optimizer.step()

if (i+1) % 200 == 0:
    print('Epoch [{}/{}], Step [{}/{}], d_loss: {:.4f}, g_loss: {:.4f},
```

```
D(x): {:.2f}, D(G(z)): {:.2f}'
                    .format(epoch, num_epochs, i+1, total_step, d_loss.item(), g_
loss.item(),
                        real_score.mean().item(), fake_score.mean().item()))

    # 保存真图像
    if (epoch+1) == 1:
        images = images.reshape(images.size(0), 1, 28, 28)
        save_image(denorm(images), os.path.join(sample_dir, 'real_images.png'))

    # 保存假图像
    fake_images = fake_images.reshape(fake_images.size(0), 1, 28, 28)
        save_image(denorm(fake_images), os.path.join(sample_dir, 'fake_images-{}.
png'.format(epoch+1)))

# 保存模型
torch.save(G.state_dict(), 'G.ckpt')
torch.save(D.state_dict(), 'D.ckpt')
```

8.3.4　可视化结果

可视化每次由生成器得到假图像，即潜在向量 z 通过生成器得到的图像，其可视化结果如图 8-7 所示。

```
reconsPath = './gan_samples/fake_images-200.png'
Image = mpimg.imread(reconsPath)
plt.imshow(Image) # 显示图片
plt.axis('off') # 不显示坐标轴
plt.show()
```

图 8-7　GAN 的新图像

可见图 8-7 明显好于图 8-5。AVE 生成图像主要依据原图像与新图像的交叉熵，而

GAN 真假图片的交叉熵，同时还兼顾了不断提升判别器和生成器本身的性能上。

8.4 VAE 与 GAN 的优缺点

VAE 和 GAN 都是生成模型（Generative Model）。所谓生成模型，即能生成样本的模型，利用这类模型，我们可以完成图像自动生成（采样）、图像信息补全等工作。

VAE 是利用已有图像在编码器生成潜在向量，这个向量在服从高斯分布的情况下很好地保留了原图像的特征，在解码器得到的图片会更加的合理与准确。

VAE 适合于学习具有良好结构的潜在空间，潜在空间有比较好的连续性，其中存在一些有特定意义的方向。VAE 能够捕捉到图像的结构变化（倾斜角度、圈的位置、形状变化、表情变化等）。这也是 VAE 的一大优点，它有显式的分布，能够容易地可视化图像的分布，具体如图 8-8 所示。

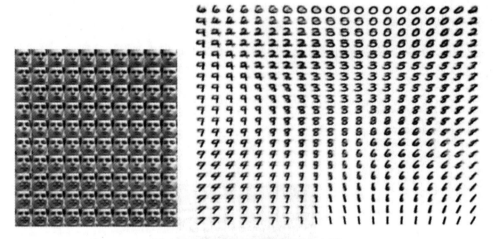

图 8-8　VAE 得到的数据流形分布图

但是图像在训练的时候损失函数只能用均方误差（MSE）之类的粗略误差衡量，这就导致生成的图像不能很好地保留原图像的清晰度，就会使得图片看上去有点模糊。

GAN 生成的潜在空间可能没有良好结构，但 GAN 生成的图像一般比 VAE 的更清晰。

在 GAN 的训练过程中容易发生崩溃，以及训练时梯度消失情况的发生。生成对抗网络的博弈理论只是单纯的让 G 生成的图像骗过 D，这个会让 G 钻空子一旦骗过了 D 不论图像的合不合理就作为输出，于是模型坍塌（Generative Model）就发生了。

GAN 生成器的损失函数（Loss）依赖于判别器 Loss 后向传递，而不是直接来自距离，因而若判别器总是能准确地判别出真假，则向后传递的信息就非常少，导致生成器无法形成自己的 Loss，这是 GAN 比较难训练的原因。当然，针对这一不足，近些年人们采用一个新的距离定义（Wasserstein Distance）应用于判别器，而不是原型中简单粗暴的对真伪样本的分辨正确的概率。

综上所述，两者的优缺点可归结为以下两点：

（1）GAN 生成的效果优于 VAE。

（2）GAN 比 VAE 更难训练。

8.5　ConditionGAN

AVE 和 GAN 都能基于潜在空间的随机向量 z 生成新图片，GAN 生成的图像比 AVE 的更清晰，质量更好些。不过它们生成的都是随机的，无法预先控制你要生成的哪类或哪个数。

如果在生成新图像的同时，能加上一个目标控制那就太好了，如果希望生成某个数字，生成某个主题或类别的图像，实现按需生成的目的，这样的应用应该非常广泛。需求就是最大的生产力，经过研究人员的不懈努力，提出一个基于条件的 GAN，即 Condition GAN，简称为 CGAN。

8.5.1　CGAN 的架构

在 GAN 这种完全无监督的方式加上一个标签或一点监督信息，使整个网络就可看成半监督模型。CGAN 基本架构与 GAN 类似，只要添加一个条件 y 即可，y 就是加入的监督信息，比如说 MNIST 数据集可以提供某个数字的标签信息，人脸生成可以提供性别、是否微笑、年龄等信息，带某个主题的图像等标签信息。以下用图 8-9 来描述 CGAN 的架构。

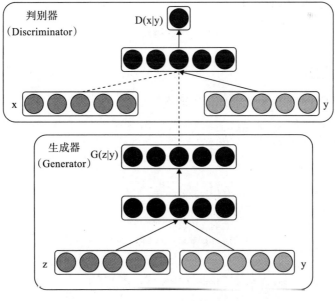

图 8-9　CGAN 架构图

对生成器输入一个从潜在空间随机采样的一个向量 z 及一个条件 y，生成一个符合该条件的图像 $G(z/y)$。对判别器来说，输入一张图像 x 和条件 y，输出该图像在该条件下的概率 $D(x/y)$。这只是 CGAN 的一个蓝图，那如何实现这个蓝图？接下来采用 PyTorch 具体实现。

8.5.2　CGAN 生成器

定义生成器（Generator）及前向传播函数。

```
class Generator(nn.Module):
    def __init__(self):
        super().__init__()

        self.label_emb = nn.Embedding(10, 10)

        self.model = nn.Sequential(
            nn.Linear(110, 256),
            nn.LeakyReLU(0.2, inplace=True),
            nn.Linear(256, 512),
            nn.LeakyReLU(0.2, inplace=True),
            nn.Linear(512, 1024),
            nn.LeakyReLU(0.2, inplace=True),
            nn.Linear(1024, 784),
            nn.Tanh()
        )

    def forward(self, z, labels):
        z = z.view(z.size(0), 100)
        c = self.label_emb(labels)
        x = torch.cat([z, c], 1)
        out = self.model(x)
        return out.view(x.size(0), 28, 28)
```

8.5.3　CGAN 判别器

定义判断器（Discriminator）及前向传播函数。

```
class Discriminator(nn.Module):
    def __init__(self):
        super().__init__()

        self.label_emb = nn.Embedding(10, 10)

        self.model = nn.Sequential(
            nn.Linear(794, 1024),
            nn.LeakyReLU(0.2, inplace=True),
            nn.Dropout(0.4),
            nn.Linear(1024, 512),
            nn.LeakyReLU(0.2, inplace=True),
            nn.Dropout(0.4),
            nn.Linear(512, 256),
```

```
            nn.LeakyReLU(0.2, inplace=True),
            nn.Dropout(0.4),
            nn.Linear(256, 1),
            nn.Sigmoid()
        )

    def forward(self, x, labels):
        x = x.view(x.size(0), 784)
        c = self.label_emb(labels)
        x = torch.cat([x, c], 1)
        out = self.model(x)
        return out.squeeze()
```

8.5.4　CGAN 损失函数

定义判别器对真、假图像的损失函数。

```
#定义判别器对真图像的损失函数
real_validity = D(images, labels)
d_loss_real = criterion(real_validity, real_labels)
# 定义判别器对假图像（即由潜在空间点生成的图像）的损失函数
z = torch.randn(batch_size, 100).to(device)
fake_labels = torch.randint(0,10,(batch_size,)).to(device)
fake_images = G(z, fake_labels)
fake_validity = D(fake_images, fake_labels)
d_loss_fake = criterion(fake_validity, torch.zeros(batch_size).to(device))
#CGAN总的损失值
d_loss = d_loss_real + d_loss_fake
```

8.5.5　CGAN 可视化

利用网格（10×10）的形式显示指定条件下生成的图像，如图 8-10 所示。

图 8-10　CGAN 生成的图像

```
from torchvision.utils import make_grid
z = torch.randn(100, 100).to(device)
labels = torch.LongTensor([i for i in range(10) for _ in range(10)]).to(device)

images = G(z, labels).unsqueeze(1)
grid = make_grid(images, nrow=10, normalize=True)
fig, ax = plt.subplots(figsize=(10,10))
ax.imshow(grid.permute(1, 2, 0).detach().cpu().numpy(), cmap='binary')
ax.axis('off')
```

8.5.6　查看指定标签的数据

可视化指定单个数字条件下生成的数字。

```
def generate_digit(generator, digit):
    z = torch.randn(1, 100).to(device)
    label = torch.LongTensor([digit]).to(device)
    img = generator(z, label).detach().cpu()
    img = 0.5 * img + 0.5
    return transforms.ToPILImage()(img)
generate_digit(G, 8)
```

运行结果如下：

8.5.7　可视化损失值

记录判别器、生成器的损失值代码：

```
writer.add_scalars('scalars', {'g_loss': g_loss, 'd_loss': d_loss}, step)
```

运行结果如图 8-11 所示。

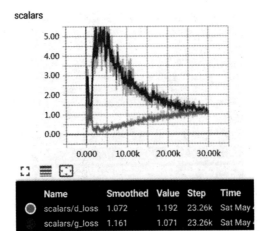

图 8-11　CGAN 损失值

由图 8-11 可知，CGAN 的训练过程不像一般神经网络的过程，它是判别器和生成器互相竞争的过程，最后两者达成一个平衡。

8.6 DCGAN

DCGAN 在 GAN 的基础上优化了网络结构，加入了卷积层（Conv）、转置卷积（ConvTranspose）、批量正则（Batch_norm）等层，使得网络更容易训练，图 8-12 为使用卷积层的 DCGAN 的生成器网络结构示意图。

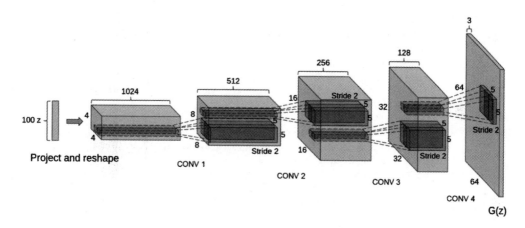

图 8-12　使用卷积层的 DCGAN 的结构图

pytorch-08-01.ipynb 代码中含有使用卷积层的实例，有兴趣的读者可参考一下。下面是使用卷积层的判别器及使用转置卷积的生成器的一个具体代码。

1）使用卷积层、批规范层的判别器：

```
class Discriminator(nn.Module):
    def __init__(self):
        super(Discriminator, self).__init__()
        self.main = nn.Sequential(
            # 输入大致为 (nc) x 64 x 64，nc表示通道数
            nn.Conv2d(nc, ndf, 4, 2, 1, bias=False),
            nn.LeakyReLU(0.2, inplace=True),
            # ndf表示判别器特征图的大小
            nn.Conv2d(ndf, ndf * 2, 4, 2, 1, bias=False),
            nn.BatchNorm2d(ndf * 2),
            nn.LeakyReLU(0.2, inplace=True),
            nn.Conv2d(ndf * 2, ndf * 4, 4, 2, 1, bias=False),
            nn.BatchNorm2d(ndf * 4),
            nn.LeakyReLU(0.2, inplace=True),
            nn.Conv2d(ndf * 4, ndf * 8, 4, 2, 1, bias=False),
            nn.BatchNorm2d(ndf * 8),
```

```
                    nn.LeakyReLU(0.2, inplace=True),
    nn.Conv2d(ndf * 8, 1, 4, 1, 0, bias=False),
                    nn.Sigmoid()
        )

    def forward(self, input):
        return self.main(input)
```

2）使用转置卷积、批规范层的生成器：

```
class Generator(nn.Module):
    def __init__(self):
        super(Generator, self).__init__()
        self.main = nn.Sequential(
            # 输入Z，nz表示Z的大小。
            nn.ConvTranspose2d( nz, ngf * 8, 4, 1, 0, bias=False),
            nn.BatchNorm2d(ngf * 8),
            nn.ReLU(True),
            # ngf为生成器特征图大小
            nn.ConvTranspose2d(ngf * 8, ngf * 4, 4, 2, 1, bias=False),
            nn.BatchNorm2d(ngf * 4),
            nn.ReLU(True),
            # state size. (ngf*4) x 8 x 8
            nn.ConvTranspose2d( ngf * 4, ngf * 2, 4, 2, 1, bias=False),
            nn.BatchNorm2d(ngf * 2),
            nn.ReLU(True),
            # state size. (ngf*2) x 16 x 16
            nn.ConvTranspose2d( ngf * 2, ngf, 4, 2, 1, bias=False),
            nn.BatchNorm2d(ngf),
            nn.ReLU(True),
            #nc为通道数
    nn.ConvTranspose2d( ngf, nc, 4, 2, 1, bias=False),
            nn.Tanh()
            )

    def forward(self, input):
        return self.main(input)
```

8.7　提升 GAN 训练效果的一些技巧

训练 GAN 是生成器和判别器互相竞争的动态过程，比一般的神经网络挑战更大。为了克服训练 GAN 模型的一些问题，人们从实践中总结一些常用方法，这些方法在一些情况下，效果不错。当然，这些方法不一定适合所有情况，方法如下。

1）批量加载和批规范化，有利于提升训练过程中博弈的稳定性。

2）使用 tanh 激活函数作为生成器最后一层，将图像数据规范在 –1 和 1 之间，一般不用 sigmoid。

3）选用 Leaky ReLU 作为生成器和判别器的激活函数，有利于改善梯度的稀疏性，稀疏的梯度会妨碍 GAN 的训练。

4）使用卷积层时，考虑卷积核的大小能被步幅整除，否则，可能导致生成的图像中存在棋盘状伪影。

8.8　小结

变分自编码和对抗生成器是生成式网络的两种主要网络，本章介绍了这两种网络的主要架构及原理，并用具体实例实现这两种网络，此外还简单介绍了 GAN 的多种变种，如 CGAN、DCGAN 等对抗性网络，后续章节还将介绍 GAN 的其他一些实例。

第三部分 *Part 3*

深度学习实践

Chapter 9 | 第 9 章

人脸检测与识别

人脸检测和人脸识别现在应用非常广泛，如手机通过人脸识别进行支付、公共场所分析人流量、边境口岸通过人脸识别甄别犯罪嫌疑人、金融系统通过人脸识别进行身份认证等等。

随着技术应用越来越广泛，其遇到的挑战也越来越多、越来越大。从单一限定场景发展到广场、车站、地铁口等场景，人脸检测面临的要求越来越高，比如：人脸尺度多变、数量冗大、姿势多样包括俯拍人脸、戴帽子口罩等的遮挡、表情夸张、化妆伪装、光照条件恶劣、分辨率低甚至连肉眼都较难区分等。

如何解决这些问题？新问题只能用新方法来解决。新方法很多，其中 MTCNN 算法是人脸检测的经典方法，本章将重点介绍。此外，本章还将介绍其他内容，具体包括：

- ❑ 人脸识别一般流程。
- ❑ 人脸检测。
- ❑ 特征提取。
- ❑ 人脸识别。
- ❑ PyTorch 实现人脸检测与识别。

9.1　人脸识别一般流程

广义的人脸识别实际包括构建人脸识别系统的一系列相关技术，包括人脸图像采集、人脸检测、人脸识别预处理、特征提取、人脸识别等；而狭义的人脸识别特指通过人脸进行身份确认或者身份查找的技术或系统。

人脸识别是一项热门的计算机技术研究领域，它属于生物特征识别技术，是对生物体

（一般特指人）本身的生物特征来区分生物体个体。生物特征识别技术所研究的生物特征包括脸、指纹、手掌纹、虹膜、视网膜、声音（语音）、体形、个人习惯（例如敲击键盘的力度、频率、签字）等，相应的识别技术就有人脸识别、指纹识别、掌纹识别、虹膜识别、视网膜识别、语音识别（用语音识别可以进行身份识别，也可以进行语音内容的识别，只有前者属于生物特征识别技术）、体形识别、键盘敲击识别、签字识别等。

人脸识别的优势在于其自然性和不被被测个体察觉的特点，容易被大家所接受。人脸识别的一般处理流程，如图 9-1 所示。

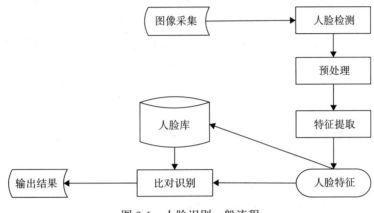

图 9-1　人脸识别一般流程

其中图像采集包括摄像镜头采集、将已有的图像上传等方式，采集的图像包括静态图像、动态图像、不同位置、不同表情等的图像，当采集对象在设备的拍摄范围内时，采集设备会自动搜索并拍摄人脸图像。影响图像采集的因素很多，主要有图像大小、图像分辨率、光照环境、模糊程度、遮挡程度、采集角度等，这些因素影响图像采集的质量。

人脸检测、特征提取、人脸识别等环节涉及内容比较多，下面我们分别加以说明。

9.2　人脸检测

人脸检测是目标检测中的一种。在介绍人脸检测之前，我们先简单介绍一下目标检测，然后详细介绍人脸检测中人脸定位、对齐及主要算法等内容。

9.2.1　目标检测

目标检测早期框架有 Viola Jones 框架、HOG (Histogram of Oriented Gradients) 架构。加入深度学习后的框架包括 OverFeat、R-CNN、Fast R-CNN、Faster R-CNN 等。

目标检测（Object Detection）是找出图像中所有感兴趣的目标（物体），确定它们的类别和位置，是计算机视觉领域的核心问题之一。由于各类物体有不同的外观、形状、姿态，加上成像时光照，遮挡等因素的干扰，使目标检测是计算机视觉领域最具有挑战性的问题之一。

目标检测要解决的主要问题包括：

1）确定目标的位置、形状和范围。

2）区分各种目标。

为了解决这些问题，人们研究出多种目标检测算法，限于篇幅，这里仅介绍一些主要算法或框架发展的大致轨迹：

❑ 早期框架：Viola Jones 框架、HOG（Histogram of Oriented Gradients）架构。

❑ 加入深度学习后的框架：深度学习的方法是计算机视觉中真正的"变革者"，在图像分类任务上已全面超越其他经典模型，深度学习模型在目标检测领域也是最好的方法。

以下我们介绍几种引入深度学习之后的一些目标检测算法。

1. OverFeat

OverFeat 是第一个使用深度学习进行目标检测并取得很大进展的方法，是纽约大学在2013 年提出的。他们提出了一个使用卷积神经网络（CNN）的多尺度滑动窗口算法。

2. R-CNN

R-CNN（Regions with CNN Features）⊖是在 Overfeat 提出不久，由加州大学伯克利分校的 Ross Girshick 等人发表了基于卷积神经网络特征的区域方法，它在目标检测比赛上相比以往方法取得了 50% 的性能提升。其算法架构如图 9-2 所示。

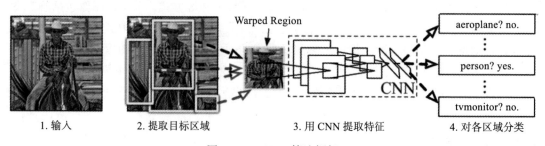

图 9-2　R-CNN 算法框架

R-CNN 使用 CNN（ConvNet）对区域抽取特征向量，实现了从经验驱动特征（SIFT、HOG）到数据驱动特征（CNN Feature Map）的转换，从而极大地提高了特征对样本的处理和表示能力。

3. Fast R-CNN

提出 R-CNN 一年后，微软亚洲研究院发表了 Fast R-CNN，这个方法迅速地演化成了一个纯深度学习的方法。与 R-CNN 相似，它也使用选择性搜索来生成候选区域，但与

⊖　Ross Girshick，Jeff Donahue，arXiv:1311.2524v5 [cs.CV] 22 Oct 2014

R-CNN 不同的是，Fast R-CNN 在整张图上使用 CNN 来提取特征，然后在特征图上使用区域兴趣池化（Region of Interest，ROI），最后用前馈神经网络来进行分类和回归。这个方法不仅快，而且由于 ROI 池化层和全连接层的存在，该模型可以进行端对端的求导，并且训练也更容易。不过，该方法还有一些不足，其中最大的不足是该模型仍旧依赖选择性搜索。那么如何有效地解决这一问题？

4. Faster R-CNN

Fast R-CNN 依然采用选择性搜索方法，这些算法在 CPU 上运行且速度很慢。为解决这一问题，任少卿团队发表了 Faster R-CNN，这是 R-CNN 系列的第 3 代。Faster R-CNN 增加了一个所谓的"区域候选网络（Regio Proosal Network，RPN）"，RPN 在生成 ROI 时效率更高，将摆脱搜索选择算法，从而让模型实现完全端到端的训练。

9.2.2　人脸定位

人脸检测需要解决的问题就是给定任意图像，找到其中是否存在一个或多个人脸，并返回图像中每个人脸的位置、范围及特征等。人脸检测包括定位、对齐、确定关键点等过程。

定位就是在图像中找到人脸的位置。在这个过程中输入的是一张含有人脸的图像，输出的是所有人脸的矩形框。一般来说，人脸检测应该能够检测出图像中的所有人脸，不能有漏检，更不能有错检。图 9-3 为人脸定位示例。

图 9-3　人脸定位示意图

9.2.3　人脸对齐

同一个人在不同的图像序列中可能呈现出不同的姿态和表情，这种情况是不利于人脸识别的。所以有必要将人脸图像都变换到一个统一的角度和姿态，这就是人脸对齐。它的原理是找到人脸的若干个关键点（基准点、如眼角、鼻尖、嘴角等），然后利用这些对应的关键点通过相似变换（Similarity Transform，旋转、缩放和平移）将人脸尽可能变换到标准人脸。图 9-4 是一个典型的人脸图像对齐过程：

图 9-4　人脸对齐示意图

人脸定位和人脸对齐等任务，可以使用 MTCCN 算法完成。MTCNN（Multi-task Cascaded Convolutional Networks）算法是用来同时实现 Face Detection 和 Alignment，也就是人脸检测和对齐。MTCNN 基于深度学习（CNN）的人脸检测和人脸对齐方法，相比于传统的算法，它的性能更好，检测速度更快。下面将重点介绍这种算法。

9.2.4　MTCNN 算法

MTCNN 算法出自深圳先进技术研究院，乔宇老师组[Θ]，MTCNN 由 3 个神经网络组成，分别是 PNet、RNet 和 ONet。实现 MTCNN 大致分为以下 4 个步骤：

MTCNN 算法框架如图 9-5 所示。

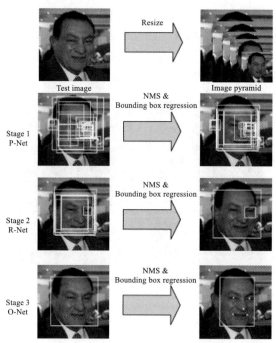

图 9-5　MTCNN 算法框架

MTCNN 的基本流程：

1）对给定的一张图像，进行放缩生成不同大小的图像，构建图像金字塔，以便适应不

Θ　Zhang K, Zhang Z, Li Z, et al. Joint Face Detection and Alignment Using Multitask Cascaded Convolutional Networks[J]. IEEE Signal Processing Letters, 2016, 23(10):1499-1503.

第 9 章 人脸检测与识别 ❖ 193

同尺寸的头像。

2）利用 P-Net 网络生成候选窗口和边框回归向量，通过利用边框回归（Bounding Box Regression）的方法来校正这些候选窗口，同时使用非极大值抑制（NMS，主要功能就是抑制这些分类概率不是局部极大的候选窗口）合并重叠的窗口。

3）使用 R-Net 网络改善候选窗口。将通过 P-Net 的候选窗口输入到 R-Net 中，拒绝掉大部分假窗口，继续使用边框回归校正窗口和非极大值抑制合并窗口。

4）使用 O-Net 网络输出最终的人脸框和 5 个特征点的位置。

从 P-Net 到 R-Net，再到最后的 O-Net，网络输入的图像越来越大，卷积层的通道数也越来越多，网络的深度也越来越深，因此识别人脸的准确率也越来越高。同时 P-Net 网络的运行速度较快，R-Net 次之、O-Net 运行速度最慢。之所以使用这 3 个网络，是因为一开始如果直接对图像使用 O-Net 网络，速度会非常慢。实际上 P-Net 先做了一层过滤，将过滤后的结果再交给 R-Net 进行过滤，最后将过滤后的结果交给效果最好但是速度最慢的 O-Net 进行识别。这样在每一步都提前减少了需要判别的数量，有效地降低了计算时间，从而大大提高运行效率。

人脸检测以后，接下来就特征提取。

9.3 特征提取

通过人脸检测和对齐后，就获得了包括人脸的区域图像，然后通过深度卷积网络，把输入的人脸图像转换为一个向量，这个过程就是特征提取。

特征提取是一项重要内容，传统机器学习这部分往往要占据大部分时间和精力，有时虽然花去了时间，但效果却不一定理想。深度学习却可以自动获取特征，图 9-6 为传统机器学习与深度学习的一些异同，尤其是在提取特征方面。

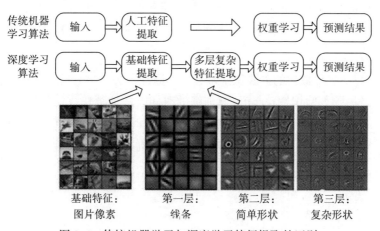

图 9-6 传统机器学习与深度学习特征提取的区别

接下来就可进行人脸识别。人脸识别的一个关键问题就是如何衡量人脸的相似或不同。对分类问题，我们通过在最后一层添加 softmax 函数，把输出转换为一个概率分布，然后使用信息熵进行类别的区分。

而对于普通的分类任务，网络最后一层全连接层输出的特征只要可分就行，并不要求类内紧凑和类间分离，这一点非常不适合人脸识别任务。

如果人脸之间的相似程度用最后 softmax 输出的向量之间的欧氏距离，效果往往不很理想。例如，使用 CNN 对 MNIST 进行分类，设计一个卷积神经网络，让最后一层输出一个 2 维向量（为便于可视化），此时每一类对应的 2 维向量如图 9-7 所示。

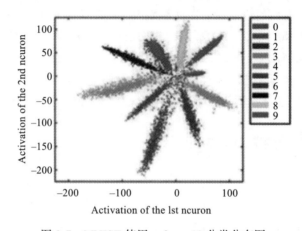

图 9-7　MNIST 使用 softmax10 分类分布图

从图 9-7 可以看出，同一类的点之间距离可能较大，不同类之间的距离（如在靠近中心位置）可能很小。如果通过欧氏度量方法来衡量两个向量（或两个人脸）的相似程度效果就不理想。因此，应如何设计一个有效的 Loss Function，使得学习到的深度特征具有比较强的可区分性？直觉上，我们应该最小化类内的变化程度，同时保持类间的可区分性。为此，人们研究出很多方法，并持续改进。以下我们介绍几种损失函数及其优缺点。

1. softmax 损失

softmax 损失函数是最初的人脸识别函数，其原理是去掉最后的分类层，作为解特征网络导出特征向量用于人脸识别。softmax 训练的时候收敛地很快，但是精确度一般达到 0.9 左右就不会再上升了。一方面是作为分类网络，softmax 不能像度量学习（Metric Learning）一样显式的优化类间和类内距离，所以性能不会特别好。softmax 损失函数的定义如下：

$$L_s = -\frac{1}{N}\sum_{i=1}^{N}\log\frac{e^{w_{y_i}^{\mathrm{T}}x_i+b_{y_i}}}{\sum_{j=1}^{n}e^{w_j^{\mathrm{T}}x_i+b_j}} \tag{9-1}$$

其中 N 批量大小（Batch-Size），n 是类别数目。

2. 三元组损失（Triplet Loss）

Triplet loss 属于度量学习（Metric Learning），通过计算两张图像之间的相似度，使得输入图像被归入到相似度大的图像类别中去，使同类样本之间的距离尽可能缩小，不同类样本之间的距离尽可能放大。其损失函数定义为：

$$L_t = \sum_{i=1}^{N} [\|f(x_i^a) - f(x_i^p)\|_2^2 - \|f(x_i^a) - f(x_i^n)\|_2^2 + \alpha]_+ \qquad （9-2）$$

其中 N 是批量大小（Batch-Size），x_i^a、x_i^p、x_i^n 为每次从训练数据中取出的 3 张人脸图像，前两个表示同一个人，x_i^n 为一个不同人的图像。‖ 表示欧氏距离，＋ 号表示 [] 内的值大于 0 时，取 [] 内的值，否则取 0。

三元损失直接使用度量学习，因此可以解决人脸的特征表示问题。但在训练过程中，元组的选择要求的技巧比较高，而且要求数据集比较大。这是它的一些不足。

3. 中心损失（Center Loss）

从图 9-7 可以看出，类内距离有的时候甚至是比内间距离要大的，这也是使用 softmax 损失函数效果不好的原因之一，它具备分类能力但是不具备度量学习（Metric Learning）的特性，没法压缩同一类别。为解决这一问题，Center Loss 被提出来，用于压缩同一类别。Center Loss 的核心是，为每一个类别提供一个类别中心，最小化每个样本与该中心的距离，其损失函数定义为：

$$L_c = \sum_{i=1}^{N} \|x_i - c_{y_i}\|_2^2 \qquad （9-3）$$

其中 x_i 为一个样本，y_i 是该样本对应的类别，c_{y_i} 为该类别的中心。L_c 比较好的解决同类间的内聚性，利用中心损失时，一般还会加上 softmax 损失以保证类间的可分性。所以最终损失函数由两部分构成：

$$L = L_s + \lambda L_c \qquad （9-4）$$

其中 λ 用于平衡两个损失函数，通过 Centor Loss 方法处理后，为每个类别学习一个中心，并将每个类别的所有特征向量拉向对应类别中心，从如图 9-8 可以看出，当中心损失的权重 λ 越大，生成的特征就会越具有内聚性。

L_t、L_c 都基于欧式距离的度量学习，在实际应用中也取得了不错的效果，但 Center Loss 为每个类别需要保留一个类别中心，当类别数量很多（>10000）时，这个内存消耗非常可观，对 GPU 的内存要求较高。那如何解决问题？ ArcFace 损失函数就是一个有效方法。

4. ArcFace

在 softmax 损失函数中，把 $W_{y_i}^T x_i$ 可以等价表示为：$|w_{y_i}| \cdot |x_i|\cos(\theta)$，其中 ‖ 表示模，$\theta$ 为权重 w_{y_i} 与特征 x_i 的夹角。对权重及特征进行归一化，原来的表达式可简化为：$\cos(\theta)$。

这样我们就可仅使用 cos(θ) 一项的变动对识别任务的影响。由此，可得到 ArcFace 的损失函数：

$$L_{arc} = -\frac{1}{N}\sum_{i=1}^{N}\log\frac{e^{s\cdot(\cos(\theta_{yi}+m))}}{e^{s\cdot(\cos(\theta_{yi}+m))} + \sum_{j=1,j\neq y_i}^{n}e^{s\cdot\cos\theta_j}} \qquad (9\text{-}5)$$

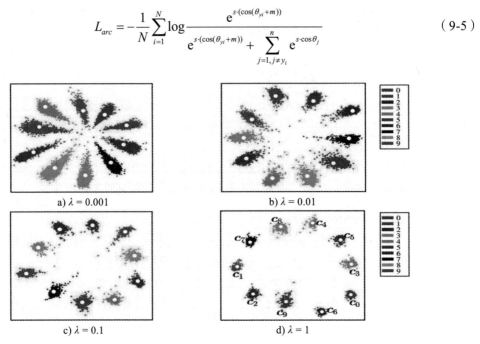

a) λ = 0.001   b) λ = 0.01

c) λ = 0.1   d) λ = 1

图 9-8　同时使用中心损失和 softmax 损失得到各类别的 2 维向量分布

ArcFace 损失函数不仅对权重进行了正则化，还对特征进行了正则化。另乘上一个 scale 参数（简写为 s），使分类映射到一个更大的超球面上，使分类更方便。图 9-9 为 ArcFace 损失的计算流程图。

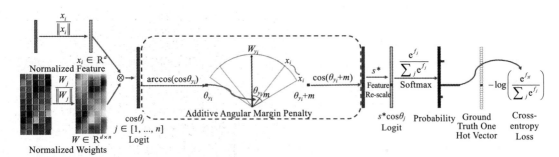

图 9-9　ArcFace 损失函数生成示意图

总的来说，ArcFace 优于其他几种 Loss，著名的 Megaface 赛事，在很长一段时间都停留在 91% 左右，在洞见实验室使用 ArcFace 提交后，准确率迅速提到了 98%，在实际应用中，现在多使用 ArcFace 损失函数。伪代码实现步骤如下：

1）对 *x* 进行归一化。

2）对 *W* 进行归一化。

3）计算 W_x 得到预测向量 *y*。

4）从 *y* 中挑出与 Ground Truth 对应的值。

5）计算其反余弦得到角度。

6）角度加上 *m*。

7）得到挑出从 *y* 中挑出与 Ground Truth 对应的值所在位置的独热码。

8）将 $\cos(\theta+m)$ 通过独热码放回原来的位置。

9）对所有值乘上固定值。

PyTorch 代码实现：

```python
# ArcFace
class ArcMarginProduct(nn.Module):
    r"""Implement of large margin arc distance: :
        Args:
            in_features: size of each input sample
            out_features: size of each output sample
            s: norm of input feature
            m: margin

            cos(theta + m)
        """

    def __init__(self, in_features, out_features, s=30.0, m=0.50, easy_
margin=False):
        super(ArcMarginProduct, self).__init__()
        self.in_features = in_features
        self.out_features = out_features
        self.s = s
        self.m = m
        # 初始化权重
        self.weight = Parameter(torch.FloatTensor(out_features, in_features))
        nn.init.xavier_uniform_(self.weight)

        self.easy_margin = easy_margin
        self.cos_m = math.cos(m)
        self.sin_m = math.sin(m)
        self.th = math.cos(math.pi - m)
        self.mm = math.sin(math.pi - m) * m

    def forward(self, input, label):
        # cos(theta) & phi(theta)
        # torch.nn.functional.linear(input, weight, bias=None)
        # y=x*W^T+b
        cosine = F.linear(F.normalize(input), F.normalize(self.weight))
        sine = torch.sqrt(1.0 - torch.pow(cosine, 2))
        # cos(a+b)=cos(a)*cos(b)-size(a)*sin(b)
        phi = cosine * self.cos_m - sine * self.sin_m
```

```
if self.easy_margin:
    # torch.where(condition, x, y) → Tensor
    # condition (ByteTensor) - When True (nonzero), yield x, otherwise yield y
    # x (Tensor) - values selected at indices where condition is True
    # y (Tensor) - values selected at indices where condition is False
    # return:
    # A tensor of shape equal to the broadcasted shape of condition, x, y
    # cosine>0 means two class is similar, thus use the phi which make it
    phi = torch.where(cosine > 0, phi, cosine)
else:
    phi = torch.where(cosine > self.th, phi, cosine - self.mm)
# convert label to one-hot
# one_hot = torch.zeros(cosine.size(), requires_grad=True, device='cuda')
# 将cos(\theta + m)更新到tensor相应的位置中
one_hot = torch.zeros(cosine.size(), device='cuda')
# scatter_(dim, index, src)
one_hot.scatter_(1, label.view(-1, 1).long(), 1)
# torch.where(out_i = {x_i if condition_i else y_i)
output = (one_hot * phi) + ((1.0 - one_hot) * cosine)
output *= self.s

return output
```

9.4 人脸识别

9.4.1 人脸识别主要原理

输入是标准化的人脸图像，通过对特征建模得到向量化的人脸特征，最后通过分类器判别得到识别的结果。这里的关键是怎样得到对不同人脸有区分度的特征，通常我们在识别一个人时会看它的眉形、脸轮廓、鼻子形状、眼睛的类型等，人脸识别算法引擎要通过练习（训练）得到类似这样的有区分度的特征。

9.4.2 人脸识别发展

人脸识别与特征提取和损失函数关系密切，故其发展主要涉及以下几个方面。

1）特征提取改进。

一开始是人工提取，然后发展成通过神经网络、卷积网络采用自动提取，代表网络是Facenet。

2）损失函数的改进。

使用的是经典的交叉熵损失函数（Softmax）进行问题优化，最后通过特征嵌入（Feature Embedding）得到固定长度的人脸特征向量。信息熵主要用于类别分类，但要同类之间向量之间尽可能接近，不同类别之间向量尽可能远等方面的要求却不够理想。为此人们想到很多改进方法，Google 推出 FaceNet，使用三元组损失函数（Triplet Loss）代替常用的 Softmax 交叉熵损失函数，在一个超球空间上进行优化使类内距离更紧凑，类间距离更远。Triplet Loss 虽然优化目标很明确很合理，但是需要研发人员具有丰富的数据工程经验。

为解决这一问题，ECCV2016 一篇文章提出了权衡的解决方案。通过添加 Center-Loss 对特征层进行优化并结合 Softmax 就能够训练出拥有内聚性良好的特征。该特点在人脸识别上尤为重要，从而使得在很少的数据情况下训练出来的模型也能够有不俗的性能。Center-Loss 在 Softmax 的基础上加入了一个维持类别中心的损失函数，并能使特征向所属类别中心聚拢，从而使达到了和 Triple Loss 类似的效果，如图 9-10 所示。

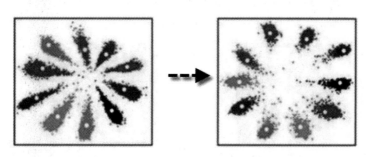

图 9-10　使用 Center-Loss 损失的效果

后续对网络层进行优化，如 L-Softmax 把最后一层的偏移量取消。SphereFace 提出了 A-Softmax，针对 L-Softmax 做出了微小的改进，归一化了权重，可以看成在一个超球面的流形上对样本进行分类判别。后来 AM-Softmax 和 ArcFace 针对 SphereFace 做了改进。而 ArcFace 可以看做是针对 AM-Softmax 的改进版本，直接针对角度去加 Margin，这样做的好处是角度距离比余弦距离在对角度的影响更加直接。ArcFace 同时对特征和权重归一化等优化。

9.5　PyTorch 实现人脸检测与识别

前面已经介绍了人脸检测、人脸识别的一些原理和方法，本节我们将用 PyTorch 实现一个具体需求。数据集由两部分组成，一部分是别人的图像，一部分是自己的图像。

9.5.1　验证检测代码

首先，来查看原来的图像及浏览检测的大致效果。

1. 查看他人的图像及检测效果

```
from PIL import Image
from face_dect_recong.align.detector import detect_faces
from face_dect_recong.align.visualization_utils import show_results
%matplotlib inline
```

```
img = Image.open('./data/other_my_face/others/Woody_Allen/Woody_Allen_0001.jpg')
bounding_boxes, landmarks = detect_faces(img)
show_results(img, bounding_boxes, landmarks)
```

图像如图 9-11 所示。

2. 查看自己的图像

```
img = Image.open('./data/other_my_face/my/my/myf112.jpg')
bounding_boxes, landmarks = detect_faces(img)
show_results(img, bounding_boxes, landmarks)
```

图像如图 9-12 所示。

图 9-11　检测他人头像

图 9-12　检测自己的头像

9.5.2　检测图像

1. 对他人的图像进行检测

```
%run face_dect_recong/align/face_align.py -source_root './data/other_my_face/
others/' -dest_root './data/other_my_face_align/others' -crop_size 128
```

运行部分结果：

```
100%|████████████████| 5745/5749 [35:37<00:01,  2.69it/s]
Processing ./data/lfw/Joe_Gatti/Joe_Gatti_0001.jpg
Processing ./data/lfw/Joe_Gatti/Joe_Gatti_0002.jpg
100%|████████████████| 5747/5749 [35:37<00:00,  2.69it/s]
Processing ./data/lfw/Alex_Wallau/Alex_Wallau_0001.jpg
Processing ./data/lfw/Naomi_Bronstein/Naomi_Bronstein_0001.jpg
```

2. 检测我自己的图像

```
#对我的图像进行检测
%run face_dect_recong/align/face_align.py -source_root './data/other_my_face/
my/' -dest_root './data/other_my_face_align/my' -crop_size 128
```

9.5.3　检测后进行预处理

删除检测后头像小于 4 张的一些人。

```
#删除小于4张的一些人
```

```
%run face_dect_recong/balance/remove_lowshot.py -root './data/other_my_face_
align/others' -min_num 4
```

运行部分结果：

```
Class Wally_Szczerbiak has less than 4 samples, removed!
Class Win_Aung has less than 4 samples, removed!
Class William_Genego has less than 4 samples, removed!
Class Wu_Yi has less than 4 samples, removed!
Class Will_Young has less than 4 samples, removed!
```

9.5.4　查看经检测后的图像

通过检测后的图像，存放在 ./data/other_my_face_align 目录下，查看检测后图像。

1. 查看他人的图像检测效果

```
import matplotlib.pyplot as plt
from matplotlib.image import imread
%matplotlib inline

img=imread('./data/other_my_face_align/others/Woody_Allen/Woody_Allen_0002.jpg')
plt.imshow(img)
plt.show
```

检测结果如图 9-13 所示。

2. 查看自己的图像检测效果

```
import matplotlib.pyplot as plt
from matplotlib.image import imread
%matplotlib inline

img=imread('./data/other_my_face_align/others/my/myf112.jpg')
plt.imshow(img)
plt.show
```

检测结果如图 9-14 所示。

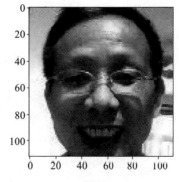

图 9-13　检测图 9-11 的结果　　　　图 9-14　检测图 9-12 的结果

9.5.5 人脸识别

人脸检测以后，就可进行人脸识别了。这里我们采用预训练模型，网络结构为 resnet18。然后，用上面检测后的图像作为测试数据。下面是程序主要部分，详细代码请看 pytorch-09. ipynb 代码。

1. 定义下载预训练模型 url 及 device

```
model_urls = {
    'resnet18': 'https://download.PyTorch.org/models/resnet18-5c106cde.pth',
    'resnet34': 'https://download.PyTorch.org/models/resnet34-333f7ec4.pth'
    }

device = torch.device("cuda:0" if torch.cuda.is_available() else "cpu")
```

2. 调用其他模块的主程序

```
opt = Config()
model = resnet_face18(opt.use_se)
#采用多GPU的数据并行处理机制
model = DataParallel(model)
#装载预训练模型
model.load_state_dict(torch.load(opt.test_model_path))
model.to(device)

identity_list = get_lfw_list(opt.lfw_test_list)
img_paths = [os.path.join(opt.lfw_root, each) for each in identity_list]

model.eval()
lfw_test(model, img_paths, identity_list, opt.lfw_test_list, opt.test_batch_
size)
```

运行结果：

```
准确率： 100%，阈值： 0.11820279
准确率达到100%，说明识别效果很不错。
```

9.6 小结

人脸检测和识别是视觉处理的重要内容之一，本章首先介绍了人脸识别的流程，主要包括人脸检测、特征提取、人脸识别等。人脸检测算法中重点介绍了 MTCNN 算法，人脸识别方面介绍了几种改进算法，改进算法中涉及损失函数的重新定义，最后通过一个完整实例把这些内容贯穿起来。

第 10 章 *Chapter 10*

迁移学习实例

深度学习一般需要大数据、深网络，但有时我们很难同时获取这些条件。尽管如此，但还是想获得一个高性能的模型，该如何实现呢？这时迁移学习（Transfer Learning）将使你效率倍增！

迁移学习在计算机视觉任务和自然语言处理任务中经常使用，这些模型往往需要大数据、复杂的网络结构。如果使用迁移学习，可将预训练的模型作为新模型的起点，这些预训练的模型在开发神经网络的时候已经在大数据集上训练好、模型设计也比较好，这样的模型通用性也比较好。如果要解决的问题与这些模型相关性较强，那么使用这些预训练模型，将大大地提升模型的性能和泛化能力。本章介绍使用迁移学习来加速训练过程，提升深度模型的性能。具体内容包括：

❑ 迁移学习简介。

❑ 特征提取。

❑ 数据增强。

❑ 微调实例。

❑ 清除图像中的雾霾。

10.1 迁移学习简介

考虑到训练词向量模型一般需要大量的数据，而且耗时比较长。为节省时间、提高效率，本实例采用迁移学习方法，即直接利用训练好的词向量模型作为输入数据，这样即可提高模型精度，又可节省大量地训练时间。

何为迁移学习？迁移学习是一种机器学习方法，简单来说，就是把任务 A 开发的模型作为初始点，重新使用在任务 B 中，如图 10-1 所示。比如，A 任务可以是识别图像中车辆，而 B 任务可以是识别卡车、识别轿车、识别公交车等。

合理地使用迁移学习，可以避免针对每个目标任务单独训练模型，从而极大地节约计算资源。

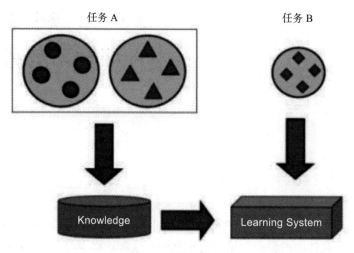

图 10-1　迁移学习示意图

在计算机视觉任务和自然语言处理任务中，将预训练好的模型作为新模型的起点是一种常用方法，通常预训练这些模型，往往要消耗大量的时间和巨大的计算资源。迁移学习就是把预训练好的模型迁移到新的任务上。

在神经网络迁移学习中，主要有两个应用场景：特征提取和微调。

❑ 特征提取（Feature Extraction）：冻结除最终完全连接层之外的所有网络的权重。最后一个全连接层被替换为具有随机权重的新层，并且仅训练该层。

❑ 微调（Fine Tuning）：使用预训练网络初始化网络，而不是随机初始化，用新数据训练部分或整个网络。

以下我们将分别介绍这两种迁移方法，并用代码实现，同时比较它们之间的异同。

10.2　特征提取

在特征提取中，可以在预先训练好的网络结构后，修改或添加一个简单的分类器，将源任务上的预先训练好的网络作为另一个目标任务的特征提取器，只对最后增加的分类器参数进行重新学习，而预先训练好的网络参数不会被修改或冻结。特征提取过程如图 10-2 所示。

PyTorch 如何实现冻结？本节后续将介绍。这样新任务的特征提取时使用的是源任务中学习到的参数，而不用重新学习所有参数。

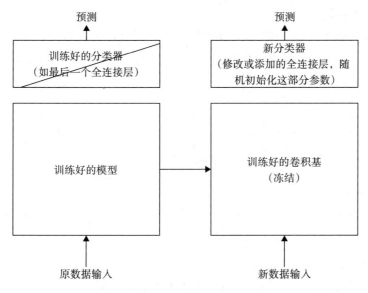

图 10-2　特征提取方法示意图

10.2.1　PyTorch 提供的预处理模块

迁移学习，需要使用对应的预训练模型。PyTorch 提供了很多现成的预训练模块，我们直接拿来使用就可。在 torchvision.models 模块中有很多模型，这些模型可以只有随机值参数的架构或已在大数据集训练过的模型。预训练模型可以通过传递参数 pretrained=True 构造，它将从 torch.utils.model_zoo 中提取相关的预训练模型。

1. models 模块中包括以下模型

```
AlexNet
VGG
ResNet
SqueezeNet
DenseNet
Inception v3
GoogLeNet
ShuffleNet v2
```

2. 调用随机权重的模型

```
import torchvision.models as models
resnet18 = models.resnet18()
alexnet = models.alexnet()
vgg16 = models.vgg16()
```

3. 获取预训练模型

在 torch.utils.model_zoo 中提供了预训练模型，通过传递参数 pretrained=True 来构造，具体如下代码。如果 pretrained=False，表示只需要网络结构，不需要用预训练模型的参数来初始化。

```
import torchvision.models as models
resnet18 = models.resnet18(pretrained=True)
alexnet = models.alexnet(pretrained=True)
squeezenet = models.squeezenet1_0(pretrained=True)
vgg16 = models.vgg16(pretrained=True)
```

4. 注意不同模式

有些模型在训练和测试阶段用到了不同的模块，例如批标准化（Batch Normalization）、Dropout 层等。使用 model.train() 或 model.eval() 可以切换到相应的模式。

5. 规范化数据

所有的预训练模型都要求输入图片以相同的方式进行标准化，即：小批（Mini-Batch）3 通道 RGB 格式（$3 \times H \times W$），其中 H 和 W 应小于 224。图片加载时像素值的范围应在 [0, 1] 内，然后通过指定 mean = [0.485, 0.456, 0.406] 和 std = [0.229, 0.224, 0.225] 进行标准化，例如：

```
normalize = transforms.Normalize(mean=[0.485, 0.456, 0.406],
                                  std=[0.229, 0.224, 0.225])
```

6. 如何冻结某些层

如果需要冻结除最后一层之外的所有网络，可设置 requires_grad == False 即可，主要便可冻结参数，在 backward() 中不计算梯度。具体代码如下。

```
model = torchvision.models.resnet18(pretrained=True)
for param in model.parameters():
    param.requires_grad = False
```

想要了解更多细节，可参考 PyTorch 官网：https://PyTorch.org/docs/stable/torchvision/models.html。

10.2.2 特征提取实例

特征提取部分我们用一个实例具体说明，如何实现通过特征提取的方法进行图像分类。第 6 章我们在 CIFAR-10 数据集上构建一个神经网络，对数据集中 10 类物体进行分类，使用了几层卷积层和全连接层，精确率在 68% 左右，这个精度显然是不尽如人意。本节将使用迁移学习中特征提取方法来实现这个任务，预训练模型采用 retnet18 网络，精度提升到 75% 左右。以下是具体代码实现过程。代码清单为 pytorch-10-01.ipynb。

1. 导入模块

这里数据加载与 6 章的基本相同，只增加一些预处理功能。

```
import torch
from torch import nn
import torch.nn.functional as F
import torchvision
import torchvision.transforms as transforms
from torchvision import models
from torchvision.datasets import ImageFolder
from datetime import datetime
```

2. 加载数据

这里数据加载与 6 章的基本相同，为适合预训练模型，增加了一些预处理功能，如数据标准化，对图片进行裁剪等。

```
trans_train = transforms.Compose(
    [transforms.RandomResizedCrop(224),
     transforms.RandomHorizontalFlip(),
     transforms.ToTensor(),
     transforms.Normalize(mean=[0.485, 0.456, 0.406],
                          std=[0.229, 0.224, 0.225])])

trans_valid = transforms.Compose(
    [transforms.Resize(256),
     transforms.CenterCrop(224),
     transforms.ToTensor(),
     transforms.Normalize(mean=[0.485, 0.456, 0.406],
                          std=[0.229, 0.224, 0.225])])

trainset = torchvision.datasets.CIFAR10(root='./data', train=True,
                                        download=False, transform=trans_train)
trainloader = torch.utils.data.DataLoader(trainset, batch_size=64,
                                          shuffle=True, num_workers=2)

testset = torchvision.datasets.CIFAR10(root='./data', train=False,
                                       download=False, transform=trans_valid)
testloader = torch.utils.data.DataLoader(testset, batch_size=64,
                                         shuffle=False, num_workers=2)

classes = ('plane', 'car', 'bird', 'cat',
           'deer', 'dog', 'frog', 'horse', 'ship', 'truck')
```

3. 下载预训练模型

这里将自动下载预训练模型，该模型网络架构为 resnet18，已经在 ImageNet 大数据集上训练好了，该数据集有 1000 类别。

```
# 使用预训练的模型
net = models.resnet18(pretrained=True)
```

4. 冻结模型参数

这些参数被冻结，在反向传播时，将不会更新。

```
for param in net.parameters():
    param.requires_grad = False
```

5. 修改最后一层的输出类别数

原来输出为 512×1000，现在把输出改为 512×10，我们新数据集就有 10 个类别。

```
# 将最后的全连接层改成十分类
device = torch.device("cuda:1" if torch.cuda.is_available() else "cpu")
net.fc = nn.Linear(512, 10)
```

6. 查看冻结前后的参数情况

```
# 查看总参数及训练参数
total_params = sum(p.numel() for p in net.parameters())
print('原总参数个数:{}'.format(total_params))
total_trainable_params = sum(p.numel() for p in net.parameters() if p.requires_
grad)
print('需训练参数个数:{}'.format(total_trainable_params))
```

原总参数个数：11181642

需训练参数个数：5130

如果不冻结的话，需要更新的参数非常大，冻结后，只需要更新全连接层的相关参数。

7. 定义损失函数及优化器

```
criterion = nn.CrossEntropyLoss()
#只需要优化最后一层参数
optimizer = torch.optim.SGD(net.fc.parameters(), lr=1e-3, weight_decay=1e-
3,momentum=0.9)
```

8. 训练及验证模型

```
rain(net, trainloader, testloader, 20, optimizer, criterion)
```

运行结果（后 10 个循环的结果）

```
Epoch 10. Train Loss: 1.115400, Train Acc: 0.610414, Valid Loss: 0.731936, Valid
Acc: 0.748905, Time 00:03:22
Epoch 11. Train Loss: 1.109147, Train Acc: 0.613551, Valid Loss: 0.727403, Valid
Acc: 0.750896, Time 00:03:22
Epoch 12. Train Loss: 1.111586, Train Acc: 0.609235, Valid Loss: 0.720950, Valid
Acc: 0.753583, Time 00:03:21
Epoch 13. Train Loss: 1.109667, Train Acc: 0.611333, Valid Loss: 0.723195, Valid
Acc: 0.751692, Time 00:03:22
Epoch 14. Train Loss: 1.106804, Train Acc: 0.614990, Valid Loss: 0.719385, Valid
Acc: 0.749005, Time 00:03:21
Epoch 15. Train Loss: 1.101916, Train Acc: 0.614970, Valid Loss: 0.716220, Valid
```

```
Acc: 0.754080, Time 00:03:22
Epoch 16. Train Loss: 1.098685, Train Acc: 0.614650, Valid Loss: 0.723971, Valid
Acc: 0.749005, Time 00:03:20
Epoch 17. Train Loss: 1.103964, Train Acc: 0.615010, Valid Loss: 0.708623, Valid
Acc: 0.758161, Time 00:03:21
Epoch 18. Train Loss: 1.107073, Train Acc: 0.609815, Valid Loss: 0.730036, Valid
Acc: 0.746716, Time 00:03:20
Epoch 19. Train Loss: 1.102967, Train Acc: 0.616568, Valid Loss: 0.713578, Valid
Acc: 0.752687, Time 00:03:22
```

从结果可以看出，精确率比第 6 章提升了近 10 个百分点，达到了 75% 左右。这个精度虽然有比较大的提升，但还不够理想，在 10.3 节我们将采用微调 + 数据增强方法，精度将提升到 95%！

这里除了使用微调方法，还可以使用数据增强方法，接下来将介绍数据增强的一些常用方法，然后使用微调迁移方法，进一步提升精确率。

10.3　数据增强

提高模型的泛化能力最重要的 3 大因素是数据、模型和损失函数，其中数据又是 3 个因素中最重要的因素。但数据的获取往往不充分或成本比较高。那是否有其他方法，可以快速又便捷地增加数据量呢？在一些领域存在，如图像识别、语言识别等，可以通过水平或垂直翻转图像、裁剪、色彩变换、扩展和旋转等数据增强技术来增加数据量，被证明是非常有效地。

通过数据增强（Data Augmentation）技术不仅可以扩大训练数据集的规模、降低模型对某些属性的依赖，从而提高模型的泛化能力，同时可以对图像进行不同方式的裁剪，使感兴趣的物体出现在不同的位置，从而减轻模型对物体出现位置的依赖性。并通过调整亮度、色彩等因素来降低模型对色彩的敏感度等。

当然对图像做这些预处理时，不宜使用会改变其类别的转换。如手写的数字，如果使用旋转 90 度，就有可能把 9 变成 6，或把 6 变为 9。此外，把随机噪音添加到输入数据或隐藏单元中也是方法之一。

10.3.1　按比例缩放

随机比例缩放主要使用的是 torchvision.transforms.Resize()。

1. 显示原图

```
import sys
from PIL import Image
from torchvision import transforms as trans
im = Image.open('./image/cat/cat.jpg')
im
```

运行结果如图 10-3 所示。

2. 随机比例缩放

```
# 比例缩放
print('原图像大小: {}'.format(im.size))
new_im = trans.Resize((100, 200))(im)
print('缩放后大小: {}'.format(new_im.size))
new_im
```

运行结果如图 10-4 所示。

原图片大小：(600, 600)
缩放后大小：(200, 100)

图 10-3　小猫原图　　　　　图 10-4　缩放后的图像

10.3.2　裁剪

随机裁剪有两种方式，一种是对图像在随机位置进行截取，可传入裁剪大小，使用的函数为：torhvision.transforms.RandomCrop()，另外一种是在中心，按比例裁剪，函数为：torchvision.transforms.CenterCrop()。

```
# 随机裁剪出200×200的区域
random_im1 = trans.RandomCrop(200)(im)
random_im1
```

运行结果如图 10-5 所示。

图 10-5　剪辑后的图像

10.3.3　翻转

翻转猫还是猫，不会改变其类别。通过翻转图像可以增加其多样性，所以随机翻转也是一种非常有效地手段。在 torchvision 中，随机翻转使用的是 torchvision.transforms.RandomHorizontalFlip()、torchvision.transforms.RandomVerticalFlip() 和 torchvision.transforms.RandomRotation() 等。

```
# 随机竖直翻转
v_flip = trans.RandomVerticalFlip()(im)
v_flip
```

运行结果如图 10-6 所示。

10.3.4　改变颜色

除了形状变化外，颜色变化又是另外一种增强方式，其可以设置亮度变化、对比度变化和颜色变化等，在 torchvision 中主要是用 torchvision.transforms.ColorJitter() 来实现的。

```
# 改变颜色
color_im = trans.ColorJitter(hue=0.5)(im)  # 随机从 -0.5 ~ 0.5 之间对颜色变化
color_im
```

运行结果如图 10-7 所示。

图 10-6　翻转后的图像　　　图 10-7　改变颜色后的图像

10.3.5　组合多种增强方法

还可以使用 torchvision.transforms.Compose() 函数把以上这些变化组合在一起。

```
im_aug = trans.Compose([
    tfs.Resize(200),
    tfs.RandomHorizontalFlip(),
    tfs.RandomCrop(96),
    tfs.ColorJitter(brightness=0.5, contrast=0.5, hue=0.5)
])

import matplotlib.pyplot as plt
%matplotlib inline
nrows = 3
ncols = 3
figsize = (8, 8)
_, figs = plt.subplots(nrows, ncols, figsize=figsize)
plt.axis('off')
for i in range(nrows):
    for j in range(ncols):
        figs[i][j].imshow(im_aug(im))
plt.show()
```

运行结果如图 10-8 所示。

图 10-8　实现图像增强后的部分图像

10.4　微调实例

微调允许修改预先训练好的网络参数来学习目标任务，所以，虽然训练时间要比特征抽取方法长，但精度更高。微调的大致过程是在预先训练过的网络上添加新的随机初始化层，此外预先训练的网络参数也会被更新，但会使用较小的学习率以防止预先训练好的参数发生较大的改变。

常用的方法是固定底层的参数，调整一些顶层或具体层的参数。这样做的好处是可以减少训练参数的数量，同时也有助于克服过拟合现象的发生。尤其是当目标任务的数据量不足够大的时候，该方法实践起来很有效果。实际上，微调要优于特征提取，因为它能够对迁移过来的预训练网络参数进行优化，使其更加适合新的任务。

10.4.1　数据预处理

这里对训练数据添加了几种数据增强方法，如图像裁剪、旋转、颜色改变等方法。测试数据与特征提取一样，没有变化。

```
trans_train = transforms.Compose(
    [transforms.RandomResizedCrop(size=256, scale=(0.8, 1.0)),
     transforms.RandomRotation(degrees=15),
```

```
transforms.ColorJitter(),
transforms.RandomResizedCrop(224),
transforms.RandomHorizontalFlip(),
transforms.ToTensor(),
transforms.Normalize(mean=[0.485, 0.456, 0.406],
                          std=[0.229, 0.224, 0.225])])
```

10.4.2　加载预训练模型

模型代码如下：

```
# 使用预训练的模型
net = models.resnet18(pretrained=True)
print(net)
```

这里显示模型参数的最后一部分：

```
(1): BasicBlock(
    (conv1): Conv2d(512, 512, kernel_size=(3, 3), stride=(1, 1), padding=(1, 1),
bias=False)
    (bn1): BatchNorm2d(512, eps=1e-05, momentum=0.1, affine=True, track_running_
stats=True)
    (relu): ReLU(inplace)
    (conv2): Conv2d(512, 512, kernel_size=(3, 3), stride=(1, 1), padding=(1, 1),
bias=False)
    (bn2): BatchNorm2d(512, eps=1e-05, momentum=0.1, affine=True, track_running_
stats=True)
  )
)
(avgpool): AdaptiveAvgPool2d(output_size=(1, 1))
(fc): Linear(in_features=512, out_features=1000, bias=True)
```

10.4.3　修改分类器

修改最后全连接层，把类别数由原来的 1000 改为 10。

```
# 将最后的全连接层改成十分类
device = torch.device("cuda:0" if torch.cuda.is_available() else "cpu")
net.fc = nn.Linear(512, 10)
#net = torch.nn.DataParallel(net)
net.to(device)
```

10.4.4　选择损失函数及优化器

这里学习率为 1e-3，使用微调训练模型时，会选择一个稍大一点学习率，如果选择太小，效果要差一些。

```
criterion = nn.CrossEntropyLoss()
optimizer = torch.optim.SGD(net.parameters(), lr=1e-3, weight_decay=1e-
3,momentum=0.9)
```

10.4.5　训练及验证模型

训练及验证模型的代码如下。

```
train(net, trainloader, testloader, 20, optimizer, criterion)
```

运行结果（部分结果）：

```
Epoch 10. Train Loss: 0.443117, Train Acc: 0.845249, Valid Loss: 0.177874, Valid
Acc: 0.938495, Time 00:09:15
Epoch 11. Train Loss: 0.431862, Train Acc: 0.850324, Valid Loss: 0.160684, Valid
Acc: 0.946158, Time 00:09:13
Epoch 12. Train Loss: 0.421316, Train Acc: 0.852841, Valid Loss: 0.158540, Valid
Acc: 0.946756, Time 00:09:13
Epoch 13. Train Loss: 0.410301, Train Acc: 0.857757, Valid Loss: 0.157539, Valid
Acc: 0.947950, Time 00:09:12
Epoch 15. Train Loss: 0.407030, Train Acc: 0.858975, Valid Loss: 0.153207, Valid
Acc: 0.949343, Time 00:09:20
Epoch 16. Train Loss: 0.400168, Train Acc: 0.860234, Valid Loss: 0.147240, Valid
Acc: 0.949542, Time 00:09:17
Epoch 17. Train Loss: 0.382259, Train Acc: 0.867168, Valid Loss: 0.150277, Valid
Acc: 0.947552, Time 00:09:15
Epoch 18. Train Loss: 0.378578, Train Acc: 0.869046, Valid Loss: 0.144924, Valid
Acc: 0.951334, Time 00:09:16
```

由于微调训练时间明显大于使用特征抽取的 3 分钟左右，其一个循环需要 9 分钟左右，但验证准确率高达 95%，因时间关系这里只循环 20 次，如果增加循环次数，应该还可再提升几个百分点。

10.5　清除图像中的雾霾

前面介绍了如何利用预训练模型提升性能和泛化能力，本节将介绍如何利用一个预训练模型清除图像中雾霾，使图像更清晰。

1. 导入需要的模块

```
import torch
import torch.nn as nn
import torchvision
import torch.backends.cudnn as cudnn
import torch.optim
import os
import numpy as np
from torchvision import transforms
from PIL import Image
import glob
```

2. 查看原来的图像

```
import matplotlib.pyplot as plt
```

```
from matplotlib.image import imread
%matplotlib inline

img=imread('./clean_photo/test_images/shanghai01.jpg')
plt.imshow(img)
plt.show
```

运行结果如图 10-9 所示。

图 10-9　原图像

3. 定义一个神经网络

这个神经网络主要由卷积层构成，该网络将构建在预训练模型之上。

```
#定义一个神经网络
class model(nn.Module):
    def __init__(self):
        super(model, self).__init__()
        self.relu = nn.ReLU(inplace=True)

        self.e_conv1 = nn.Conv2d(3,3,1,1,0,bias=True)
        self.e_conv2 = nn.Conv2d(3,3,3,1,1,bias=True)
        self.e_conv3 = nn.Conv2d(6,3,5,1,2,bias=True)
        self.e_conv4 = nn.Conv2d(6,3,7,1,3,bias=True)
        self.e_conv5 = nn.Conv2d(12,3,3,1,1,bias=True)

    def forward(self, x):
        source = []
        source.append(x)

        x1 = self.relu(self.e_conv1(x))
        x2 = self.relu(self.e_conv2(x1))
        concat1 = torch.cat((x1,x2), 1)
        x3 = self.relu(self.e_conv3(concat1))

        concat2 = torch.cat((x2, x3), 1)
```

```
        x4 = self.relu(self.e_conv4(concat2))
        concat3 = torch.cat((x1,x2,x3,x4),1)
        x5 = self.relu(self.e_conv5(concat3))
        clean_image = self.relu((x5 * x) - x5 + 1)
        return clean_image
```

4. 训练模型

```
device = torch.device("cuda:0" if torch.cuda.is_available() else "cpu")

net = model().to(device)

def cl_image(image_path):
    data = Image.open(image_path)
    data = (np.asarray(data)/255.0)
    data = torch.from_numpy(data).float()
    data = data.permute(2,0,1)
    data = data.to(device).unsqueeze(0)
#装载预训练模型
    net.load_state_dict(torch.load('clean_photo/dehazer.pth'))

    clean_image = net.forward(data)
     torchvision.utils.save_image(torch.cat((data, clean_image),0), "clean_photo/
results/" + image_path.split("/")[-1])

if __name__ == '__main__':
    test_list = glob.glob("clean_photo/test_images/*")

    for image in test_list:
        cl_image(image)
        print(image, "done!")
```

运行结果为：

```
clean_photo/test_images/shanghai02.jpg done!
```

5. 查看处理后的图像
处理后的图像与原图像拼接在一起，保存在 clean_photo /results 目录下。

```
import matplotlib.pyplot as plt
from matplotlib.image import imread
%matplotlib inline

img=imread('clean_photo/results/shanghai01.jpg')
plt.imshow(img)
plt.show
```

运行结果如图 10-10 所示。

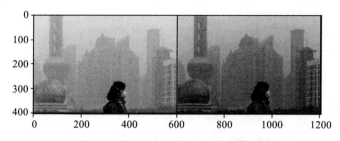

图 10-10　原图像及处理后的图像

10.6　小结

迁移学习犹如站在巨人的肩膀上，利用迁移学习可以提高我们的开发效率、提升模型性能和鲁棒性。深度学习往往需要大量的数据、较深的网络。如果自身去设计网络、训练模型，常常受到数据量、计算力等资源的限制。本章介绍了几种有效地提升模型性能的几种迁移方法，此外，还介绍了如何利用数据增强方法等，并通过几个实例来进一步说明如何根据不同的场景使用迁移学习方法。

Chapter 11 | 第 11 章

神经网络机器翻译实例

神经网络机器翻译 (Neural Machine Translation, NMT) 是最近几年提出来的一种机器翻译方法。相比于传统的统计机器翻译（Statistical Machine Translation，SMT）而言，NMT 能够训练从一个序列映射到另一个序列的神经网络，输出的可以是一个变长的序列，在翻译、对话和文字概括方面已获得非常好的效果。NMT 其实是一个 Encoder-Decoder 系统，Encoder 把源语言序列进行编码，并提取源语言中信息，通过 Decoder 再把这种信息转换到另一种语言即目标语言中来，从而完成对语言的翻译。

本章先简单介绍自然处理涉及的一些常用模型及算法，然后通过一个实例具体说明如何使用这些模型实现英语与中文的对译，具体内容包括：

❑ Encoder-Decoder 模型原理。
❑ 带注意力的 Encoder-Decoder 模型。
❑ 用 PyTorch 实现 Decoder。
❑ 用注意力机制实现中英文互译。

11.1 Encoder-Decoder 模型原理

目前，机器翻译、文本摘要、语音识别等一般采用带注意力（Attention）的模型，它是对 Encoder-Decorder 模型的改进版本。Encoder-Decoder 模型也称为 Seq2Seq 模型，这种模型有哪些不足？为何需要引入 Attention Model（简称为 AM）呢？可以先来看一下 Encoder-Decoder 模型的架构，其架构如图 11-1 所示。

这是一个典型的编码器 – 解码器（Encoder-Decoder）框架。那该如何理解这个框架呢？
从左到右，可以这么直观地理解：从左到右，看作适合处理由一个句子（或篇章）生成另外一个句子（或篇章）的通用处理模型。假设这句子对为 $<X,Y>$，我们的目标是给定输入句子 X，期待通过 Encoder-Decoder 框架来生成目标句子 Y。X 和 Y 可以是同一种语言，也可以是两种不同的语言。而 X 和 Y 分别由各自的单词序列构成：

$$X = (x_1, x_2, x_3 \cdots x_m) \tag{11-1}$$

$$Y = (y_1, y_2, y_3 \cdots y_n) \tag{11-2}$$

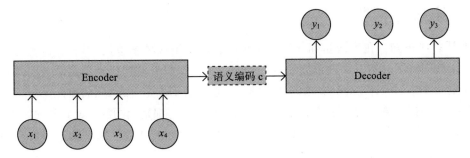

图 11-1　Encoder-Decoder 架构⊖

Encoder 顾名思义就是对输入句子 X 进行编码，将输入句子通过非线性变换转化为中间语义表示 C：

$$C = f(x_1, x_2, x_3, \cdots, x_m) \tag{11-3}$$

对于解码器 Decoder 来说，其任务是根据句子 X 的中间语义表示 C 和之前已经生成的历史信息 $y_1, y_2, y_3, \cdots, y_{i-1}$ 来生成 i 时刻要生成的单词 y_i。

$$y_i = g(C, y_1, y_2, y_3, \cdots, y_{i-1}) \tag{11-4}$$

每个 y_i 都这么依次产生，可以看成整个系统根据输入句子 X 生成了目标句子 Y。

Encoder-Decoder 是个非常通用的计算框架，至于 Encoder 和 Decoder 具体使用什么模型是由我们自己定的。常见的比如 CNN/RNN/BiRNN/GRU/LSTM/Deep LSTM 等，而且变化组合非常多。

Encoder-Decoder 模型应用非常广泛，其应用场景也非常多，比如对于机器翻译来说，$<X,Y>$ 就是对应不同语言的句子，如 X 是英语句子，Y 就是对应的中文句子翻译；如对于文本摘要来说，X 就是一篇文章，Y 就是对应的摘要；如对于对话机器人来说，X 就是某人的一句话，Y 就是对话机器人的应答等。

这个框架有一个不足，就是生成的句子中每个词采用的中间语言编码是相同的，都是 C，具体看如下表达式。这种框架，在句子比较短时，性能还可以，但句子稍长一些，生成的句子就不尽如人意了。那如何解决这一不足呢？

$$y_1 = g(C) \tag{11-5}$$

⊖　11.1 及 11.2 小节参考了张俊林的博客：https://blog.csdn.net/malefactor/article/details/78767781。

$$y_2 = g(C, y_1) \qquad\qquad (11\text{-}6)$$

$$y_3 = g(C, y_1, y_2) \qquad\qquad (11\text{-}7)$$

既然问题出在 C 上，就需要在 C 上做一些处理。我们引入一个 Attention 机制，可以有效解决这个问题。

11.2　注意力框架

从图 11-1 可知，在生成目标句子的单词时，不论生成哪个单词，是 y_1，y_2 也好，还是 y_3 也好，他们使用的句子 X 的语义编码 C 都是一样的，没有任何区别。而语义编码 C 是由句子 X 的每个单词经过 Encoder 编码产生的，这意味着不论是生成哪个单词，y_1，y_2 还是 y_3，其实句子 X 中任意单词对生成某个目标单词 y_i 来说影响力都是相同的，没有任何区别。

我们以一个具体例子来说，用机器翻译（输入英文输出中文）来解释这个分心模型的 Encoder-Decoder 框架更好理解，比如：

输入英文句子：Tom chase Jerry，Encoder-Decoder框架逐步生成中文单词："汤姆"，"追逐"，"杰瑞"

在翻译"杰瑞"这个中文单词的时候，分心模型里面的每个英文单词对于翻译目标单词"杰瑞"贡献是相同的，很明显这里不太合理，显然"Jerry"对于翻译成"杰瑞"更重要，但是分心模型是无法体现这一点的，这就是为何说它没有引入注意力的原因。

没有引入注意力的模型在输入句子比较短的时候估计问题不大，但是如果输入句子比较长，此时所有语义完全通过一个中间语义向量来表示，单词自身的信息已经消失，这会丢失很多细节信息，这也是为何要引入注意力模型的重要原因。

上面的例子中，如果引入 AM（Attention Model）模型的话，应该在翻译"杰瑞"的时候，体现出英文单词对于翻译当前中文单词不同的影响程度，比如给出类似下面一个概率分布值：

（Tom,0.3）(Chase,0.2)(Jerry,0.5)

每个英文单词的概率代表了翻译当前单词"杰瑞"时，注意力分配模型分配给不同英文单词的注意力大小。这对于正确翻译目标语单词肯定是有帮助的，因为引入了新的信息。同理，目标句子中的每个单词都应该学会其对应的源语句子中单词的注意力分配概率信息。这意味着在生成每个单词 y_i 的时候，原先都是相同的中间语义表示 C 会替换成根据当前生成单词而不断变化的 C_i。理解 AM 模型的关键就是这里，即由固定的中间语义表示 C 换成了根据当前输出单词来调整成加入注意力模型的变化的 C_i。增加了 AM 模型的 Encoder-Decoder 框架理解起来如图 11-2 所示。

此时生成目标句子单词的过程成了下面的形式：

$$y_1 = g(C_1) \qquad\qquad (11\text{-}8)$$

$$y_2 = g(C_2, y_1) \tag{11-9}$$

$$y_3 = g(C_3, y_1, y_2) \tag{11-10}$$

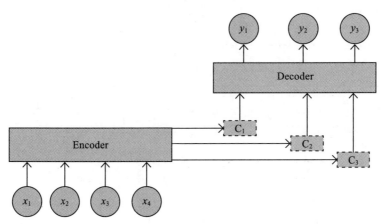

图 11-2　引入 AM（Attention Model）模型的 Encoder-Decoder 框架

而每个 C_i 可能对应着不同的源语句子单词的注意力分配概率分布，比如对于上面的英汉翻译来说，其对应的信息可能如下：

注意力分布矩阵：

$$A = [a_{ij}] = \begin{bmatrix} 0.6 & 0.2 & 0.2 \\ 0.2 & 0.7 & 0.1 \\ 0.3 & 0.1 & 0.5 \end{bmatrix}$$

第 i 行表示 y_i 收到的所有来自输入单词的注意力分配概率。y_i 的语义向量 C_i 由这些注意力分配概率和 Encoder 对单词 x_j 的转换函数 f_2 相乘，计算而成，例如：

$$C_1 = C_{汤姆} = g(0.6*f_2("Tom"), 0.2*f_2("Chase"), 0.2*f_2("Jerry")) \tag{11-11}$$

$$C_2 = C_{追逐} = g(0.2*f_2("Tom"), 0.7*f_2("Chase"), 0.1*f_2("Jerry")) \tag{11-12}$$

$$C_3 = C_{杰瑞} = g(0.3*f_2("Tom"), 0.1*f_2("Chase"), 0.5*f_2("Jerry")) \tag{11-13}$$

其中，f_2 函数代表 Encoder 对输入英文单词的某种变换函数，比如如果 Encoder 是用的 RNN 模型的话，这个 f_2 函数的结果往往是某个时刻输入 x_i 后隐层节点的状态值；g 代表 Encoder 根据单词的中间表示合成整个句子中间语义表示的变换函数，一般的做法中，g 函数就是对构成元素加权求和，也就是常常在论文里看到的下列公式：

$$C_i = \sum_{j=1}^{Tx} \alpha_{ij} h_j \tag{11-14}$$

假设 C_i 中那个 i 就是上面的"汤姆"，那么 Tx 就是 3，代表输入句子的长度，$h_1 = f_2("Tom")$，$h_2 = f_2("Chase")$，$h_3 = f_2("Jerry")$，对应的注意力模型权值分别是 $0.6, 0.2$，0.2，所以 g 函数就是个加权求和函数。如果形象表示的话，翻译中文单词"汤姆"的时候，数学公式对应的中间语义表示 C_i 的形成过程如图 11-3 所示。

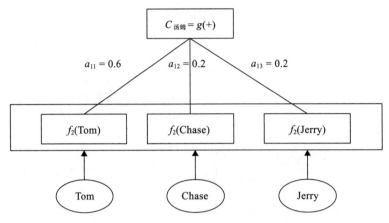

图 11-3 C_i 的生成过程

这里还有一个问题，生成目标句子某个单词，比如"汤姆"的时候，怎么知道 AM 模型所需要的输入句子单词注意力分配概率分布值呢？就是说"汤姆"对应的概率分布：

(Tom,0.6)(Chase,0.2)(Jerry,0.2)

它如何得到的呢？

为便于说明，假设对图 11-1 的非 AM 模型的 Encoder-Decoder 框架进行细化，Encoder 可以采用 RNN 模型，Decoder 也采用 RNN 模型，这是比较常见的一种模型配置，则图 11-1 的图转换为图 11-4。

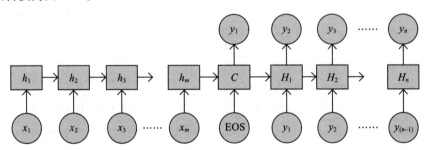

图 11-4 RNN 作为具体模型的 Encoder-Decoder 框架

用图 11-5 可以较为便捷地说明注意力分配概率分布值的通用计算过程。

我们的目的是要计算生成 y_i 时，对输入句子中的单词"Tom""Chase""Jerry"，其对 y_i 的注意力分配概率分布。这些概率可以用目标输出句子 $i-1$ 时刻的隐层节点状态 H_{i-1} 去一一和输入句子中每个单词对应的 RNN 隐层节点状态 h_j 进行对比，即通过对齐函数 $F(h_j, H_{i-1})$ 来获得目标单词和每个输入单词对应的对齐可能性。

函数 $F(h_j, H_{i-1})$ 在不同论文里可能会采取不同的方法，然后函数 F 的输出经过 Softmax

进行归一化就得到一个 0–1 的注意力分配概率分布数值。

如图 11-5 所示：当输出单词为"汤姆"时刻所对应的输入句子单词的对齐概率。绝大多数 AM 模型都是采取上述的计算框架来计算注意力分配概率分布信息，区别只是在 F 的定义上可能有所不同。y_t 值的生成，如图 11-6 所示。

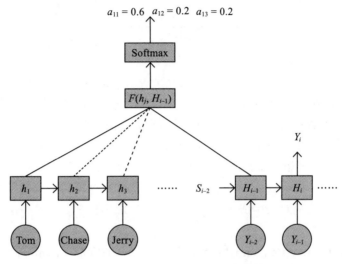

图 11-5　AM 注意力分配概率计算

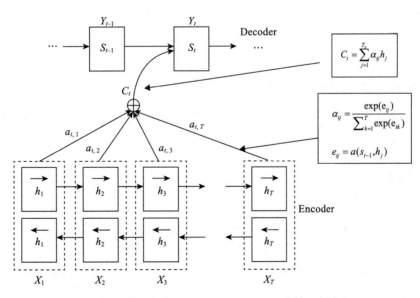

图 11-6　由输入语句 $(x_1, x_2, x_3, \cdots, x_T)$ 生成第 t 个输出 y_t

其中：

$$p(y_t \mid \{y_1, \cdots, y_{t-1}\}, x) = g(y_{t-1}, s_t, C_t) \qquad (11\text{-}15)$$

$$s_t = f(s_{t-1}, y_{t-1}, C_t) \quad\quad (11\text{-}16)$$

$$y_t = g(y_{t-1}, s_t, C_t) \quad\quad (11\text{-}17)$$

$$C_t = \sum_{j=1}^{T_x} \alpha_{tj} h_j \quad\quad (11\text{-}18)$$

$$\alpha_{tj} = \frac{\exp(e_{tj})}{\sum\limits_{k=1}^{T} \exp(e_{tk})} \quad\quad (11\text{-}19)$$

$$e_{tj} = a(s_{t-1}, h_j) \quad\quad (11\text{-}20)$$

上述内容就是 Soft Attention Model 的基本思想，那么怎么理解 AM 模型的物理含义呢？一般文献里会把 AM 模型看作是单词对齐模型，这是非常有道理的。目标句子生成的每个单词对应到输入句子单词的概率分布可以理解为输入句子单词和这个目标生成单词的对齐概率，这在机器翻译语境下是非常直观的。

当然，在概念上，把 AM 模型理解成影响力模型也是合理的。就是说生成目标单词的时候，输入句子每个单词对于生成这个单词有多大的影响程度。这种想法也是理解 AM 模型物理意义的一种方式。

注意力机制除 Soft Attention 还有 Hard Attention、Global Attention、Local Attention、Self Attention 等，它们对原有的注意力框架进行了一些改进，因篇幅问题，这里就不展开来讲，有兴趣的读者可参考有关论文或博客。接下来将通过一个实例来进一步说明，如何应用这种架构解决机器翻译问题。

11.3　PyTorch 实现注意力 Decoder

11.2 节已经简单介绍了 Encoder-Decoder 模型及注意力框架，本节我们将用 PyTorch 来实现由 Dzmitry Bahdanau, Kyunghyun Cho 等人提出的一个用于机器翻译的注意力框架。

11.3.1　构建 Encoder

用 PyTorch 构建 Encoder 比较简单，把输入句子中的每个单词用 torch.nn.Embedding(m, n) 转换为词向量，然后通过一个编码器转换，这里采用 GRU 循环网络，对于每个输入字、编码器输出向量和隐藏状态，并将隐藏状态用于下一个输入字。具体如图 11-7 所示。

用 PyTorch 代码实现如下：

```
class EncoderRNN(nn.Module):
    def __init__(self, input_size, hidden_size):
```

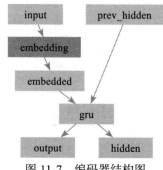

图 11-7　编码器结构图

```
        super(EncoderRNN, self).__init__()
        self.hidden_size = hidden_size

        self.embedding = nn.Embedding(input_size, hidden_size)
        self.gru = nn.GRU(hidden_size, hidden_size)

    def forward(self, input, hidden):
embedded = self.embedding(input).view(1, 1, -1)
        output = embedded
        output, hidden = self.gru(output, hidden)
        return output, hidden

    def initHidden(self):
        return torch.zeros(1, 1, self.hidden_size, device=device)
```

11.3.2 构建简单 Decoder

构建一个简单的解释器，这个解释器我们只使用编码器的最后输出。这最后一个输出有时称为上下文向量，因为它从整个序列中编码上下文。该上下文向量用作解码器的初始隐藏状态。在解码的每一步，解码器都被赋予一个输入指令和隐藏状态。初始输入指令字符串开始的 <SOS> 指令，第一个隐藏状态是上下文向量（编码器的最后隐藏状态），其网络结构如图 11-8 所示。

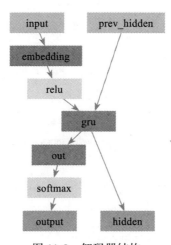

图 11-8　解码器结构

对应实现代码如下：

```
class DecoderRNN(nn.Module):
    def __init__(self, hidden_size, output_size):
        super(DecoderRNN, self).__init__()
        self.hidden_size = hidden_size

        self.embedding = nn.Embedding(output_size, hidden_size)
```

```
        self.gru = nn.GRU(hidden_size, hidden_size)
        self.out = nn.Linear(hidden_size, output_size)
        self.softmax = nn.LogSoftmax(dim=1)

    def forward(self, input, hidden):
        output = self.embedding(input).view(1, 1, -1)
        output = F.relu(output)
        output, hidden = self.gru(output, hidden)
        output = self.softmax(self.out(output[0]))
        return output, hidden

    def initHidden(self):
        return torch.zeros(1, 1, self.hidden_size, device=device)
```

11.3.3　构建注意力 Decoder

这里以典型的 Bahdanau 注意力架构为例，主要有 4 层。嵌入层（Embedding Layer）将输入字转换为矢量，计算每个编码器输出的注意能量的层、RNN 层和输出层。

由图 11-6 可知，解码器的输入包括循环网络最后的隐含状态 s_{i-1}、最后输出 y_{i-1}、所有编码器的所有输出 h_*。

1）这些输入，分别通过不同的层接受，y_{t-1} 作为嵌入层的输入。

```
embedded = embedding(last_rnn_output)
```

2）注意力层的函数 a 的输入为 s_{t-1} 和 h_j，输出为 e_{tj}，标准化处理后为 a_{tj}。

```
attn_energies[j] = attn_layer(last_hidden, encoder_outputs[j])
attn_weights = normalize(attn_energies)
```

3）向量 C_t 为编码器各输出的注意力加权平均。

```
context = sum(attn_weights * encoder_outputs)
```

4）循环层 f 的输入为 (s_{t-1}, y_{t-1}, c_t)，输出为内部隐含状态及 s_t。

```
rnn_input = concat(embedded, context)
rnn_output, rnn_hidden = rnn(rnn_input, last_hidden)
```

5）输出层 g 的输入为 (y_{i-1}, s_i, c_i)，输出为：y_i。

```
output = out(embedded, rnn_output, context)
```

6）综合以上各步，得到 Bahdanau 注意力的解码器。

```
class BahdanauAttnDecoderRNN(nn.Module):
    def __init__(self, hidden_size, output_size, n_layers=1, dropout_p=0.1):
        super(AttnDecoderRNN, self).__init__()

        #定义参数
        self.hidden_size = hidden_size
        self.output_size = output_size
```

```
        self.n_layers = n_layers
        self.dropout_p = dropout_p
        self.max_length = max_length

        # 定义层
        self.embedding = nn.Embedding(output_size, hidden_size)
        self.dropout = nn.Dropout(dropout_p)
        self.attn = GeneralAttn(hidden_size)
        self.gru = nn.GRU(hidden_size * 2, hidden_size, n_layers, dropout=dropout_p)
        self.out = nn.Linear(hidden_size, output_size)

    def forward(self, word_input, last_hidden, encoder_outputs):
        # 前向传播每次运行一个时间步，但使用所有的编码器输出
        # 获取当前词嵌入 (last output word)
        word_embedded = self.embedding(word_input).view(1, 1, -1) # S=1 x B x N
        word_embedded = self.dropout(word_embedded)

        # 计算注意力权重并使用编码器输出
        attn_weights = self.attn(last_hidden[-1], encoder_outputs)
        context = attn_weights.bmm(encoder_outputs.transpose(0, 1)) # B x 1 x N

        # 把词嵌入与注意力context结合在一起,然后传入循环网络
        rnn_input = torch.cat((word_embedded, context), 2)
        output, hidden = self.gru(rnn_input, last_hidden)

        # 定义最后输出层
        output = output.squeeze(0) # B x N
        output = F.log_softmax(self.out(torch.cat((output, context), 1)))

        #返回最后输出，隐含状态及注意力权重
        return output, hidden, attn_weights
```

11.4　用注意力机制实现中英文互译

在这个项目中，基于注意力机制的 Seq2Seq 神经网络，将中文翻译成英语。数据集 eng-cmn.txt 样本如下，由两部分组成，前部分为英文，后部分为中文，中间用 Tab 分割。

英文分词一般采用空格，中文分词这里使用 jieba。

```
It's great.      真是太好了。
It's night.      是晚上了。
Just relax.      放松点吧。
Keep quiet!      保持安静!
Let him in.      让他进来。
```

以下是进行翻译的随机样例。

```
#input、target、output分别表示输入语句（中文），标准语句，经模型翻译语句
[KEY: > input, = target, < output]
> 我週日哪裡也不去。
```

```
= i am not going anywhere on sunday .
< i am not going anywhere on sunday . <EOS>

> 我一點也不擔心。
= i am not the least bit worried .
< i am not the least bit worried . <EOS>

> 我在家。
= i am at home .
< i am at home . <EOS>
```

11.4.1 导入需要的模块

这里涉及中文分词，中文显示，GPU 选用等功能，故需要导入 jieba、font_manager 等模块。

```
from __future__ import unicode_literals, print_function, division
from io import open
import unicodedata
import string
import re
import random
import jieba
import torch
import torch.nn as nn
from torch import optim
import torch.nn.functional as F

import matplotlib.font_manager as fm
myfont = fm.FontProperties(fname='/home/wumg/anaconda3/lib/python3.6/site-
packages/matplotlib/mpl-data/fonts/ttf/simhei.ttf')

device = torch.device("cuda" if torch.cuda.is_available() else "cpu")
```

11.4.2 数据预处理

数据预处理的主要步骤包括：

1）读取 txt 文件，并按行分割，再把每一行分割成一个 pair（Eng, Chinese）。更多数据集可访问：http://www.manythings.org/anki/。

2）过滤并处理文本信息。

3）从每个 pair 中，制作出中文词典和英文词典。

4）构建训练集。

以下是详细实现步骤：

1）读数据，数据放路径：~/data/PyTorch/eng-cmn/eng-cmn.txt。

这里标签 lang1，lang2 作为参数，可提高模块的通用性，且可以进行多种语言的互译，只需修改数据文件及这两个参数即可。

```
def readLangs(lang1, lang2, reverse=False):
    print("Reading lines...")

    # 读文件，然后分成行
    lines = open('data/PyTorch-11/eng-cmn/%s-%s.txt' % (lang1, lang2),
encoding='utf-8').\
        read().strip().split('\n')

    # 把行分成语句对，并进行规范化
    pairs = [[normalizeString(s) for s in l.split('\t')] for l in lines]

    # 判断是否需要转换语句对的次序，如[英文，中文]转换为[中文，英文]次序
    if reverse:
        pairs = [list(reversed(p)) for p in pairs]
        input_lang = Lang(lang2)
        output_lang = Lang(lang1)
    else:
        input_lang = Lang(lang1)
        output_lang = Lang(lang2)

    return input_lang, output_lang, pairs
```

2）过滤并处理文本信息。

```
# 为便于数据处理，把Unicode字符串转换为ASCII编码

def unicodeToAscii(s):
    return ''.join(
        c for c in unicodedata.normalize('NFD', s)
        if unicodedata.category(c) != 'Mn'
    )

# 对英文转换为小写，去空格及非字母符号等处理

def normalizeString(s):
    s = unicodeToAscii(s.lower().strip())
    s = re.sub(r"([.!?])", r" \1", s)
    #s = re.sub(r"[^a-zA-Z.!?]+", r" ", s)
    return s
```

3）从每个 pair 中，制作出中文词典和英文词典。

```
SOS_token = 0
EOS_token = 1


class Lang:
    def __init__(self, name):
        self.name = name
        self.word2index = {}
        self.word2count = {}
        self.index2word = {0: "SOS", 1: "EOS"}
        self.n_words = 2  # Count SOS and EOS
```

```python
#处理英文语句
def addSentence(self, sentence):
    for word in sentence.split(' '):
        self.addWord(word)
#处理中文语句
def addSentence_cn(self, sentence):
    for word in list(jieba.cut(sentence)):
        self.addWord(word)


def addWord(self, word):
    if word not in self.word2index:
        self.word2index[word] = self.n_words
        self.word2count[word] = 1
        self.index2word[self.n_words] = word
        self.n_words += 1
    else:
        self.word2count[word] += 1
```

4）把以上数据预处理函数，放在一起，实现对数据的预处理。

```python
def prepareData(lang1, lang2, reverse=False):
    input_lang, output_lang, pairs = readLangs(lang1, lang2, reverse)
    print("Read %s sentence pairs" % len(pairs))
    pairs = filterPairs(pairs)
    print("Trimmed to %s sentence pairs" % len(pairs))
    print("Counting words...")
    for pair in pairs:
        input_lang.addSentence_cn(pair[0])
        output_lang.addSentence(pair[1])
    print("Counted words:")
    print(input_lang.name, input_lang.n_words)
    print(output_lang.name, output_lang.n_words)
    return input_lang, output_lang, pairs
```

5）运行预处理函数。

```python
input_lang, output_lang, pairs = prepareData('eng', 'cmn',True)
print(random.choice(pairs))
```

运行结果：

```
Reading lines...
Read 21007 sentence pairs
Trimmed to 640 sentence pairs
Counting words...
Counted words:
cmn 1063
eng 808
['我不是個老師。', 'i am not a teacher .']
```

6）构建训练数据集。

构建数据集，分两种情况。一种是构建英文字典，一种是构建中文字典，构建中文的函数加上了 _cn 后缀，如 indexesFromSentence_cn。

```
def indexesFromSentence(lang, sentence):
    return [lang.word2index[word] for word in sentence.split(' ')]

def indexesFromSentence_cn(lang, sentence):
    return [lang.word2index[word] for word in list(jieba.cut(sentence))]

def tensorFromSentence(lang, sentence):
    indexes = indexesFromSentence(lang, sentence)
    indexes.append(EOS_token)
    return torch.tensor(indexes, dtype=torch.long, device=device).view(-1, 1)

def tensorFromSentence_cn(lang, sentence):
    indexes = indexesFromSentence_cn(lang, sentence)
    indexes.append(EOS_token)
    return torch.tensor(indexes, dtype=torch.long, device=device).view(-1, 1)

def tensorsFromPair(pair):
    input_tensor = tensorFromSentence_cn(input_lang, pair[0])
    target_tensor = tensorFromSentence(output_lang, pair[1])
    return (input_tensor, target_tensor)
```

11.4.3　构建模型

构建模型由建编码器和带注意力的解码器构成。

1. 构建编码器（Encoder）

用 PyTorch 构建 Encoder 比较简单，把输入句子中的每个单词用 torch.nn.Embedding(m, n) 转换为词向量，然后通过一个编码器实现，这里采用 GRU 循环网络，对于每个输入字，编码器输出向量和隐藏状态，并将隐藏状态用于下一个输入字。具体如图 11-9 所示。

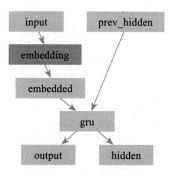

图 11-9　编码器结构图

用 PyTorch 代码实现如下：

```
class EncoderRNN(nn.Module):
    def __init__(self, input_size, hidden_size):
        super(EncoderRNN, self).__init__()
        self.hidden_size = hidden_size
```

```
        self.embedding = nn.Embedding(input_size, hidden_size)
        self.gru = nn.GRU(hidden_size, hidden_size)

    def forward(self, input, hidden):
        embedded = self.embedding(input).view(1, 1, -1)
        output = embedded
        output, hidden = self.gru(output, hidden)
        return output, hidden

    def initHidden(self):
        return torch.zeros(1, 1, self.hidden_size, device=device)
```

2. 构建带注意力的解码器（Decoder）

带注意力的解码器具体原理请参考本书 11.2 节，其核心原理如图 11-10 所示。

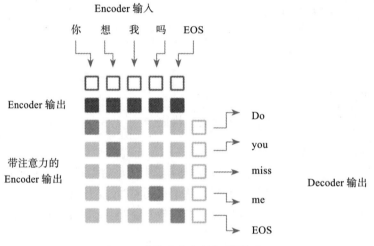

图 11-10　带注意力的解码器原理

解码器网络结构如图 11-11 所示。

Decoder 的代码实现：

```
class AttnDecoderRNN(nn.Module):
    def __init__(self, hidden_size, output_size, dropout_p=0.1, max_length=MAX_
LENGTH):
        super(AttnDecoderRNN, self).__init__()
        self.hidden_size = hidden_size
        self.output_size = output_size
        self.dropout_p = dropout_p
        self.max_length = max_length

        self.embedding = nn.Embedding(self.output_size, self.hidden_size)
        self.attn = nn.Linear(self.hidden_size * 2, self.max_length)
        self.attn_combine = nn.Linear(self.hidden_size * 2, self.hidden_size)
        self.dropout = nn.Dropout(self.dropout_p)
```

```
    self.gru = nn.GRU(self.hidden_size, self.hidden_size)
    self.out = nn.Linear(self.hidden_size, self.output_size)

def forward(self, input, hidden, encoder_outputs):
    embedded = self.embedding(input).view(1, 1, -1)
    embedded = self.dropout(embedded)

    attn_weights = F.softmax(
        self.attn(torch.cat((embedded[0], hidden[0]), 1)), dim=1)
    attn_applied = torch.bmm(attn_weights.unsqueeze(0),
                             encoder_outputs.unsqueeze(0))

    output = torch.cat((embedded[0], attn_applied[0]), 1)
    output = self.attn_combine(output).unsqueeze(0)

    output = F.relu(output)
    output, hidden = self.gru(output, hidden)

    output = F.log_softmax(self.out(output[0]), dim=1)
    return output, hidden, attn_weights

def initHidden(self):
    return torch.zeros(1, 1, self.hidden_size, device=device)
```

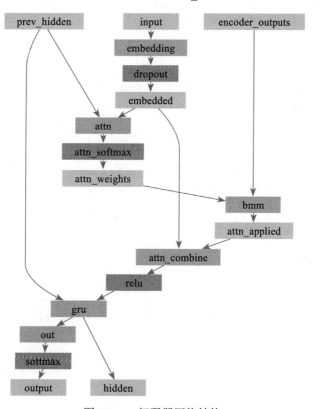

图 11-11 解码器网络结构

11.4.4　训练模型

1. 定义训练模型函数

```
def trainIters(encoder, decoder, n_iters, print_every=1000, plot_every=100,
learning_rate=0.01):
    start = time.time()
    plot_losses = []
    print_loss_total = 0
    plot_loss_total = 0

    encoder_optimizer = optim.SGD(encoder.parameters(), lr=learning_rate)
    decoder_optimizer = optim.SGD(decoder.parameters(), lr=learning_rate)
    training_pairs = [tensorsFromPair(random.choice(pairs))
                      for i in range(n_iters)]
    criterion = nn.NLLLoss()

    for iter in range(1, n_iters + 1):
        training_pair = training_pairs[iter - 1]
        input_tensor = training_pair[0]
        target_tensor = training_pair[1]

        loss = train(input_tensor, target_tensor, encoder,
                     decoder, encoder_optimizer, decoder_optimizer, criterion)
        print_loss_total += loss
        plot_loss_total += loss

        if iter % print_every == 0:
            print_loss_avg = print_loss_total / print_every
            print_loss_total = 0
            print('%s (%d %d%%) %.4f' % (timeSince(start, iter / n_iters),
                                         iter, iter / n_iters * 100, print_loss_avg))

        if iter % plot_every == 0:
            plot_loss_avg = plot_loss_total / plot_every
            plot_losses.append(plot_loss_avg)
            plot_loss_total = 0

    showPlot(plot_losses)
```

2. 执行训练函数

```
hidden_size = 256
encoder1 = EncoderRNN(input_lang.n_words, hidden_size).to(device)
attn_decoder1 = AttnDecoderRNN(hidden_size, output_lang.n_words, dropout_p=0.1).
to(device)

trainIters(encoder1, attn_decoder1, 75000, print_every=5000)
```

运行结果：

```
3m 9s (- 44m 17s) (5000 6%) 2.6447
```

```
6m 15s (- 40m 43s) (10000 13%) 1.1074
9m 27s (- 37m 50s) (15000 20%) 0.2066
12m 38s (- 34m 45s) (20000 26%) 0.0473
15m 52s (- 31m 45s) (25000 33%) 0.0276
18m 45s (- 28m 8s) (30000 40%) 0.0195
21m 57s (- 25m 5s) (35000 46%) 0.0164
25m 7s (- 21m 58s) (40000 53%) 0.0173
28m 18s (- 18m 52s) (45000 60%) 0.0160
31m 28s (- 15m 44s) (50000 66%) 0.0140
34m 35s (- 12m 34s) (55000 73%) 0.0130
37m 38s (- 9m 24s) (60000 80%) 0.0113
40m 37s (- 6m 15s) (65000 86%) 0.0132
43m 47s (- 3m 7s) (70000 93%) 0.0123
46m 59s (- 0m 0s) (75000 100%) 0.0094
```

运行结果如图 11-12 所示。

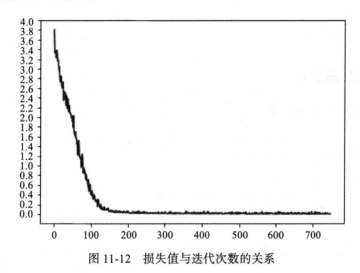

图 11-12　损失值与迭代次数的关系

11.4.5　随机采样，对模型进行测试

随机选择 10 个语句进行测试。

```
ef evaluateRandomly(encoder, decoder, n=10):
    for i in range(n):
        pair = random.choice(pairs)
        print('>', pair[0])
        print('=', pair[1])
        output_words, attentions = evaluate(encoder, decoder, pair[0])
        output_sentence = ' '.join(output_words)
        print('<', output_sentence)
        print('')
```

运行该评估函数：

```
evaluateRandomly(encoder1, attn_decoder1)
```

这是随机抽样测试的部分结果。

```
> 我週日哪裡也不去。
= i am not going anywhere on sunday .
< i am not going anywhere on sunday . <EOS>

> 我一點也不擔心。
= i am not the least bit worried .
< i am not the least bit worried . <EOS>

> 我在家。
= i am at home .
< i am at home . <EOS>

> 他很高。
= he is very tall .
< he is very tall . <EOS>
```

11.4.6 可视化注意力

1. 定义可视化注意力函数

```python
def showAttention(input_sentence, output_words, attentions):
    # Set up figure with colorbar
    fig = plt.figure()
    ax = fig.add_subplot(111)
    cax = ax.matshow(attentions.numpy(), cmap='bone')
    fig.colorbar(cax)

    # Set up axes
    ax.set_xticklabels([''] + list(jieba.cut(input_sentence)) +
                        ['<EOS>'], rotation=90,fontproperties=myfont)
    ax.set_yticklabels([''] + output_words)

    # Show label at every tick
    ax.xaxis.set_major_locator(ticker.MultipleLocator(1))
    ax.yaxis.set_major_locator(ticker.MultipleLocator(1))

    plt.show()
```

2. 评估一条语句的注意力

```python
def evaluateAndShowAttention(input_sentence):
    output_words, attentions = evaluate(
        encoder1, attn_decoder1, input_sentence)
    print('input =', input_sentence)
    print('output =', ' '.join(output_words))
    showAttention(input_sentence, output_words, attentions)
```

```
evaluateAndShowAttention("我们在严肃地谈论你的未来。")
```

运行结果如图 11-13 所示。

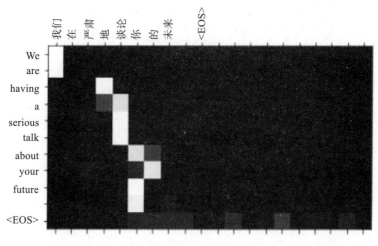

图 11-13　输入对输出的注意力对应关系

这是把中文翻译成英文，有兴趣的读者，可以倒过来，把英文翻译成中文，或进行其他语言的翻译。

11.5　小结

本章首先介绍了人机对话、机器翻译等常用的几种模型，如编码器—解码器、带注意力的编码器与解码器等。其中又重点介绍了如何使用带注意力架构实现语言翻译，并用 PyTorch 实现英语与中文的互译。

Chapter 12 第 12 章

实战生成式模型

前面已经介绍了人工智能的在目标识别方面的一些任务，如图像识别、机器翻译等。这些任务是一种被动式的，本章我们将介绍具有创造性的生成式模型方面的实例。生成式模型通常给出的输入是图像具备的性质，而输出是性质对应的图像。这种生成式模型相当于构建了图像的分布，因此利用这类模型，我们可以完成图像自动生成（采样）、图像信息补全等工作。

本章介绍基于深度学习思想的生成式模型——Deep Dream 和 GAN，以及 GAN 的几种变种模型等的实际应用，具体内容包括：

❑ Deep Dream 模型简介及 PyTorch 实现。
❑ 风格迁移简介及 PyTorch 实现。
❑ PyTorch 实现如何修复图像。
❑ PyTorch 实现 Disco GAN。

12.1 DeepDream 模型

卷积神经网络取得了突破性进展，效果也非常理想，但其过程一直像迷一样困扰大家，为了揭开卷积神经网络的神秘面纱，研究人员探索了多种方法，如把这些过程可视化。DeepDream 当初的目也是如此。如何解释 CNN 如何学习特征的？这些特征有哪些作用？如何可视化这些特征？这就是 DeepDream 需要解决的一些问题。

12.1.1 Deep Dream 原理

DeepDream 为了说明 CNN 学习到的各特征的意义，将采用放大处理的方式。具体来说就是使用梯度上升的方法可视化网络每一层的特征，即用一张噪声图像输入网络，但反向更新的时候不更新网络权重，而是更新初始图像的像素值，以这种"训练图像"的方式可视化网络。DeepDream 正是以此为基础。

那 DeepDream 如何放大图像特征？这里先来看一个简单实例。比如：有一个网络学习了分类猫和狗的任务，给这个网络一张云的图像，这朵云可能比较像狗，那么机器提取的特征可能也会像狗。假设对应一个特征最后输入概率为 [0.6, 0.4], 0.6 表示为狗的概率，0.4 则表示为猫的概率，那么采用 L_2 范数可以很好达到放大特征的效果。对于这样一个特征，$L_2 = x_1^2 + x_2^2$，若 x_1 越大，x_2 越小，则 L_2 越大，所以只需要最大化 L_2 就能保证当 $x_1 > x_2$ 的时候，迭代的轮数越多 x_1 越大，x_2 越小，所以图像就会越来越像狗。每次迭代相当于计算 L_2 范数，然后用梯度上升的方法调整图像。优化的就不再是优化权重参数，而是特征值或像素点，因此，构建损失函数时，不使用通常的交叉熵，而是最大化特征值的 L_2 范数。使图像经过网络之后提取的特征更像网络隐含的特征。

以上是 DeepDream 的基本原理，具体实现的时候还要通过多尺度、随机移动等方法获取比较好的结果。在代码部分会给出详细解释。

12.1.2 DeepDream 算法流程

使用基本图像，它输入到预训练的 CNN。并正向传播到特定层。

为了更好地理解该层学到了什么，我们需要最大化通过该层激活值。以该层输出为梯度，然后在输入图像上完成渐变上升，以最大化该层的激活值。不过，光这样做并不能产生好的图像。为了提高训练质量，需要使用一些技术使得到的图像更好。通常可以进行高斯模糊以使图像更平滑，使用多尺度（又称为八度）的图像进行计算。先连续缩小输入图像，然后，再逐步放大，并将结果合并为一个图像输出。

上面的描述用图 12-1 来说明。

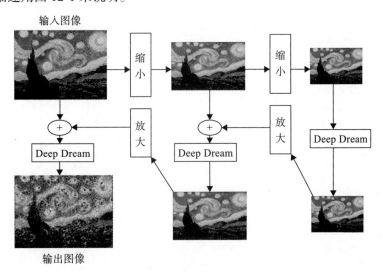

图 12-1 Deep Dream 流程图

先对图像连续做二次等比例缩小，该比例是 1.5，之所以要缩小，图像缩小是为了让图像的像素点调整后所得结果图案能显示的更加平滑。缩小二次后，把图像每个像素点当作参数，对它们求偏导，这样就可以知道如何调整图像像素点能够对给定网络层的输出产生最大化的刺激。

12.1.3　用 PyTorch 实现 Deep Dream

使用 Deep Dream 需要解决两个问题，如何获取有特殊含义的特征？如何表现这些特征？

对于第一个问题，通常使用预训练模型，这里取 VGG19 预训练模型。第二个问题则是用把这些特征最大化后展示在一张普通的图像上，该图像为星空图像。

为了使训练更有效，还需使用一点小技巧，对图像进行不同大小的缩放，并对图像平原或抖动等处理。

这里涉及下载预训练模型及两个函数，一个是 prod，另一个是 deep_dream_vgg。

1）下载预训练模型。

```
#详细代码请参考pytorch-12-01
#下载预训练模型vgg19
vgg = models.vgg19(pretrained=True)
vgg = vgg.to(device)
print(vgg)
modulelist = list(vgg.features.modules())
```

2）函数 prod 的主要功能。

函数 prod 是属于 Deep-Dream 代码（如图 12-1 所示）。传入输入图像，正向传播到 VGG19 的指定层（如第 8 层或第 32 层等），然后，用梯度上升更新输入图像的特征值。

详细代码如下：

```
def prod(image, layer, iterations, lr):
    input = preprocess(image).unsqueeze(0)
    input=input.to(device).requires_grad_(True)
    vgg.zero_grad()
    for i in range(iterations):
        out = input
        for j in range(layer):
            out = modulelist[j+1](out)
#以特征值的L2为损失值
        loss = out.norm()
        loss.backward()
        #使梯度增大
        with torch.no_grad():
            input += lr * input.grad

    input = input.squeeze()
    #交互维度
```

```
input.transpose_(0,1)
input.transpose_(1,2)
#使数据限制在[0,1]之间
input = np.clip(deprocess(input).detach().cpu().numpy(), 0, 1)
im = Image.fromarray(np.uint8(input*255))
return im
```

3）函数 deep_dream_vgg 的主要功能。

函数 deep_dream_vgg 是一个递归函数，多次缩小图像，然后调用函数 prod。接着在放大结果，并与按一定比例图像混合在一起，最终得到与输入图像相同大小的输出图像。

详细代码如下：

```
def deep_dream_vgg(image, layer, iterations, lr, octave_scale=2, num_octaves=20):

    if num_octaves>0:
        image1 = image.filter(ImageFilter.GaussianBlur(2))
        if(image1.size[0]/octave_scale < 1 or image1.size[1]/octave_scale<1):
            size = image1.size

        else:
            size = (int(image1.size[0]/octave_scale), int(image1.size[1]/octave_
scale))
        #缩小图像
        image1 = image1.resize(size,Image.ANTIALIAS)
            image1 = deep_dream_vgg(image1, layer, iterations, lr, octave_scale,
num_octaves-1)

        size = (image.size[0], image.size[1])
        #放大图像
        image1 = image1.resize(size,Image.ANTIALIAS)
        image = ImageChops.blend(image, image1, 0.6)

    img_result = prod(image, layer, iterations, lr)
    img_result = img_result.resize(image.size)
    plt.imshow(img_result)
    return img_result
```

4）运行结果。

输入图像：

```
night_sky = load_image('data/starry_night.jpg')
```

效果如图 12-2 所示。

使用 VGG19 的第 4 层

```
night_sky_4 = deep_dream_vgg(night_sky, 4, 6, 0.2)
```

效果如图 12-3 所示。

使用 VGG19 的第 8 层：

```
night_sky_8 = deep_dream_vgg(night_sky, 8, 6, 0.2)
```

效果如图 12-4 所示。

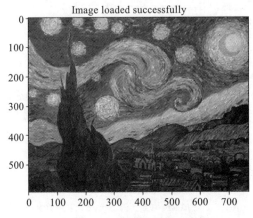

图 12-2　输入的原图像

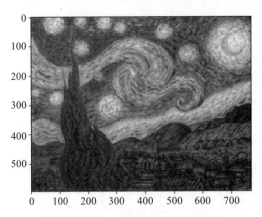

图 12-3　VGG19 第 4 层学习的特征

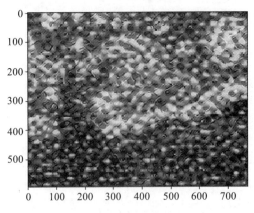

图 12-4　VGG19 中第 8 卷积层的学到的特征

使用 VGG19 的第 32 层：

效果如图 12-5 所示。

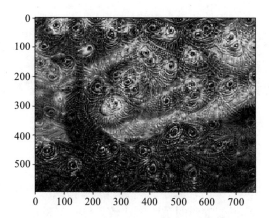

图 12-5　VGG19 中第 32 卷积层学到的特征

VGG19 预训练模型是基于 ImageNet 大数据集训练的模型，该数据集共有 1000 个类别。从上面的结果可以看出，越靠近顶部的层，其激活值表现就越全面或抽象，如像某些类别（比如狗）的图案。

12.2　风格迁移

12.1 节已经介绍了利用 Deep Dream 显示一个卷积网络某一层学习得到的一些特征，这些特征从底层到顶层，其抽象程度是不一样的。实际上，这些特征还包括风格（Style）重要信息，风格迁移目前有 3 种风格。

第一种为普通风格迁移（A Neural Algorithm of Artistic Style），其特点是固定风格固定内容，这是很经典的一种风格迁移方法；

第二种为快速风格迁移（Perceptual Losses for Real-Time Style Transfer and Super-Resolution），其特点是固定风格任意内容；

第三种是极速风格迁移（Meta Networks for Neural Style Transfer），其特点是任意风格任意内容。本节将主要介绍第一种普通风格迁移。

基于神经网络的普通图像风格迁移是德国 Gatys 等人在 2015 年提出的，其主要原理是将参考图像的风格应用于目标图像，同时保留目标图形的内容，如图 12-6 所示。

实现风格迁移核心思想就是定义损失函数，如何定义损失函数就成为解决问题的关键。这个损失函数应该包括内容损失和风格损失，这里的损失包括风格损失和内容损失。用公式来表示就是：

```
loss = distance(style(reference_image) - style(generated_image)) +
```

```
distance(content(original_image) - content(generated_image))
```

如何定义内容损失和风格损失？这是接下来我们要介绍的内容。

目标内容　　　　　　　　参考风格　　　　　　　组合后的图像

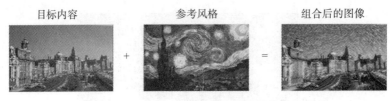

图 12-6　一个风格迁移的示例

12.2.1　内容损失

从 12.1 节 Deep Dream 的实例我们知道，卷积网络不同层学到的图像特征是不一样的，靠近底层（或输入端）的卷积层学到的是图像比较具体、局部的一些特征，如位置、形状、颜色、纹理等。而越靠近顶部或输出端的卷积层学到图像的特征更全面、更抽象，但会丢失图像的一些详细信息。基于这个原因，Gatys 发现使用靠近底层但不能靠太近的层来衡量图像内容比较理想。图 12-7 是 Gatys 使用不同卷积层的特征值，进行内容重建和风格重建的效果比较图。

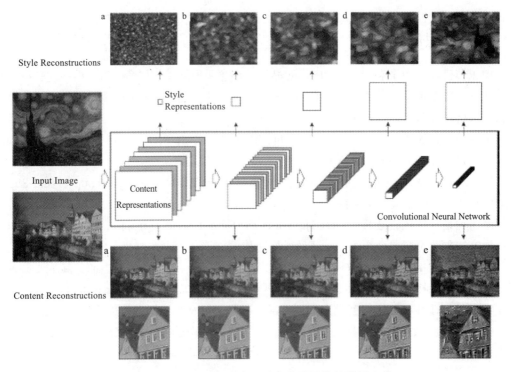

图 12-7　使用不同卷积层重建内容和风格的效果比较

对于内容重建来说，用了原始网络的 5 个卷积层，conv1_1 (a)、conv2_1 (b)、conv3_1 (c)、conv4_1 (d) 和 conv5_1 (e)，即图 12-7 下方中的 a、b、c、d、e。VGG 网络主要用来做内容识别，在实践中作者发现，使用前 3 层 a、b、c 已经能够达到比较好的内容重建工作，而 d、e 两层保留了一些比较高层的特征，丢失了一些细节。

用 PyTorch 实现内容损失函数：

1）定义内容损失函数。

```
class ContentLoss(nn.Module):

    def __init__(self, target,):
        super(ContentLoss, self).__init__()
        # # 必须要用detach来分离出target，这时候target不再是一个Variable，
        #这是为了动态计算梯度，否则forward会出错，不能向前传播.
        self.target = target.detach()

    def forward(self, input):
        self.loss = F.mse_loss(input, self.target)
        return input
```

2）在卷积层上求损失值。

```
content_layers = ['conv_4']

if name in content_layers:
            # 累加内容损失
            target = model(content_img).detach()
            content_loss = ContentLoss(target)
            model.add_module("content_loss_{}".format(i), content_loss)
            content_losses.append(content_loss)
```

12.2.2 风格损失

在图 12-5 中，我们对风格重建采用了 VGG 网络中靠近底层的一些卷积层的不同子集：

```
'conv1_1'  (a),
'conv1_1'  and  'conv2_1'  (b),
'conv1_1',  'conv2_1'  and  'conv3_1'  (c),
'conv1_1',  'conv2_1' ,  'conv3_1' and  'conv4_1'  (d),
'conv1_1',  'conv2_1' ,  'conv3_1',  'conv4_1' and  'conv5_1'  (e)。
```

靠近底层的卷积层保留了图像的很多纹理、风格等信息。从图 12-7 可以发现，d、e 效果更好些。

至于如何衡量风格？Gatys 采用了基于通道的格拉姆矩阵（Gram Matrix），具体是某一层的不同通道的特征图的内积，这个内积可以理解为该层特征之间相互关系的映射，这些关系反映了图像的纹理统计规律。Gram Matrices 的计算过程如图 12-8 所示。

假设输入图像经过卷积后，得到的特征图（Feature Map）为 $[ch, h, w]$，其中 ch 表示通道数，h、w 分别表示特征图的大小。经过 Flatten 和矩阵转置操作，可以变形为 $[ch, h*w]$

和 [*h*w, ch*] 的矩阵。再对两矩阵做内积得到 [*ch, ch*] 大小的矩阵，这就是我们所说的 Gram Matrices，如图 12-8 中最后一个矩阵，就是格拉姆矩阵。

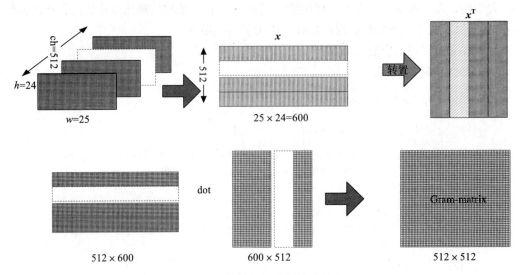

图 12-8　格拉姆矩阵的计算过程

图 12-8 中没有出现批量大小（Batch-Size），这里假设 Batch-Size=1，如果 Batch-Size 大于 1，x 矩阵的形状应该是（batch-size*ch，w*h）

用 PyTorch 实现风格损失，具体步骤如下。

1）先计算格拉姆矩阵。

```
def gram_matrix(input):
    a, b, c, d = input.size()  # a表示批量（batch size）的大小，这里batch size=1
    # b是特征图的数量
    # (c,d)是特征图的维度(N=c*d)

    features = input.view(a * b, c * d)  # 对应图12-5中的x矩阵

    G = torch.mm(features, features.t())  # 计算内积

    # 对格拉姆矩阵标准化
    # 通过对其处以特征图像素总数.
    return G.div(a * b * c * d)
```

2）计算风格损失。

```
class StyleLoss(nn.Module):

    def __init__(self, target_feature):
        super(StyleLoss, self).__init__()
        self.target = gram_matrix(target_feature).detach()
```

```
def forward(self, input):
    G = gram_matrix(input)
    self.loss = F.mse_loss(G, self.target)
    return input
```

3）在多个卷积层的累加。

```
style_layers = ['conv_1', 'conv_2', 'conv_3', 'conv_4', 'conv_5']
if name in style_layers:
            # 累加风格损失:
            target_feature = model(style_img).detach()
            style_loss = StyleLoss(target_feature)
            model.add_module("style_loss_{}".format(i), style_loss)
            style_losses.append(style_loss)
```

4）总损失。

```
for sl in style_losses:
            style_score += sl.loss
            for cl in content_losses:
                content_score += cl.loss

            style_score *= style_weight
            content_score *= content_weight

            loss = style_score + content_score
```

在计算总的损失值时，对内容损失和风格损失是有侧重的，即需要对各自损失值加上权重。

12.2.3　用 PyTorch 实现神经网络风格迁移

这里使用的预训练模式还是 12.2.2 节使用的 VGG19 模型，输入数据包括一张代表内容的图像（上海外滩），另一张代表风格的图像（梵高的星空）。以下是主要步骤，详细代码请看代码编号为 pytorch-12-02.ipynb 的代码。

1）导入数据，并进行预处理。

```
#指定输出图像大小
imsize = 512 if torch.cuda.is_available() else 128  # use small size if no gpu
imsize_w=600

#对图像进行预处理
loader = transforms.Compose([
    transforms.Resize((imsize,imsize_w)),# scale imported image
    transforms.ToTensor()])  # transform it into a torch tensor

def image_loader(image_name):
    image = Image.open(image_name)
    # 增加一个维度，其值为1
    #这是为了满足神经网络对输入图像的形状要求
    image = loader(image).unsqueeze(0)
    return image.to(device, torch.float)
```

```
style_img = image_loader("./data/starry-sky.jpg")
content_img = image_loader("./data/shanghai_buildings.jpg")

print("style size:",style_img.size())
print("content size:",content_img.size())
assert style_img.size() == content_img.size(), "we need to import style and
content images of the same size"
```

2）显示图像。

```
unloader = transforms.ToPILImage()  # reconvert into PIL image

plt.ion()

def imshow(tensor, title=None):
    image = tensor.cpu().clone()  # 为避免因image修改影响tensor的值，这里采用clone
    image = image.squeeze(0)      # 去掉批量这个维度
    image = unloader(image)
    plt.imshow(image)
    if title is not None:
        plt.title(title)
    plt.pause(0.001) # pause a bit so that plots are updated

plt.figure()
imshow(style_img, title='Style Image')

plt.figure()
imshow(content_img, title='Content Image')
```

运行结果如图 12-9、图 12-10 所示。

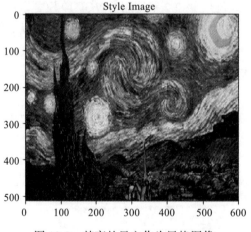

图 12-9　梵高的星空作为风格图像

3）下载预训练模型。

```
cnn = models.vgg19(pretrained=True).features.to(device).eval()
```

```
#查看网络结构
print(cnn)
```

获取的预模型，无须更新权重，故把特征设置为 eval() 模式，而非 train() 模式。

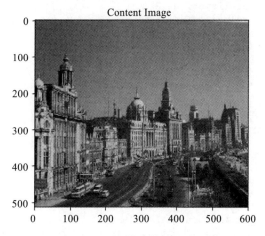

图 12-10　上海外滩作为内容图像

4）选择优化器。

```
def get_input_optimizer(input_img):
    # 这里需要对输入图像进行梯度计算，故需要设置为requires_grad_()，优化方法采用LBFGS
    optimizer = optim.LBFGS([input_img.requires_grad_()])
    return optimizer
```

5）构建模型。

```
# 为计算内容损失和风格损失，指定使用的卷积层
content_layers_default = ['conv_4']
style_layers_default = ['conv_1', 'conv_2', 'conv_3', 'conv_4', 'conv_5']

def get_style_model_and_losses(cnn, normalization_mean, normalization_std,
                               style_img, content_img,
                               content_layers=content_layers_default,
                               style_layers=style_layers_default):
    cnn = copy.deepcopy(cnn)

    # 标准化模型
    normalization = Normalization(normalization_mean, normalization_std).
to(device)

    # 初始化损失值
    content_losses = []
    style_losses = []

    # 使用sequential方法构建模型
    model = nn.Sequential(normalization)

    i = 0  # 每次迭代增加1
```

```
    for layer in cnn.children():
        if isinstance(layer, nn.Conv2d):
            i += 1
            name = 'conv_{}'.format(i)
        elif isinstance(layer, nn.ReLU):
            name = 'relu_{}'.format(i)
            layer = nn.ReLU(inplace=False)
        elif isinstance(layer, nn.MaxPool2d):
            name = 'pool_{}'.format(i)
        elif isinstance(layer, nn.BatchNorm2d):
            name = 'bn_{}'.format(i)
        else:
            raise RuntimeError('Unrecognized layer: {}'.format(layer.__class__.__
name__))

        model.add_module(name, layer)

        if name in content_layers:
            # 累加内容损失
            target = model(content_img).detach()
            content_loss = ContentLoss(target)
            model.add_module("content_loss_{}".format(i), content_loss)
            content_losses.append(content_loss)

        if name in style_layers:
            # 累加风格损失
            target_feature = model(style_img).detach()
            style_loss = StyleLoss(target_feature)
            model.add_module("style_loss_{}".format(i), style_loss)
            style_losses.append(style_loss)

    # 我们需要对在内容损失和风格损失之后的层进行修剪
    for i in range(len(model) - 1, -1, -1):
        if isinstance(model[i], ContentLoss) or isinstance(model[i], StyleLoss):
            break
    model = model[:(i + 1)]
    return model, style_losses, content_losses
```

6）训练模型。

```
def run_style_transfer(cnn, normalization_mean, normalization_std,
                       content_img, style_img, input_img, num_steps=300,
                       style_weight=1000000, content_weight=1):
    """Run the style transfer."""
    print('Building the style transfer model..')
    model, style_losses, content_losses = get_style_model_and_losses(cnn,
        normalization_mean, normalization_std, style_img, content_img)
    optimizer = get_input_optimizer(input_img)

    print('Optimizing..')
    run = [0]
    while run[0] <= num_steps:

        def closure():
            # correct the values of updated input image
```

```
input_img.data.clamp_(0, 1)

optimizer.zero_grad()
model(input_img)
style_score = 0
content_score = 0

for sl in style_losses:
    style_score += sl.loss
for cl in content_losses:
    content_score += cl.loss

style_score *= style_weight
content_score *= content_weight

loss = style_score + content_score
loss.backward()

run[0] += 1
if run[0] % 50 == 0:
    print("run {}:".format(run))
    print('Style Loss : {:4f} Content Loss: {:4f}'.format(
        style_score.item(), content_score.item()))
    print()
return style_score + content_score

        optimizer.step(closure)
    # a last correction...
    input_img.data.clamp_(0, 1)

    return input_img
```

7）运行结果。

效果如图 12-11 所示。

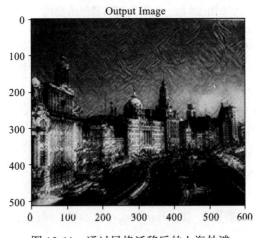

图 12-11　通过风格迁移后的上海外滩

12.3 PyTorch 实现图像修复

近些年，深度学习在图像修复（Image Inpainting）领域取得了重大进展，方法很多，但基本原理类似。本节介绍一种基于编码器与解码器网络结构的图像修复方法。

12.3.1 网络结构

该网络结构称为上下文解码器（Context Encoders），主要由编码器—解码器构成。不过编码器与解码器之间不是通常的全连接层，而是采用 Channel-Wise Fully-Connected Layer，利用这种网络层可大大地降低参数量。此外，还有一个对抗判别器，用来区分预测值与真实值，这个与生成式对抗网络的判别器功能类似，具体网络结构如图 12-12 所示。

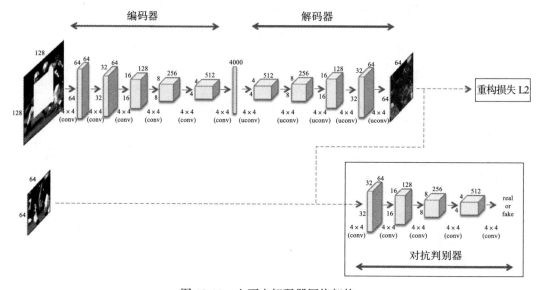

图 12-12　上下文解码器网络架构

其中解码器基于 AlexNet 网络，5 个卷积加上池化，如果输入图像为 227×227，可以得到一个 $6 \times 6 \times 256$ 的特征图。解码器就是一系列的 5 个上卷积的操作，使其恢复到与原图一样的大小。

该网络之所以称为 Context Encoder 是因为采用了语言处理中根据上下文预测的原理，这里采用被损坏周围的图像特征来预测被损坏的部分。那如何学习到被损坏的特征？这就涉及 12.3.2 节将介绍的损失函数。

12.3.2 损失函数

整个模型的损失值由重构损失（Reconstruction Loss）与对抗损失（Adversarial Loss）组成。重构损失的计算公式为：

$$\mathcal{L}_{\text{rec}}(\chi) = \|\boldsymbol{M} \odot (\chi - F((1-\boldsymbol{M}) \odot \chi)) \|_2^2 \qquad (12\text{-}1)$$

其中⊙为逐元操作，$\boldsymbol{M}$ 为缺失图像的二进制掩码，1 表示缺失部分像素，0 表示输入像素。如果只有重构损失，修复的图像会比较模糊，为解决这个问题，可增加一个对抗损失。

对抗损失从多种可能的输出模式中选择一种，也可以说是进行特定模式选择，使得预测结果看起来更真实。对抗损失的计算公式为：

$$\mathcal{L}_{\text{adv}} = \max_{D} E_{x \in \chi}[\log(D(x)) + \log(1 - D(F((1-\boldsymbol{M}) \odot x)))] \qquad (12\text{-}2)$$

总的损失函数为重构损失与对抗损失的加权值。

$$\mathcal{L} = \lambda_{\text{rec}} \mathcal{L}_{\text{rec}} + \lambda_{\text{adv}} \mathcal{L}_{\text{adv}} \qquad (12\text{-}3)$$

12.3.3　图像修复实例

为了给读者直观的理解，可以使用一个预训练模型来实现图像修复，该预训练模型是基于大量街道数据训练得到的。

1. 定义测试模型，本节详细代码号为：pytorch-12-03.ipynb

```
class netG(nn.Module):
    def __init__(self, opt):
        super(netG, self).__init__()
        #ngpu表示gpu个数，如果大于1，将使用并发处理
        self.ngpu = opt.ngpu
        self.main = nn.Sequential(
            # 输入通道数opt.nc，输出通道数为opt.nef
            nn.Conv2d(opt.nc,opt.nef,4,2,1, bias=False),
            nn.LeakyReLU(0.2, inplace=True),
            nn.Conv2d(opt.nef,opt.nef,4,2,1, bias=False),
            nn.BatchNorm2d(opt.nef),
            nn.LeakyReLU(0.2, inplace=True),
            nn.Conv2d(opt.nef,opt.nef*2,4,2,1, bias=False),
            nn.BatchNorm2d(opt.nef*2),
            nn.LeakyReLU(0.2, inplace=True),
            nn.Conv2d(opt.nef*2,opt.nef*4,4,2,1, bias=False),
            nn.BatchNorm2d(opt.nef*4),
            nn.LeakyReLU(0.2, inplace=True),
            nn.Conv2d(opt.nef*4,opt.nef*8,4,2,1, bias=False),
            nn.BatchNorm2d(opt.nef*8),
            nn.LeakyReLU(0.2, inplace=True),
            nn.Conv2d(opt.nef*8,opt.nBottleneck,4, bias=False),
            # tate size: (nBottleneck) x 1 x 1
            nn.BatchNorm2d(opt.nBottleneck),
            nn.LeakyReLU(0.2, inplace=True),
            #后面采用转置卷积，opt.ngf为该层输出通道数
            nn.ConvTranspose2d(opt.nBottleneck, opt.ngf * 8, 4, 1, 0, bias=False),
            nn.BatchNorm2d(opt.ngf * 8),
            nn.ReLU(True),
            nn.ConvTranspose2d(opt.ngf * 8, opt.ngf * 4, 4, 2, 1, bias=False),
```

```
            nn.BatchNorm2d(opt.ngf * 4),
            nn.ReLU(True),
            nn.ConvTranspose2d(opt.ngf * 4, opt.ngf * 2, 4, 2, 1, bias=False),
            nn.BatchNorm2d(opt.ngf * 2),
            nn.ReLU(True),
            nn.ConvTranspose2d(opt.ngf * 2, opt.ngf, 4, 2, 1, bias=False),
            nn.BatchNorm2d(opt.ngf),
            nn.ReLU(True),
            nn.ConvTranspose2d(opt.ngf, opt.nc, 4, 2, 1, bias=False),
            nn.Tanh()
        )

    def forward(self, input):
        if isinstance(input.data, torch.cuda.FloatTensor) and self.ngpu > 1:
            output = nn.parallel.data_parallel(self.main, input, range(self.ngpu))
        else:
            output = self.main(input)
        return output
```

2. 加载数据
包括加载预训练模型及测试图像等。

```
netG = netG(opt)
#加载预训练模型，其存放路径为opt.netG
netG.load_state_dict(torch.load(opt.netG,map_location=lambda storage, location:
storage)['state_dict'])
netG.eval()

transform = transforms.Compose([transforms.ToTensor(),
                                transforms.Normalize((0.5, 0.5, 0.5), (0.5, 0.5, 0.5))])

#加载测试图像
image = load_image(opt.test_image, opt.imageSize)
image = transform(image)
image = image.repeat(1, 1, 1, 1)
```

3. 保存图像

```
save_image('val_real_samples.png',image[0])
save_image('val_cropped_samples.png',input_cropped.data[0])
save_image('val_recon_samples.png',recon_image.data[0])
print('%.4f' % errG.item())
```

4. 查看修复后的图像

```
reconsPath = 'val_recon_samples.png'
Image = mpimg.imread(reconsPath)
plt.imshow(Image)  # 显示图像
plt.axis('off')  # 不显示坐标轴
plt.show()
```

运行结果如图 12-13 所示。

图 12-13　修复后的图像

5. 修复被损坏图像的过程

修复被损坏的图像，结果如图 12-14 所示。

图 12-14　修复被损坏一块的图像过程示意图

12.4　PyTorch 实现 DiscoGAN

人们在有内在关系的两个不同域之间，往往无须经过监督学习就能发现其对应关系，如一句中文与一句翻译后的英文之间的关系，选择与一条裙子具有相同风格的鞋子、提包等。对于机器来说，自动学习不同域的关系，挑战很大。不过探索生成对抗网络（Discovery Generative Adversarial Network, DiscoGAN），在这方面取得了不俗的效果。

探索生成对抗网络涉及两个不同的视觉域的关系，将一个域的图像转化为另一个域，期间不需要任何两个域之间的关系信息。它的基本思想是确保所有在域 1 内的图像都可以用域 2 里的图像进行表示，利用重构损失来衡量原图像经过两次转换（即从域 1 到域 2 再到域 1）后被重构的效果。DiscoGAN 的工作原理如图 12-15 所示。

利用 DiscoGAN 学到的提包与鞋子之间的内在关系，可以进行很多有意义的应用，如帮助电商向客户推荐配套衣服、鞋子、帽子等。

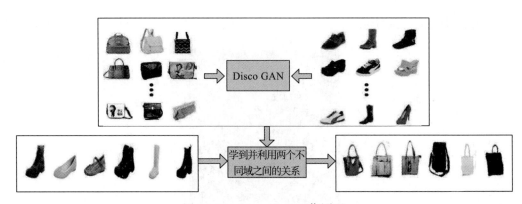

图 12-15　DiscoGAN 工作原理

12.4.1　DiscoGAN 架构

　　DiscoGAN 是一种能够自动学习并发现跨域关系的生成对抗网络。该模型建立了从一个领域到另一个领域的映射关系。在训练过程中，使用了两个不同的图像数据集，并且这两个数据集之间没有任何显式的标签，同时也不需要预训练。该模型把一个领域中图像作为输入，然后输出另一个领域中的对应的图像，其架构如图 12-16 所示。

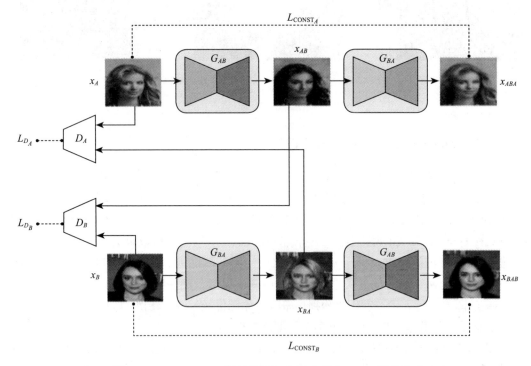

图 12-16　DiscoGAN 的架构图，它是由两个 GAN 模型组成

这个架构看起来有点复杂，不过将其拆分一下就比较简单了。图 12-17 是一个标准的 GAN 结构。

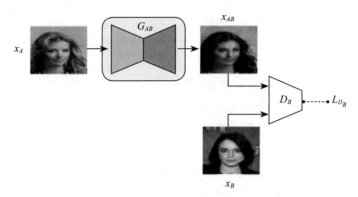

图 12-17　DiscoGAN 中的 GAN 架构

在图 12-17 中，生成器 G_{AB} 是一对编码器和解码器，D_B 是判别器。在图 12-17 中，加上重构损失，便得到图 12-18。

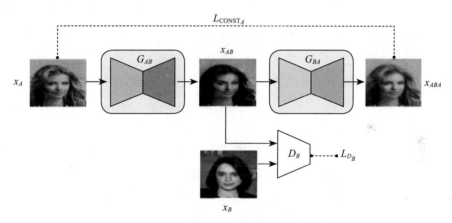

图 12-18　标准 GAN 加上重构损失的架构图

图 12-18 中只有从 A 域到 B 域的映射关系，如果加上从 B 域到 A 域的映射关系，就得到图 12-16。图中有很多字符，它们的具体含义是什么？下面进行一些简单解释。

G_{AB}：是生成器函数，功能是将域 A 的图像 x_A 转换为域 B 的图像 x_{AB}。

G_{BA}：是生成器函数，功能是将域 B 的图像 x_B 转换为域 A 的图像 x_{BA}。

$G_{AB}(x_A)$：包含了在域 A 的 x_A 经过转换后属于域 B 的所有可能结果。

$G_{BA}(x_B)$：包含了在域 B 的 x_B 经过转换后属于域 A 的所有可能结果。

D_A：是域 A 内的判别器函数。

D_B：是域 B 内的判别器函数。

12.4.2 损失函数

从图 12-16 可知，DiscoGAN 能够学习到两个领域之间的双射关系，它由两个带有重构损失的 GAN 组成，这两个模型同时训练，并且对应的产生器共享权值，产生的图像分别送往各自的判别器。产生器损失是两个 GAN 损失和两个重构损失项的和，判别器损失也是两个模型判别器损失的和。具体过程如下：

1）G_{AB} 将域 A 的图像 X_A 转换为域 B 内的图像 X_{AB}。

2）生成的 X_{AB} 图像被传回域 A 的 X_{ABA}。

3）利用距离指标（如 MSE）和余弦距离来计算转换后的图像与原图像的重构损失 L_{CONST_A}。

4）将生成器生成的图像 X_{AB} 传入判别器，得到和域 B 真实图像进行比较后的分数。

5）以上是从域 A 到域 B，从域 B 到域 A 类似。

其中：
$$X_{AB} = G_{AB}(X_A) \tag{12-4}$$
$$X_{ABA} = G_{BA}(X_{AB}) = G_{BA} \circ G_{AB}(X_A) \tag{12-5}$$
$$L_{CONST_A} = d(X_{ABA}, X_A) \tag{12-6}$$
$$L_{GAN_B} = -E_{\chi_A \sim P_A}[\log D_B(G_{AB}(X_A))] \tag{12-7}$$

生成器 G_{AB} 的损失函数包括重构损失 L_{CONST_A} 和标准 GAN 损失 L_{GAN_B}。

$$L_{G_{AB}} = L_{GAN_B} + L_{CONST_A} \tag{12-8}$$

其中 L_{CONST_A} 用来衡量原图像经过域 A→域 B→域 A 转换后重构的效果，L_{GAN_B} 用来衡量生成图像接近域 B 的程度。

判别器 D_B 的损失函数为：

$$L_{D_B} = -E_{\chi_B \sim P_B}[\log D_B(X_B)] - E_{\chi_A \sim P_A}[\log(1 - D_B(G_{AB}(X_A)))] \tag{12-9}$$

两个组合的 GAN 被同时训练，以训练 L_{CONST_A} 和 L_{CONST_B}

$$L_G = L_{G_{AB}} + L_{G_{BA}} \tag{12-10}$$

总的判别器损失为域 A 和域 B 的判断器损失的和：

$$L_D = L_{D_A} + L_{D_B} \tag{12-11}$$

为了达到一对一的双射关系（如图 12-19 所示），DiscoGAN 模型利用两个 GAN 损失和两个重构损失做限制。

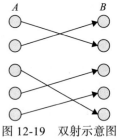

图 12-19　双射示意图

12.4.3 DiscoGAN 实现

1. 生成器的网络结构

```
class GeneratorCNN(nn.Module):
    def __init__(self, input_channel, output_channel, conv_dims, deconv_dims, num_gpu):
        super(GeneratorCNN, self).__init__()
```

```
        self.num_gpu = num_gpu
        self.layers = []

        prev_dim = conv_dims[0]
        self.layers.append(nn.Conv2d(input_channel, prev_dim, 4, 2, 1, bias=False))
        self.layers.append(nn.LeakyReLU(0.2, inplace=True))

        for out_dim in conv_dims[1:]:
            self.layers.append(nn.Conv2d(prev_dim, out_dim, 4, 2, 1, bias=False))
            self.layers.append(nn.BatchNorm2d(out_dim))
            self.layers.append(nn.LeakyReLU(0.2, inplace=True))
            prev_dim = out_dim

        for out_dim in deconv_dims:
            self.layers.append(nn.ConvTranspose2d(prev_dim, out_dim, 4, 2, 1, bias=False))
            self.layers.append(nn.BatchNorm2d(out_dim))
            self.layers.append(nn.ReLU(True))
            prev_dim = out_dim

        self.layers.append(nn.ConvTranspose2d(prev_dim, output_channel, 4, 2, 1,
bias=False))
        self.layers.append(nn.Tanh())

        self.layer_module = nn.ModuleList(self.layers)

    def main(self, x):
        out = x
        for layer in self.layer_module:
            out = layer(out)
        return out

    def forward(self, x):
        return self.main(x)
```

2. 判别器的网络结构

```
class DiscriminatorCNN(nn.Module):
    def __init__(self, input_channel, output_channel, hidden_dims, num_gpu):
        super(DiscriminatorCNN, self).__init__()
        self.num_gpu = num_gpu
        self.layers = []

        prev_dim = hidden_dims[0]
        self.layers.append(nn.Conv2d(input_channel, prev_dim, 4, 2, 1,
bias=False))
        self.layers.append(nn.LeakyReLU(0.2, inplace=True))

        for out_dim in hidden_dims[1:]:
            self.layers.append(nn.Conv2d(prev_dim, out_dim, 4, 2, 1, bias=False))
            self.layers.append(nn.BatchNorm2d(out_dim))
            self.layers.append(nn.LeakyReLU(0.2, inplace=True))
            prev_dim = out_dim
```

```
        self.layers.append(nn.Conv2d(prev_dim, output_channel, 4, 1, 0,
bias=False))
        self.layers.append(nn.Sigmoid())

        self.layer_module = nn.ModuleList(self.layers)

    def main(self, x):
        out = x
        for layer in self.layer_module:
            out = layer(out)
        return out.view(out.size(0), -1)

    def forward(self, x):
        return self.main(x)
```

12.4.4　用 PyTorch 实现从边框生成鞋子

1. 导入模块

```
import torch

from DiscoGAN12.trainer import Trainer
from DiscoGAN12.config import get_config
from DiscoGAN12.data_loader import get_loader
from DiscoGAN12.utils import prepare_dirs_and_logger, save_config
```

2. 定义数据导入、预处理、训练模型的主函数

```
def main(config):
    prepare_dirs_and_logger(config)

    torch.manual_seed(config.random_seed)
    if config.num_gpu > 0:
        torch.cuda.manual_seed(config.random_seed)

    if config.is_train:
        data_path = config.data_path
        batch_size = config.batch_size
    else:
        if config.test_data_path is None:
            data_path = config.data_path
        else:
            data_path = config.test_data_path
        batch_size = config.sample_per_image

    a_data_loader, b_data_loader = get_loader(
            data_path, batch_size, config.input_scale_size,
            config.num_worker, config.skip_pix2pix_processing)

    trainer = Trainer(config, a_data_loader, b_data_loader)
```

```
    if config.is_train:
        save_config(config)
        trainer.train()
    else:
        if not config.load_path:
                raise Exception("[!] You should specify `load_path` to load a
pretrained model")
        trainer.test()
```

3. 执行主程序

```
config, unparsed = get_config()
main(config)
```

运行第 4800 次的日志信息：

```
53%|████████     | 4800/9000 [3:15:39<2:49:54,  2.43s/it]
[4800/9000] Loss_D: 2.5586 Loss_G: 2.3439
[4800/9000] l_d_A_real: 1.4746 l_d_A_fake: 0.0779, l_d_B_real: 0.6102, l_d_B_
fake: 0.3958
[4800/9000] l_const_A: 0.0206 l_const_B: 0.1981, l_gan_A: 0.6585, l_gan_B: 1.4667
[*] Samples saved: logs/edges2shoes_2019-05-24_10-37-37/4800_x_AB.png
[*] Samples saved: logs/edges2shoes_2019-05-24_10-37-37/4800_x_ABA.png
[*] Samples saved: logs/edges2shoes_2019-05-24_10-37-37/4800_x_BA.png
 53%|████████     | 4801/9000 [3:15:43<3:32:46,  3.04s/it]
[*] Samples saved: logs/edges2shoes_2019-05-24_10-37-37/4800_x_BAB.png
```

4. 查看测试结果

```
plt.figure(figsize=(12,8))
reconsPath1 = 'logs/edges2shoes_2019-05-24_10-37-37/test/25_x_B.png'
Image1 = mpimg.imread(reconsPath1)
reconsPath2 = 'logs/edges2shoes_2019-05-24_10-37-37/test/25_x_BA.png'
Image2 = mpimg.imread(reconsPath2)
reconsPath3 = 'logs/edges2shoes_2019-05-24_10-37-37/test/25_x_BAB.png'
Image3 = mpimg.imread(reconsPath3)
plt.subplot(1,3,1)
plt.imshow(Image1) # 显示图像
plt.axis('off') # 不显示坐标轴
plt.subplot(1,3,2)
plt.imshow(Image2) # 显示图像
plt.axis('off') # 不显示坐标轴
plt.subplot(1,3,3)
plt.imshow(Image3) # 显示图像
plt.axis('off') # 不显示坐标轴
plt.show()
```

效果如图 12-20 所示。

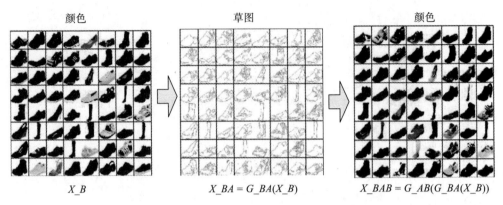

图 12-20 带颜色的鞋子到鞋子草图再映射到带颜色的鞋子

12.5 小结

生成式网络是深度学习中一个后起之秀，它属于半监督学习，把图像生成与判别融合在一起，在视觉处理、语言处理等方面前景广阔。本章首先介绍了 Deep Dream，它可以把通过深度学习获取的特征进行迁移或可视化，从而产生一些具有梦幻效果的图像。然后，介绍了如何定义图像所具有的风格，并把这些风格迁移和其他图像的内容结合在一起生成新的图像。最后用 PyTorch 来实现生成图像的几个典型实例。

Caffe2 模型迁移实例

PyTorch1.0 之后，PyTorch 与 Caffe2 整合在一起了。自 2017 年 1 月发布之后，由于调试、编译等多方面的优势，PyTorch 已经成为很多科研机构首选的深度学习框架。而 2017 年 4 月推出的 Caffe2 则具有可在 iOS、Android 和树莓派等多种设备上训练和部署模型的优势。尽管获得了很多用户的支持，在面对谷歌支持的 TensorFlow 生态时，PyTorch 和 Caffe2 各自仍有短板，此次合并具有里程碑式的意义。

这章主要介绍 Caffe2 有关迁移问题，具体包括如下内容：

❑ Caffe2 简介。
❑ 如何把 Caffe 升级到 Caffe2。
❑ 如何把 PyTorch 迁移到 Caffe2。

13.1　Caffe2 简介

2017 年 4 月 18 日，Facebook 推出了 Caffe2，一个兼具表现力、速度和模块性的开源深度学习框架。它沿用了大量的 Caffe 设计，可解决多年来在 Caffe 的使用和部署之中的瓶颈问题。最终，通过 Caffe2 在内部用于各种深度学习和增强现实任务，它已经在 Facebook 对于规模和性能的需求上得到了有效验证。

同时，它为移动端应用提供了令人印象深刻的新功能，例如高级相机和即时通信功能。在保有扩展性和高性能的同时，Caffe2 也强调了便携性。其一开始就以性能、扩展、移动端部署作为主要设计目标。Caffe2 的核心 C++ 库能够提供速度和便携性，而 Python 和 C++ API 使你可以轻松地在 Linux、Windows、iOS、Android，甚至 Raspberry Pi 和 NVIDIA Tegra 上进行原型设计、训练和部署，可见 Caffe2 将使用于大量设备。

在 FaceBook 和英伟达的合作下，Caffe2 已经可以充分地利用英伟达 GPU 深度学习平台。Caffe2 可使用最新的英伟达深度学习 SDK 库（cuDNN、cuBLAS、NCCL）来实现高性能、多 GPU 加速训练和推理。绝大多数内置函数都可根据运行状态在 CPU 模式和 GPU 模式之间无缝切换。这意味着无须额外的编程即可利用深度学习加速的便利。Caffe2 多 GPU 和多主机处理，使并行化网络训练变得简单。

在 Caffe 中神经网络用一个 Net 来表征，它有层组成，这些层是以神经网络中心化方式来定义计算，然而这创建了一种刚性的计算模式，并带来了很多硬编码例程，尤其是深度神经网络训练方面。Caffe2 采用了更现代的计算图（Computation Graph）来表征神经网络或者包括集群通信和数据压缩在内的其他计算。

这一计算图采用 Operator 的概念，在给定输入的适当数量和类型以及参数的情况下，每一个算子都包括了计算所必需的逻辑。尽管 Caffe 中的层总是采用张量（矩阵或多维数组）的概念，但 Caffe2 中的算子可采用并产生包含随意对象的 blob，这一设计使得很多过去在 Caffe 中不可实现的事情变得可能：

1）CNN 分布式训练可由单个计算图表征，不管是在一个或多个 GPU 还是在多台机器上训练，这对 Facebook 规模的深度学习应用很关键。

2）在专业的硬件上轻松地进行异构计算，例如在 iOS 上，Caffe2 计算图可从 CPU 获取图像，将其转化为 Metal GPU 缓存对象，并将计算完全保留在 GPU 上，以获得最大吞吐量。

3）更好地管理运行时间资源，比如使用 Memonger 优化静态内存，或者预打包训练网络以获得最佳性能。

4）float、float16、int8 混合精度和其他量化模型的计算，Caffe2 有超过 400 个算子，具备广泛的功能。

读者可以参考 Caffe2 算子目录：http://caffe2.ai/docs/operators-catalogue.html。

查看 Caffe2 稀疏操作：http://caffe2.ai/docs/sparse-operations.html。

学习如何编写自定义 Caffe2 算子：http://caffe2.ai/docs/custom-operators.html。

13.2　Caffe 如何升级到 Caffe2

Caffe2 的发布，相比较于 Caffe 有了很大的优化，运行速度也快了很多，因此会有一些业务需要将 Caffe 升级到 Caffe2，关于 Caffe 转 Caffe2 可以参考如下步骤。

1）安装好 Caffe2，相关安装教程可以参考官方文档：https://caffe2.ai/docs/getting-started.html?platform=windows&configuration=compile，Caffe 转 Caffe2 可以参考官方说明：https://caffe2.ai/docs/caffe-migration.html。

接下来是具体的步骤说明：

配置需转换的 caffe 文件，在自己的工程的 caffe 文件夹的 models 文件夹中新建一个以你需要转换的模型的名字命名的文件夹，然后把你的模型和相应的参数文件放在该文件夹下（.prototxt 和 .caffemodel），可以使用官方提供的测试代码测试是否配置正确：

https://github.com/caffe2/caffe2/blob/master/caffe2/python/tutorials/Getting_Caffe1_Models_for_Translation.ipynb。

2）在命令行中指定路径到你刚才新建的这个文件夹，例如在"caffe/models/resnet"中，所以在命令行输入：cd caffe/models/resnet。

3）接下来通过命令行进行转换，在命令行下输入：python -m caffe2.python.caffe_translator deploy.prototxt pretrained.caffemodel。

需要注意的是，要将其中的 pretrained 换成你需要转的 caffe 模型名。这样在新建的文件夹下，你会发现除了之前的两个 caffe 模型和对应参数文件外，还多了两个 .pb 文档，这个文件的命名和路径的修改可以在 caffe_translator 源码 695 和 696 行实现。

转换遇到的问题：ValueError:Unknown argument type:key=values value=[-0.2215468734502。

这是 protobuffer 版本的问题，参考 https://github.com/caffe2/caffe2/issues/482，升级版本到 3.3.0 即可。

pip upgrade 的方式安装 protobuffer，通过 protoc --version 依然是原来的版本，这个时候需要下载源代码进行编译安装。

TypeError: __init__() got an unexpected keyword argument 'syntax'。这是由于 protoc 和 python-protobuf 版本不一致的问题，可通过以下方法解决：

a. .cd ./python

b. .python setup.py build

c. .python setup.py install

13.3　PyTorch 如何迁移到 Caffe2

接下来，将介绍如何使用 ONNX 将 PyTorch 中定义的模型转换为 ONNX 格式，然后将其加载到 Caffe2 中。一旦进入 Caffe2，我们就可以运行模型来仔细检查它是否正确导出。这时需要安装 ONNX 和 Caffe2。可以使用"pip install onnx"获取 ONNX 的二进制版本。

Open Neural Network Exchange (ONNX) 是开放生态系统的第一步，它使人工智能开发人员可以在项目的发展过程中选择合适的工具；ONNX 为 AI models 提供了一种开源格式。它定义了一个可以扩展的计算图模型，同时也定义了内置操作符和标准数据类型。最初我们关注的是推理（评估）所需的能力。Caffe2、PyTorch、Microsoft Cognitive Toolkit、Apache MXNet 和其他工具都在对 ONNX 进行支持。在不同的框架之间实现互操作性，并简化从研究到产品化的过程，可以提高人工智能社区的创新速度。

```
# 一些包的导入import ioimport numpy as np
from torch import nnimport torch.utils.model_zoo as model_zooimport torch.onnx
```

超分辨率是一种提高图像、视频分辨率的方法，广泛用于图像处理或视频剪辑。在本教程中，我们将首先使用带有虚拟输入的小型超分辨率模型。

首先，先在 PyTorch 中创建一个 SuperResolution 模型。这个模型直接来自 PyTorch 的例子，没有修改：

```
# PyTorch中定义的Super Resolution模型
import torch.nn as nn
import torch.nn.init as init
classSuperResolutionNet(nn.Module):
def__init__(self, upscale_factor, inplace=False):
super(SuperResolutionNet, self).__init__()

self.relu = nn.ReLU(inplace=inplace)
self.conv1 = nn.Conv2d(1, 64, (5, 5), (1, 1), (2, 2))
self.conv2 = nn.Conv2d(64, 64, (3, 3), (1, 1), (1, 1))
self.conv3 = nn.Conv2d(64, 32, (3, 3), (1, 1), (1, 1))
self.conv4 = nn.Conv2d(32, upscale_factor **2, (3, 3), (1, 1), (1, 1))
self.pixel_shuffle = nn.PixelShuffle(upscale_factor)

self._initialize_weights()

defforward(self, x):
        x =self.relu(self.conv1(x))
        x =self.relu(self.conv2(x))
        x =self.relu(self.conv3(x))
        x =self.pixel_shuffle(self.conv4(x))
return x

def_initialize_weights(self):
        init.orthogonal_(self.conv1.weight, init.calculate_gain('relu'))
        init.orthogonal_(self.conv2.weight, init.calculate_gain('relu'))
        init.orthogonal_(self.conv3.weight, init.calculate_gain('relu'))
        init.orthogonal_(self.conv4.weight)
# 使用上面模型定义,创建super-resolution模型
torch_model = SuperResolutionNet(upscale_factor=3)
```

通常，你现在会训练这个模型。这里我们将下载一些预先训练的权重。请注意，此模型未经过充分训练来获得良好的准确性，此处仅用于演示目的。

```
# 加载预先训练好的模型权重
del_url ='https://s3.amazonaws.com/PyTorch/test_data/export/superres_epoch100-
44c6958e.pth'
batch_size =1# just a random number
# 使用预训练的权重初始化模型
map_location =lambda storage, loc: storageif torch.cuda.is_available():
    map_location =None
torch_model.load_state_dict(model_zoo.load_url(model_url, map_location=map_
location))
# 将训练模式设置为falsesince we will only run the forward pass.
torch_model.train(False)
```

　　在 PyTorch 中导出模型通过跟踪工作。要导出模型，请调用 torch.onnx._export 函数。这将执行模型，记录运算符用于计算输出的轨迹。因为 _export 运行模型，需要提供输入张量 *x*。这个张量的值并不重要，只要它是正确的大小，它可以是图像或随机张量。要了解有关 PyTorch 导出界面的更多详细信息，请参考 torch.onnx documentation 文档。

```
# 输入模型
x = torch.randn(batch_size, 1, 224, 224, requires_grad=True)
# 导出模型
torch_out = torch.onnx._export(torch_model,x, "super_resolution.onnx",export_params=True)
```

　　torch_out 是执行模型后的输出。通常可以忽略此输出，但在这里需要使用它来验证导出的模型在 Caffe2 中运行时计算相同的值。

　　现在让我们采用 ONNX 表示并在 Caffe2 中使用它。这部分通常可以在一个单独的进程中或在另一台机器上完成，将继续在同一个进程中，以便可以验证 Caffe2 和 PyTorch 是否为网络计算相同的值：

```
import onnximport caffe2.python.onnx.backend as onnx_caffe2_backend
#加载ONNX Model Proto对象。 model是一个标准的Python protobuf对象
model = onnx.load("super_resolution.onnx")
#为执行模型准备caffe2后端，将ONNX模型转换为可以执行它的Caffe2 NetDef。
#其他ONNX后端，如CNTK的后端即将推出.
prepared_backend = onnx_caffe2_backend.prepare(model)
# 在Caffe2中运行该模型
#构造从输入名称到Tensor数据的映射。
#模型图形本身包含输入图像之后所有权重参数的输入。
#由于权重已经嵌入，我们只需要传递输入图像。
#设置第一个输入.
W = {model.graph.input[0].name: x.data.numpy()}
# Run the Caffe2 net:
c2_out = prepared_backend.run(W)[0]
#验证数字正确性
np.testing.assert_almost_equal(torch_out.data.cpu().numpy(), c2_out, decimal=3)
print("Exported model has been executed on Caffe2 backend, and the result looks good!")
```

　　可能遇到的问题：

　　1）Caffe 支持的卷积和池化层操作都是 2D 的，当模型所做的卷积和池化操作都是 1D 的时候，Caffe 只支持 2D 的操作。将原来的 input_size=(1, 1, 1024) 修改成了（1, 1, 1, 1024），然后做相应的 2D 卷积和池化操作。

　　2）遇到过这样一个 Import 问题：Segmentation fault (core dumped)，这个问题的原因还不是很清楚，查看是哪个 inport 出问题时发现 import caffe 在 import torch 之后时并不会报这个错误，但是 import torch 之后再 import caffe 就会报这个错误。

　　3）在调试代码时遇到过这个问题：ValueError: could not broadcast input array from shape (3，128) into shape (3，512)，这个问题和 Caffe 的源码有关，需要在 Caffe 的 proto

文件中修改 pooling 层的参数 optional bool ceil_mode = 13 [default = true]，而因为 Caffe 版本的原因，我的 Caffe 并没有这个参数，所以要将 ceil_mode 的相关参数和代码添加到现在 Caffe 的源码 pooling 层中，然后重新编译 Caffe 与 Pycaffe。

13.4　小结

本章主要介绍了 Caffe2 的一些特点，以及如何把 Caffe 升级到 Caffe2，如把 PyTorch 代码迁移到 Caffe2 等问题。

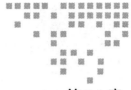

AI 新方向：对抗攻击

网络给我们带来了便利、信息、效率，同时也带来网络安全这一风险。人工智能也是如此。现在可以说各行各业都在进行人工智能＋的改造升级，但需要防范和抵抗恶意代码攻击、网络攻击等。

在人工智能带来的风险中，对抗攻击就是重要风险之一。攻击者可以通过各种手段绕过，或直接对机器学习模型进行攻击达到对抗目的，使我们的模型失效或误判。如果类似攻击发生在无人驾驶、金融 AI 等领域则将导致严重后果。所以，需要未雨绸缪，认识各种对抗攻击，并有效地破解各种对抗攻击。

本章主要介绍对抗攻击的相关内容，具体包括：

❑ 对抗攻击简介。
❑ 常见对抗样本生成方式。
❑ PyTorch 实现对抗攻击。
❑ 对抗攻击和防御措施。

14.1　对抗攻击简介

对抗攻击最核心的手段就是制造对抗样本去迷惑模型，比如在计算机视觉领域，攻击样本就是向原始样本中添加一些人眼无法察觉的噪声，这些噪声不会影响人类识别，但却很容易迷惑机器学习模型，使它做出错误的判断。如图 14-1 所示，在雪山样本中增加一些噪声，结果分类模型就把它视为狗了。

机器学习算法的输入形式为数值型向量（Numeric Vectors）。通过设计一种特别的输入以使模型输出错误的结果，这便被称为对抗性攻击

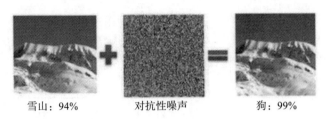

雪山：94%　　　　　对抗性噪声　　　　　狗：99%

图 14-1　对抗攻击示例

由于机器学习算法的输入形式是一种数值型向量（Numeric Vectors），所以攻击者就会通过设计一种有针对性的数值型向量从而让机器学习模型做出误判，这便被称为对抗性攻击。和其他攻击不同，对抗性攻击主要发生在构造对抗性数据的时候，之后该对抗性数据就如正常数据一样输入机器学习模型并得到欺骗的识别结果。

介绍的这两种分类方式，是在实际运用中测试防御模型效果较为常用的攻击模式。其中，黑盒攻击和白盒攻击的概念将会在防御算法的论文中被反复提及。一般提出的新算法，都需经受黑盒攻击和白盒攻击两种攻击模式的测定。

14.1.1　白盒攻击与黑盒攻击

1. 白盒攻击

攻击者能够获知机器学习所使用的算法，以及算法所使用的参数。攻击者在产生对抗性攻击数据的过程中能够与机器学习的系统有所交互。

2. 黑盒攻击

攻击者并不知道机器学习所使用的算法和参数，但攻击者仍能与机器学习的系统有所交互，比如可以通过传入任意输入观察输出，判断输出。

你可以将经过训练的神经网络看作一组单元格，而同一单元格里的每个点（比如本文中就代表图像）都与同一个类相关联。不过，这些单元格都过度线性化，很容易对细微的变化不敏感，而攻击者恰恰是抓住了这一点。理想情况下，每次对抗攻击都对应一个经过修改的输入，其背后的原理就是为图像的每一个类进行一次细微的干扰。对抗性图像攻击是攻击者构造一张对抗性图像，使人眼和图像识别机器识别的类型不同。比如攻击者可以针对使用图像识别的无人驾驶车，构造出一个图像，在人眼看来是一个停车标志，但是在汽车看来是一个限速 60 的标志。

14.1.2　无目标攻击与有目标攻击

对抗攻击从有无目标角度，又可分为无目标攻击和有目标攻击。

1. 无目标攻击（Untargeted Attack）

对于一张图像，生成一个对抗样本，使得标注系统在其上的标注与原标注无关，即只要攻击成功就好，而对抗样本的最终属于哪一类不做限制。

2. 有目标攻击 (Targeted Attack)

对于一张图像和一个目标标注句子，生成一个对抗样本，使得标注系统在其上的标注与目标标注完全一致，即不仅要求攻击成功，还要求生成的对抗样本属于特定的类。

14.2 常见对抗样本生成方式

前面已经介绍了几种对抗攻击方法，这些攻击方法中对抗样本起着非常重要的作用，而如何生成这些样本，可以根据不同的场景选择不同的算法，接下来将介绍两种常用算法：快速梯度符号法和快速梯度法。

14.2.1 快速梯度符号法

这是一种基于梯度生成对抗样本的算法，其训练目标是最大化损失函数 $J(x^*, y)$ 以获取对抗样本 x^*，其中 J 是分类算法中衡量分类误差的损失函数，通常取交叉熵损失。最大化 J 即使添加噪声后的样本不再属于 y 类，由此则达到了图 14-2 所示的目的。在整个优化过程中，需满足 L_∞ 约束 $\|x^*-x\|_\infty \leq \in$，即原始样本与对抗样本的误差要在一定范围之内。

其中 $x^* = x + \in \cdot \text{sign}(\nabla_x J(x, y))$，$\text{sign}()$ 是符号函数，括号里面是损失函数对 x 的偏导。

 +0.007 ×  =

x	$\text{sign}(\nabla_x J(\theta, x, y))$	$x + \in \text{sign}(\nabla_x J(\theta, x, y))$
熊猫	噪声	长臂猿
57.7% 置信度	8.2% 置信度	99.3% 置信度

图 14-2　使用快速梯度符号法攻击

图 14-2 中 FGSD 生成的对抗样本 $\in = 0.07$，在 FGSD 生成对抗样本的过程，添加噪声之前，原始图像有 57.7% 可能被认为是一只熊猫，添加噪声后，这张图像有 99.3% 的可能认为是一种长臂猿。

14.2.2 快速梯度算法

快速梯度（Fast Gradient Method，FGM）算法，它对 FGSD 做了推广，使其能够满足 L_2 的约束 $\|x^*-x\|_2 \leq \in$。其中 $x^* = x + \in \cdot \dfrac{\nabla_x J(x, y))}{\|\nabla_x J(x, y)\|_2}$。

类似方法还有很多，如迭代梯度符号算法（Iterative Gradient Sign Method，IFGSD），它是对 FGSD 的一种推广，是对 FGSD 算法的多次应用，以一个小的步进值 α 多次应用快速迭代法：

$$x_0^* = x, \ x_{t+1}^* = x_t^* + \alpha \cdot \mathrm{sign}(\nabla_x J(x_t^*, y))$$

为了使得到的对抗样本满足 L_∞（或 L_2）约束，通常将迭代步长设置为 $\alpha = \alpha/T$，其中 T 为迭代次数。实验表明，在白盒攻击时，IFGSD 比 FGSD 效果更好。

14.3　PyTorch 实现对抗攻击

前面已经介绍了对抗攻击概念及相关算法，接下来我们使用 PyTorch 具体实现无目标攻击和有目标攻击。

14.3.1　实现无目标攻击

这里使用 PyTorch 和 torchvision 包中的预训练分类器 Inception_v3 模型。

1）定义主要设置，下载预训练模型。

这里通过加载文件 classe.txt 导入 1000 种类别，预训练模型 Inception_v3 就是在有 1000 种类别的大数据集上训练的。

```
device = torch.device("cuda:0" if torch.cuda.is_available() else "cpu")
classes = eval(open('PyTorch-14/classes.txt').read())
trans = T.Compose([T.ToTensor(), T.Lambda(lambda t: t.unsqueeze(0))])
reverse_trans = lambda x: np.asarray(T.ToPILImage()(x))

eps = 0.025
steps = 40
step_alpha = 0.01

model = inception_v3(pretrained=True, transform_input=True).to(device)
loss = nn.CrossEntropyLoss()
model.eval()
```

这里引用了 torchvison 中的 transforms，transforms 提供了很多数据增强的方法。Compose 是统一的接口，用来方便组合出各种不同数据增强方法。我们需要一个可以将 PIL(PyThon Imaging Library) 图像转换为 Torch 张量的转化，同时还需要一个可以输出 Numpy 矩阵的反向转换，让我们可以将其重新转化为一张图像。

这里我们用到的 transforms.ToTensor，是将 PIL.Image 或者 ndarray 转换为 tensor，并归一化到 [0,1]，需要注意的是，归一化到 [0,1] 是直接除以 255，如若自己的 ndarray 数据尺度有变化，则需要自行修改。

```
trans=T.Compose([T.ToTensor(),T.Lambda(lambda t:t.unsqueeze(0))])
def load_image(img_path):
```

```
    img = trans(Image.open(img_path).convert('RGB'))
    return img
```

2）定义加载图像、可视化数据等函数。

定义一个 load_image 可视化函数，用于从磁盘中读取图像，并将图像转换为神经网络能够接受的格式。

```
def load_image(img_path):
    img = trans(Image.open(img_path).convert('RGB'))
    return img

def get_class(img):
    with torch.no_grad():
        x = img.to(device)
        cls = model(x).data.max(1)[1].cpu().numpy()[0]
        return classes[cls]

def draw_result(img, noise, adv_img):
    fig, ax = plt.subplots(1, 3, figsize=(15, 10))
    orig_class, attack_class = get_class(img), get_class(adv_img)
    ax[0].imshow(reverse_trans(img[0]))
    ax[0].set_title('Original image: {}'.format(orig_class.split(',')[0]))
    ax[1].imshow(60*noise[0].detach().cpu().numpy().transpose(1, 2, 0))
    ax[1].set_title('Attacking noise')
    ax[2].imshow(reverse_trans(adv_img[0]))
    ax[2].set_title('Adversarial example: {}'.format(attack_class))
    for i in range(3):
        ax[i].set_axis_off()
    plt.tight_layout()
    plt.show()
    fig.savefig('PyTorch-14/adv01.png', dpi=fig.dpi)
```

3）实现无目标攻击代码。

FGSM 攻击取决于 3 个参数：最大强度（这个不应该超过 16）、梯度步数、步长。

通常不会把步长设置的太大，以避免结果不稳定，这一步骤和普通梯度下降是一样的。

```
def non_targeted_attack(img):
    img = img.to(device)
    img.requires_grad=True
    label = torch.zeros(1, 1).to(device)

    x, y = img, label
    for step in range(steps):
        zero_gradients(x)
        out = model(x)
        y.data = out.data.max(1)[1]
        local_loss = loss(out, y)
        local_loss.backward()
        normed_grad = step_alpha * torch.sign(x.grad.data)
        step_adv = x.data + normed_grad
        adv = step_adv - img
```

```
adv = torch.clamp(adv, -eps, eps)
result = img + adv
result = torch.clamp(result, 0.0, 1.0)
x.data = result

return result.cpu(), adv.cpu()
```

通过这样的修改，让分类器越错越离谱，可以完全控制该流程在两个"维度"中的细化程度：

❑ 用参数 eps 控制噪音的幅度：参数越小，输出图像的变动也就越小。

❑ 通过参数 step_alpha 来控制攻击的稳定，和在神经网络的普通训练过程中类似，如果把它设置的太高，则很可能会找不到损失函数的极值点。

在我们的实验中，使用很小的 eps 也能带来不错的效果，即很小的改动就能让分类器分类失败。

4）执行代码。

运行以下代码表示开始非目标攻击，产生对抗样本，并进行预测。

```
img = load_image('PyTorch-14/bird.JPEG')
adv_img, noise = non_targeted_attack(img)
draw_result(img, noise, adv_img)
```

运行结果如图 14-3 所示。

Original image: junco   Attacking noise   

图 14-3　使用无目标攻击

14.3.2　实现有目标攻击

如果想要神经网络输出某个特定的类别怎么办呢？这需要对非目标攻击代码做一些微小的调整。

1. 定义目标攻击函数

```
def targeted_attack(img, label):
```

```
img = img.to(device)
img.requires_grad=True
label = torch.Tensor([label]).long().to(device)

x, y = img, label
for step in range(steps):
    zero_gradients(x)
    out = model(x)
    local_loss = loss(out, y)
    local_loss.backward()
    normed_grad = step_alpha * torch.sign(x.grad.data)
    step_adv = x.data - normed_grad
    adv = step_adv - img
    adv = torch.clamp(adv, -eps, eps)
    result = img + adv
    result = torch.clamp(result, 0.0, 1.0)
    x.data = result
return result.cpu(), adv.cpu()
```

这里主要是改变梯度符号，在无目标攻击的过程中，假设目标模型几乎总是正确的，则我们的目标是增大偏差。与无目标攻击不同，我们现在的目标是使偏差最小化。

```
step_adv = x.data - normed_grad
```

2. 执行代码

```
img = load_image('PyTorch-14/bird.JPEG')
adv_img, noise = targeted_attack(img, 600)
draw_result(img, noise, adv_img)
```

运行结果如图 14-4 所示。

Original image: junco

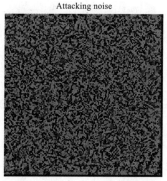
Attacking noise

Adversarial example: hook, claw

图 14-4　实施对抗攻击前后比较

14.4　对抗攻击和防御措施

14.4.1　对抗攻击

随着不断出现新的应用场景和新算法，对抗攻击也在不断发展，目前对抗攻击的研究已涉及很多领域。

1. 对分类网络的攻击

大多数研究都是通过将图像的像素点按照顺序或者随机一个一个进行改变，然后通过隐藏层的梯度来计算该点的改变对整张图像的攻击显著性，并且根据梯度来选择下一个要改变的点，通过这样的训练最终可以找到最优的攻击像素。也有一些研究者利用差分进化算法的思想，通过每一次迭代不断变异，然后"优胜劣汰"，最后找到足以攻击整张图像的一个像素点，这种方法属于黑盒攻击，且不需要知道网络参数等任何信息。

语义分割任务的对抗攻击要比分类任务的复杂很多。例如一些研究中，在语言分割的对抗样本生成利用了 Dense Adversary Generation 的方法，通过一组 pixels/proposal 来优化生成对抗样本的损失函数，然后用所生成的对抗样本来攻击基于深度学习的分割和检测网络。将对抗攻击的概念转换为对抗样本生成的概念，将一个攻击任务转换为生成任务，这就给我们提供了一种新的攻击思路；将这个任务转换为如何选取损失函数、如何搭建生成模型使得生成的对抗样本在攻击图像时有更好的效果。这种概念的转换使得对抗攻击不再拘束于传统的基于 FGSM 算法，也将更多的生成模型引入进来，比如 GAN。

2. 对 Graph 的攻击

由于 Graph 结构数据可以建模现实生活中的很多问题，现在也有很多研究者在研究这种问题，比如知识图谱等领域。拿知识图谱来举例，现在百度、阿里巴巴等公司都在搭建知识图谱，如果能攻击知识图谱，在图上生成一些欺骗性的结点，比如虚假交易等行为，这会对整个公司带来很大损失，所以对图结构的攻击和防御都很有研究价值。

3. 还有其他领域的攻击

如强化学习、RNN、QA 系统、Speech Recognition 等领域，这些领域目前的研究内容都比较少。

14.4.2　常见防御方法分类

目前看到过的一些防御方法大致分为 4 类：对抗训练、梯度掩码、随机化、去噪等。

1. 对抗训练

对抗训练旨在从随机初始化的权重中训练一个鲁棒的模型，其训练集由真实数据集和加入了对抗扰动的数据集组成，因此叫作对抗训练。

2. 梯度掩码

由于当前的许多对抗样本生成方法都是基于梯度去生成的，所以如果将模型的原始梯度隐藏起来，就可以达到抵御对抗样本攻击的效果。

3. 随机化

向原始模型引入随机层或者随机变量。使模型具有一定随机性，全面提高模型的鲁棒性，使其对噪声的容忍度变高。

4. 去噪

在输入模型进行判定之前，先对当前对抗样本进行去噪，剔除其中造成扰动的信息，使其不能对模型造成攻击。

上述几种防御类型对对抗样本扰动都具有一定的防御能力，在具体使用时，可根据实际情况灵活运用。

14.5　总结

同其他机器学习算法一样，深度神经网络（DNN）也容易受到对抗样本的攻击，即通过对输入进行不可察觉的细微的扰动，可以使深度神经网络以较高的信任度输出任意想要的分类，这样的输入称为对抗样本（Adversarial Example）。利用算法的这一缺陷，深度学习模型会被攻击者利用，以实现攻击者选择的特定输出和行为，构成安全威胁。比如，无人驾驶车可能使用 DNN 来识别交通标志，如果攻击者伪造的标志"STOP"导致 DNN 错误分类，汽车则不会停止，容易导致交通事故；网络入侵检测系统使用 DNN 作为分类器，若伪装成合法请求的恶意请求绕过了入侵检测系统，会使目标网络的安全性受到威胁。

对抗攻击是深度学习领域近两年的研究热点，其研究热度呈现上升趋势，2017 年 NIPS 会议新增了基于 Kaggle 平台的"对抗攻击与防御"的竞赛议程。如何高效地生成对抗样本，且让人类感官难以察觉，正是对抗样本生成算法研究领域的热点。

Chapter 15   第 15 章

强化学习

前面已经介绍了一般神经网络、卷积神经网络、循环神经网络等，其中很多属于监督学习模型，这些在训练时需要依据标签或目标值来训练。如果没有标签，那是无法训练的。首先没有标签无法生成代价函数，没有代价函数就谈不上通过 BP 算法来优化参数了。但是在现实生活中，有很多场景没有标签或目标值，但又需要我们去学习、去创新。就像企业中的创新能手，突然来到一个最前沿的领域，再也没有模仿对象了，更不用说导师了，一切都得靠自己去探索和尝试。就像当初爱迪生研究电灯泡一样，既没有现成的方案或先例，更不用说模板了。有的只是不断尝试或探索。但他就是凭着这些不断尝试的结果，一次比一次做得更好，最终取得巨大成功！

强化学习就像这种前无古人的学习，没有预先给定标签或模板，只有不断尝试后的结果反馈，好或不好，成与不成等。这种学习带有创新性，比一般的模仿性机器学习确实更强大一些，这或许也是其名称来由吧。

本章将介绍强化学习的一般原理及常用算法，具体内容如下：

❑ 强化学习简介。

❑ 强化学习常用算法。

❑ 强化学习典型应用。

15.1　强化学习简介

强化学习是机器学习中的一种算法，如图 15-1 所示，它不像监督学习或无监督学习有大量的经验或输入数据，基本算是自学成才。一个完整的强化学习过程是从一开始什么都不懂，通过不断尝试，从错误或惩罚中学习，最后找到规律，学会达到目的的方法。

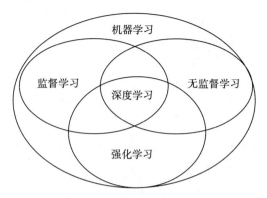

图 15-1　机器学习、监督学习、强化学习等的关系图

强化学习已经在游戏、机器人等领域中开花结果。各大科技公司，如中国的百度、阿里、美国的谷歌、facebook、微软等更是将强化学习作为其重点发展的技术之一。可以说强化学习算法正在改变和影响着世界，掌握了这门技术就掌握了改变世界和影响世界的工具。

强化学习应用非常广泛，目前主要领域有：

❑ 游戏理论与多主体交互。

❑ 机器人。

❑ 电脑网络。

❑ 车载导航。

❑ 医学。

❑ 工业物流。

强化学习的原理大致如图 15-2 所示。

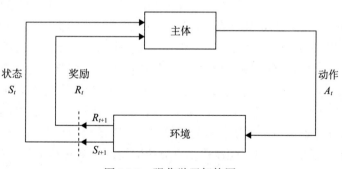

图 15-2　强化学习架构图

其中：

环境（Environment）：其主体被"嵌入"并能够感知和行动的外部系统。15.1 节使用的环境如图 15-3 所示。

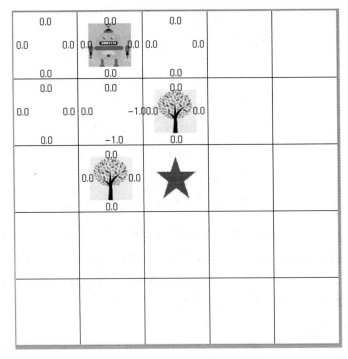

图 15-3　Q -Learing 的运行环境

主体（Agent）：是动作的行使者，例如配送货物的无人机，或者电子游戏中奔跑跳跃的超级马里奥。本节图 15-3 环境中，小机器人就是主题。

状态（State）：是主体的处境，即一个特定的时间和地点、一项明确主体与工具、障碍、敌人或奖品等其他重要事物的关系的配置。图 15-3 的每个格子就是一种状态。

动作（Action）：其含义不难领会，但应当注意的是，主体需要在一系列潜在动作中进行选择。在电子游戏中，这一系列动作可包括向左或向右跑、不同高度的跳跃、蹲下和站着不动。在股票市场中，这一系列动作可包括购买、出售或持有一组证券及其衍生品中的任意一种。无人飞行器的动作选项则包括三维空间中的许多不同的速度和加速度等。在图 15-3 的环境中，小机器人可以有 4 种动作，如向上、向下、向左、向右。

奖励（Reward）：是用于衡量主体的动作成功与否的反馈。例如，在环境图 15-3，如果小机器人接触到五角星，它就能赢得 100 分的奖励，如果它接触到小树将得到 –100 的惩罚。

整个强化学习系统的输入是：

❑ State 为 Observation，例如迷宫的每一格是一个 State。

❑ Actions 在每个状态下，有什么行动。

❑ Reward 进入每个状态时，能带来正面或负面的回报。

输出是：

❑ Policy 在每个状态下，会选择哪个行动。

具体来说就是：

❑ State = 迷宫中 Agent 的位置，根据图 15-2 可知，环境共有 25 个格子，即有 25 个状态，每个状态可以用一对坐标表示，例如（0,1），表示第 1 行，第 2 列这个格子。

❑ Action = 在迷宫中每一格，你可以行走的方向，对应图 15-2 中的｛上，下，左，右｝

❑ Reward = 当前的状态（Current State）之下，迷宫中的一格可能有食物（+1），也可能有怪兽（-100）。

❑ Policy = 一个由状态→行动的函数，即：函数对给定的每一个状态，都会给出一个行动。

增强学习的任务就是找到一个最优的策略 Policy，从而使 Reward 最多。

一开始我们并不知道最优的策略是什么，因此，往往从随机的策略开始，使用随机的策略进行试验，就可以得到一系列的状态、动作和反馈：

$$\{s_1, a_1, r_1, s_2, s_1, a_2, r_2, \cdots, s_t, a_t, r_t\}$$

这就是一系列的样本 Sample。增强学习的算法就是需要根据这些样本来改进策略，从而使得到的样本中的奖励更好。

强化学习有多种算法，目前比较常用的算法是，通过行为的价值来选取特定行为的方法，如 Q-learning、SARSA，使用神经网络学习的 DQN（Deep Q Network），以及 DQN 的后续算法，还有直接输出行为的 Policy Gradients 等，接下来将介绍强化学习中经典算法 Q-learning、SARSA。

15.2　Q-Learning 原理

Q-Learning 算法是强化学习中重要且最基础的算法，大多数现代的强化学习算法，大都是 Q-Learning 的一些改进。Q-Learning 的核心是 Q-Table。Q-Table 的行和列分别表示 State 和 Action 的值，Q-Table 的值 $Q(s, a)$ 衡量当前 States 采取行动 a 的主要依据。

15.2.1　Q-Learning 主要流程

1. 其主流程大致如图 15-4 所示。

2. Q-Learning 的具体步骤如下

第 1 步：初始化 Q 表（初始化为 0 或随机初始化）

第 2 步：执行以下循环

第 2.1 步：生成一个在 0 与 1 之间的随机数，如果该数大于预先给定的一个阈值 ε，则选择随机动作；否则选择动点依据最高可能性的奖励基于当前状态 s 和 Q 表。

第 2.2 步：依据 2.1 执行动作。

第 2.3 步：采取行动后观察奖励值 r 和新状态 s_{t+1}。

第 2.4 步：基于奖励值 r，利用式（15-1）更新 Q 表。

第 2.5 步：把 s_{t+1} 赋给 s_t

$$Q(s_t, a_t) \leftarrow Q(s_t, a_t) + \alpha[r_t + \gamma \max_{a} Q(s_{t+1}, a) - Q(s_t, a_t)] \tag{15-1}$$

$$s_t \leftarrow s_{t+1} \tag{15-2}$$

其中 α 为学习率，γ 为折扣率。

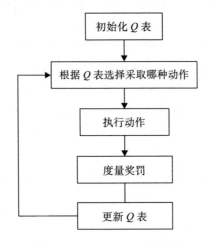

图 15-4　Q-Learning 流程图

以下是 Python 代码实现 Q-Learning 的核心代码：

```python
def learn(self, state, action, reward, next_state):
    current_q = self.q_table[state][action]
    # 更新Q表
    new_q = reward + self.discount_factor * max(self.q_table[next_state])
    self.q_table[state][action] += self.learning_rate * (new_q - current_q)
```

15.2.2　Q 函数

Q-Learning 算法的核心是 $Q(s,a)$ 函数，其中 s 表示状态，a 表示行动，$Q(s,a)$ 的值为在状态 s 执行 a 行为后的最大期望奖励值。$Q(s,a)$ 函数可以看作一个表格，每一行表示一个状态，每一列代表一个行动，如表 15-1 所示。

得到 Q 函数后，就可以在每个状态做出合适的决策了。如当处于 s_1 时，只需考虑 $Q(s_1,:)$ 这些值，并挑选其中最大的 Q 函数值，并执行相应的动作。

表 15-1 $Q(s,a)$ 函数

Q-Table	a1	a2	a3	a4
s_1	$Q(s_1, a_1)$	$Q(s_1, a_2)$	$Q(s_1, a_3)$	$Q(s_1, a_4)$
s_2	$Q(s_2, a_1)$	$Q(s_2, a_2)$	$Q(s_2, a_3)$	$Q(s_2, a_4)$
s_3	$Q(s_3, a_1)$	$Q(s_3, a_2)$	$Q(s_3, a_3)$	$Q(s_3, a_4)$
……	……	……	……	

15.2.3　贪婪策略

在状态 s_1，下一步应该采取什么行动？一般是根据 $\max(Q(s_1,:))$ 中对应的动作 a。如果每次都按照这种策略选择行动就有可能局限于现有经验中，不利于发现更有价值或更新的情况。所以，除根据经验选择行动外，一般还会给主体（Agent）一定的机会或概率，以探索的方式选择行动。

这种平衡"经验"和"探索"的方法又称为 ε 贪婪（ε-greedy）策略。根据预先设置好的 ε 值（该值一般较小，如取 0.1），主体有 ε 的概率随机行动，有 $1-\varepsilon$ 的概率根据经验选择行动。

下列代码实现了包含 ε-greedy 策略的功能。

```python
# 从Q-table中选取动作
    def get_action(self, state):
        if np.random.rand() < self.epsilon:
            # 贪婪策略随机探索动作
            action = np.random.choice(self.actions)
        else:
            # 从q表中选择
            state_action = self.q_table[state]
            action = self.arg_max(state_action)
        return action
```

15.3　用 PyTorch 实现 Q-Learning

以下为实现 Q-Learning 的主要代码。

15.3.1　定义 Q-Learing 主函数

本节详细代码号为 PyTorch-15-01。

```python
import numpy as np
import random
from collections import defaultdict

class QLearningAgent:
```

```python
def __init__(self, actions):
    # 四种动作分别用序列表示: [0, 1, 2, 3]
    self.actions = actions
    self.learning_rate = 0.01
    self.discount_factor = 0.9
    #epsilon贪婪策略取值
    self.epsilon = 0.1
    self.q_table = defaultdict(lambda: [0.0, 0.0, 0.0, 0.0])

# 采样 <s, a, r, s'>
def learn(self, state, action, reward, next_state):
    current_q = self.q_table[state][action]
    # 更新Q表
    new_q = reward + self.discount_factor * max(self.q_table[next_state])
    self.q_table[state][action] += self.learning_rate * (new_q - current_q)

# 从Q-table中选取动作
def get_action(self, state):
    if np.random.rand() < self.epsilon:
        # 贪婪策略随机探索动作
        action = np.random.choice(self.actions)
    else:
        # 从q表中选择
        state_action = self.q_table[state]
        action = self.arg_max(state_action)
    return action

@staticmethod
def arg_max(state_action):
    max_index_list = []
    max_value = state_action[0]
    for index, value in enumerate(state_action):
        if value > max_value:
            max_index_list.clear()
            max_value = value
            max_index_list.append(index)
        elif value == max_value:
            max_index_list.append(index)
    return random.choice(max_index_list)
```

15.3.2　执行 Q-Learing

实例化环境，开始运行。

```python
#环境实例化
env = Env()
agent = QLearningAgent(actions=list(range(env.n_actions)))
#共进行200次游戏
for episode in range(200):
    state = env.reset()
    while True:
        env.render()
```

```
# agent产生动作
action = agent.get_action(str(state))
next_state, reward, done = env.step(action)
# 更新Q表
agent.learn(str(state), action, reward, str(next_state))
state = next_state
env.print_value_all(agent.q_table)
# 当到达终点就终止游戏开始新一轮训练
if done:
    break
```

> **说明** 如果程序是运作在远程服务器上，为了看到程序运行的可视化效果，如图 15-3 所示，需要通过 Xshell 等方式连接到远程服务器。

15.4 SARSA 算法

SARSA（State-Action-Reward-State-Action）算法与 Q-Learning 算法非常相似，所不同的就是更新 Q 值时，Sarsa 的现实值取 $r + \gamma Q(s_{t+1}, a_{t+1})$，而不是 $r + \gamma \max_a Q(s_{t+1}, a)$。

SARSA 算法的逻辑如图 15-5 所示。

```
Initialize Q(s, a) arbitrarily
Repeat (for each episode):
    Initialize S
    Choose A from S using policy derived from Q (e.g., ε-greedy)
    Repeat (for each step of episode):
        Take action A, observe R, S'
        Choose A' from S' using policy derived from Q (e.g., ε-greedy)
        Q(S, A) ← Q(S, A) + α[R + γQ(S', A') − Q(S, A)]
        S ← S'; A ← A';
    until S is terminal
```

图 15-5　SARSA 算法逻辑，标准部分是与 Q-Learning 算法不同之处

15.4.1 SARSA 算法主要步骤

SARSA 算法更新 Q 函数的步骤为：

1）获取初始状态 s。

2）执行上一步选择的行动 a，获得奖励 r 和新状态 next_s。

3）在新状态 next_s，根据当前的 Q 表，选定要执行的下一行动 next_a。

4）用 r、next_a、next_s，根据 SARSA 逻辑更新 Q 表。

5）把 next_s 赋给 s，把 next_a 赋给 a。

15.4.2 用 PyTorch 实现 SARSA 算法

根据 SARSA 算法，主要修改学习函数，这是修改后的 learn 函数。

1. 修改学习函数

```
# 采样 <s, a, r,a',s'>
    def learn(self, state, action, reward,next_action,next_state):
        current_q = self.q_table[state][action]
        # 更新Q表
        new_q = reward + self.discount_factor * (self.q_table[next_state][next_
action])
        self.q_table[state][action] += self.learning_rate * (new_q - current_q)
```

2. 修改训练代码

这里主要修改的内容包括

1）新增获取下一步动作的函数 next_action = agent.get_action(str(state))。

2）把 next_action 赋给 action。

```
env = Env()
agent = QLearningAgent(actions=list(range(env.n_actions)))
#共进行200次游戏
for episode in range(200):
    state = env.reset()
    action = agent.get_action(str(state))
    while True:
        env.render()
        #获取新的状态、奖励分数
        next_state, reward, done = env.step(action)
        #产生新的动作
        next_action = agent.get_action(str(state))
        # 更新Q表，sarsa根据新的状态及动作获取Q表的值
        #而不是基于新状态对所有动作的最大值
        agent.learn(str(state), action, reward, next_action,str(next_state))
        state = next_state
        action=next_action
        env.print_value_all(agent.q_table)
        # 当到达终点就终止游戏开始新一轮训练
        if done:
            break
```

和 Q-Learning 相比，SARSA 算法更"胆小"，面对陷阱（环境中的两棵树），小机器人获取 -100 的惩罚，它更难找到宝藏所在地，为了尽量避免风险，它更倾向于待在原地不动，所以更加难以找到宝藏（即场景中五角星）。

图 15-6 为运行一段时间后的 Q 表更新情况。

从图 15-6 可以看出，利用 SARSA 算法，小机器人胆子小多了，活动空间也小很多。

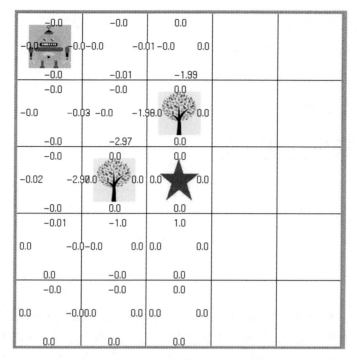

图 15-6　SARSA 算法的运行结果

15.5　小结

　　强化学习是机器学习中一个重要分支，它属于无监督学习。本章介绍了两种典型的强化学习方法：Q-Learning 和 SARSA，然后分别用 PyTorch 实现这两种算法。这两种算法中都没有使用深度学习算法，如果把强化学习和深度学习强强联合，强化学习将更加强大，具体内容在 16 章将介绍。

Chapter 16 | 第 16 章

深度强化学习

前面介绍的 Q-Learning 及 SARSA 算法，这些算法涉及的状态和动作的集合是有限集合，且状态和动作数量较少的情况，状态和动作需要人工预先设计，Q 函数值需要存储在一个二维表格中。但在实际应用中，面对的场景可能会很复杂，很难定义出离散有限的状态和动作。即使能够定义，数量也非常大，无法用数组存储。

对于强化学习来说，很多输入数据是高维的，如图像，声音等。算法要根据它们来选择一个动作执行以达到某一预期的目标。比如，对于自动驾驶算法，要根据当前的画面决定汽车的行驶方向和速度。如果用经典的强化学习算法如 Q-Learning 或 SARSA 等，需要列举出所有可能的情况，然后进行迭代，如此处理，显然是不可取、不可行的。那么，如何解决这些问题？

解决这个问题的核心就是如何根据输入（如状态或动作）生成这个价值函数或策略函数。对此，自然可以想到采用函数逼近的思路。而拟合函数是神经网络的强项，所以在强化学习的基础上引入深度学习来解决这个问题，就成为一种有效地解决方法。本章将主要介绍如何把深度学习融入强化学习中，从而得到深度强化学习，具体内容包括：

❏ DQN 算法原理。

❏ 用 PyTorch 实现 DQN 算法。

16.1 DQN 算法原理

深度强化学习（Deep Reinforcement Learning，DRL）是深度学习与强化学习相结合的产物，它集成了深度学习在视觉等感知问题上强大的理解能力，以及强化学习的决策能力，实现了端到端学习。深度强化学习的出现使得强化学习技术真正走向实用，得以解决现实场景中的复杂问题。从 2013 年深度 Q 网络（Deep Q network，DQN）出现到目前为止，深度强化学习领域出现了大量的算法。DQN 是基于 Q 学习的，此外，还有基于策略梯度及基于探索与监督的深度强化学习。DQN 是深度强化学习真正意义上的开山之作，这章我们重点介绍这种深度强化学习。

16.1.1　Q-Learning 方法的局限性

在 Q-Learning 方法中，当状态和动作空间是离散且维数不高时可使用 Q-Table 储存每个状态动作对的 Q 值，而当状态和动作空间是高维连续时，使用 Q-Table 就不现实了。那如何解决这一问题？我们可以把 Q-Table 的更新问题变成一个函数拟合问题，如式（16-1），通过更新参数 θ 使 Q 函数逼近最优 Q 值。

$$Q(s, a;\theta) \approx Q(s,a) \tag{16-1}$$

函数拟合，实际上就是一个参数学习过程，参数学习正是深度学习（DL）的强项，因此，面对高维且连续的状态使用深度学习来解决。

16.1.2　用 DL 处理 RL 需要解决的问题

DL 是解决参数学习的有效方法，可以通过引进 DL 来解决强化学习（RL）中拟合 Q 值函数问题，不过使用 DL 需要一定的条件，所以引入 DL 来解决 RL 问题时，先要一些问题，主要有：

1）DL 需要大量带标签的样本进行监督学习，但 RL 只有 Reward 返回值，没有相应的标签值；

2）DL 的样本独立，但 RL 前后 State 状态相关。

3）DL 目标分布固定，但 RL 的分布一直变化。

4）过往的研究表明，使用非线性网络表示值函数时出现不稳定等问题。

16.1.3　用 DQN 解决方法

采用 DL 来解决 RL 问题时，需要先解决标签、样本独立等问题，那如何有效地解决这些问题？人们为此探索了很多方法，后来 Volodymyr Mnih，Koray Kavukcuoglu，David Silver 等人于 2013 年提出利用 DQN（Deep Q-Network）的解决方法，2015 年又对 DQN 进行优化。DQN 具体使用的机制和方法包括：

1）通过 Q-Learning 使用 Reward 来构造标签（对应问题 1）。

2）通过经验回放（Experience Replay）方法来解决相关性及非静态分布问题（对应问题 2、3）。

3）使用一个 CNN（Policy-Net）产生当前 Q 值，使用另外一个 CNN（Target-Net）产生 Target Q 值（对应问题 4）。

16.1.4 定义损失函数

在深度学习中，参数学习通过损失函数的反向求导来实现，构造损失函数需要预测值与目标值，在 DQN 算法中，如何定义预测值和目标值？

Q-Learnig 更新公式，请参考式（15-1），DQN 的更新方式有点类似，其损失函数是基于 Q-Learning 更新公式，具体方法如下。

$$L(\theta) = E[(TargetQ-Q(s,a;\theta))^2] \tag{16-2}$$

其中

$$TargetQ = r+\gamma \max_{a'} Q(s', a';\theta) \tag{16-3}$$

式（15.1）与式（16.2）意义相近，都是使当前的 Q 值逼近 Target Q 值。确定损失函数后，然后通过求 $L(\theta)$ 关于 θ 的梯度，使用 SGD 等方法更新网络参数 θ。

16.1.5 DQN 的经验回放机制

DQN 算法的主要做法是经验回放机制（Experience Replay），其将系统探索环境得到的数据储存起来，然后随机采样样本更新深度神经网络的参数，如图 16-1 所示。

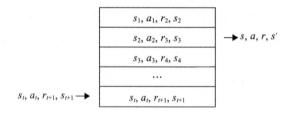

图 16-1　DQN 算法更新网络参数示意图

Experience Replay 的动机是：

1）深度神经网络作为有监督学习模型，要求数据满足独立同分布。

2）但 Q-Learning 算法得到的样本前后是有关系的。为了打破数据之间的关联性，Experience Replay 通过存储 - 采样的方法将其打破。

16.1.6 目标网络

DeepMind 于 2015 年初在 Nature 上发布文章，引入了目标网络（Target Q）的概念，进一步打破数据关联性。Target Q 的概念是用旧的深度神经网络 θ^- 去得到目标值，下面是带有 Target Q 的 Q-Learning 的优化目标。

$$J = \min(r + \gamma \max_{a'} \hat{Q})(s', a', \theta-)-Q(s, a, \theta))^2 \tag{16-4}$$

Q-Learning 最早是根据一张 Q-Table，即根据各个状态动作的价值表来完成的，通过动作完成后的奖励不断迭代更新这张表，来完成学习过程。然而，当状态过多或者离散时，这种方法自然会造成维度灾难，所以才需要用一个神经网络来表达出这张表，也就是 Q-Network。

16.1.7　网络模型

如图 16-2 所示，把 Q-Table 换为神经网络，利用神经网络参数替代 Q-Table。

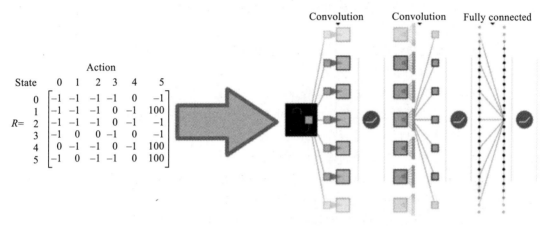

图 16-2　算法 DQN 网络图

通过前面两个卷积层，我们完全不需要费心去理解环境中的状态和动作奖励，只需要将状态参数一股脑输入就好。当然，我们的数据特征比较简单，无须进行池化处理，所以后面两层直接使用全连接即可。

16.1.8　DQN 算法

DQN 算法如图 16-3 所示。

```
1   Initialize replay memory D to capacity N
2   Initialize action-value function Q with random weights θ
3   Initialize target action-value function Q̂ with weights θ⁻ = θ
4   For episode = 1, M do
5       Initialize sequence s₁ = {x₁} and preprocessed sequence φ₁ = φ(s₁)
6       For t = 1,T do
7           With probability ε select a random action aₜ
8           otherwise select aₜ = argmaxₐQ(φ(sₜ),a; θ)
9           Execute action aₜ in emulator and observe reward rₜ and image xₜ₊₁
10          Set sₜ₊₁ = sₜ,aₜ,xₜ₊₁ and preprocess φₜ₊₁ = φ(sₜ₊₁)
11          Store transition (φₜ,aₜ,rₜ,φₜ₊₁) in D
12          Sample random minibatch of transitions (φⱼ,aⱼ,rⱼ,φⱼ₊₁) from D
13          Set yⱼ = { rⱼ                              if episode terminates at step j+1
                      { rⱼ + γ maxₐ′ Q̂(φⱼ₊₁,a′; θ⁻)    otherwise
14          Perform a gradient descent step on (yⱼ − Q(φⱼ,aⱼ; θ))²  with respect to the
15          network parameters θ
16          Every C steps reset Q̂ = Q
17      End For
18  End For
```

图 16-3　DQN 算法伪代码

假设迭代轮数为 M，采样的序列最大长度为 T，学习速率为 α，衰减系数为 γ，探索率 ε，状态集为 S，动作集为 A，回放记忆为 D，批量梯度下降时的 batch_size = m，仿真过程中 Memory 的大小为 N。

第 1 行，初始化回放记忆（Replay Remember）D，可容纳的数据条数为 N。

第 2 行，利用随机权值 θ 来初始化动作 – 值函数 Q。

第 3 行，用目标网络的参数 θ 初始化当前网络的参数，即 $\theta^- = \theta$。

第 4 行，循环每次事件。

第 5 行，初始化事件的第一个状态 s_1，预处理得到状态对应的特征输入。

第 6 行，循环每个事件的每一步。

第 7 行，利用概率 ε 选一个随机动作 a_t。

第 8 行，如果小概率事件没发生，则用贪婪策略选择当前值函数最大的那个动作。

第 7 行和第 8 行是行动策略，即 ε-greedy 策略。

第 9 行，执行动作 a_t，观测回报 r_t 以及图像 x_{t+1}。

第 10 行，设置 $s_{t+1} = s_t, a_t, x_{t+1}$，对状态进行预处理 $\phi_{t+1} = \phi(s_{t+1})$。

第 11 行，将转换 $(\phi_t, a_t, r_t, \phi_{t+1})$ 储存在回放记忆 D 中。

第 12 行，从回放记忆 D 中均匀随机采样 m 个训练样本，用 $(\phi_j, a_j, r_j, \phi_{j+1})$ 来表示，其中 $j = 1, 2, 3, ..., m$。

第 13 行，设置训练样本标签值，判断是否是一个事件的终止状态，若是终止状态目标网络为 r_j，否则为 $r_t + \gamma \max_{a'} \hat{Q}(\phi_{t+1}, a'; \theta^-)$。

第 14 行和第 15 行，计算损失函数，利用梯度下降算法更新神经网络参数。

第 16 行，每个 C 步，把当前网络参数复制给目标网络

第 17 行，结束每次事件内循环。

第 18 行，结束事件间的循环。

上述算法采用了经验回放（Experience Replay）机制，该机制做的事情为先进行反复试验并将这些试验步骤获取的样本存储在回放记忆（Replay Memory）中，每个样本是一个四元组（$s_t, a_t, r_{t+1}, s_{t+1}$）。其中 r_{t+1} 为主体采用前一状态 – 行动（s_t, a_t）获得的奖励。训练时通过经验回放机制对存储下来的样本进行随机采样，在一定程度上能够去除样本之间的相关性，从而更容易收敛。

16.2 用 PyTorch 实现 DQN 算法

1. DQN 算法流程

根据图 16-3，可以画出 DQN 算法的图，具体如图 16-4 所示。

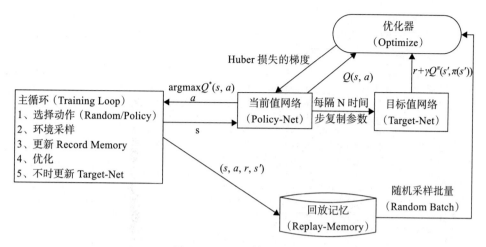

图 16-4　DQN 算法流程图

2. 定义经验回放

```
Transition = namedtuple('Transition',
                        ('state', 'action', 'next_state', 'reward'))

class ReplayMemory(object):
    def __init__(self, capacity):
        self.capacity = capacity
        self.memory = []
        self.position = 0

    def push(self, *args):
        """Saves a transition."""
        if len(self.memory) < self.capacity:
            self.memory.append(None)
        self.memory[self.position] = Transition(*args)
        self.position = (self.position + 1) % self.capacity

    def sample(self, batch_size):
        return random.sample(self.memory, batch_size)

    def __len__(self):
        return len(self.memory)
```

3. 定义网络结构

```
class DQN(nn.Module):

    def __init__(self, h, w, outputs):
        super(DQN, self).__init__()
        self.conv1 = nn.Conv2d(3, 16, kernel_size=5, stride=2)
        self.bn1 = nn.BatchNorm2d(16)
        self.conv2 = nn.Conv2d(16, 32, kernel_size=5, stride=2)
```

```
        self.bn2 = nn.BatchNorm2d(32)
        self.conv3 = nn.Conv2d(32, 32, kernel_size=5, stride=2)
        self.bn3 = nn.BatchNorm2d(32)

        # Number of Linear input connections depends on output of conv2d layers
        # and therefore the input image size, so compute it.
        def conv2d_size_out(size, kernel_size = 5, stride = 2):
            return (size - (kernel_size - 1) - 1) // stride  + 1
        convw = conv2d_size_out(conv2d_size_out(conv2d_size_out(w)))
        convh = conv2d_size_out(conv2d_size_out(conv2d_size_out(h)))
        linear_input_size = convw * convh * 32
        self.head = nn.Linear(linear_input_size, outputs)

    # Called with either one element to determine next action, or a batch
    # during optimization. Returns tensor([[left0exp,right0exp]...]).
    def forward(self, x):
        x = F.relu(self.bn1(self.conv1(x)))
        x = F.relu(self.bn2(self.conv2(x)))
        x = F.relu(self.bn3(self.conv3(x)))
        return self.head(x.view(x.size(0), -1))
```

4. 定义损失函数

这里使用 Huber 作为损失函数。

```
state_action_values = policy_net(state_batch).gather(1, action_batch)
next_state_values = torch.zeros(BATCH_SIZE, device=device)
    next_state_values[non_final_mask] = target_net(non_final_next_states).max(1)
[0].detach()
    # Compute the expected Q values
    expected_state_action_values = (next_state_values * GAMMA) + reward_batch

    # Compute Huber loss
    loss = F.smooth_l1_loss(state_action_values, expected_state_action_values.
unsqueeze(1))
```

5. 训练模型

```
num_episodes = 50
for i_episode in range(num_episodes):
    # Initialize the environment and state
    env.reset()
    last_screen = get_screen()
    current_screen = get_screen()
    state = current_screen - last_screen
    for t in count():
        # Select and perform an action
        action = select_action(state)
        _, reward, done, _ = env.step(action.item())
        reward = torch.tensor([reward], device=device)

        # Observe new state
        last_screen = current_screen
```

```
        current_screen = get_screen()
        if not done:
            next_state = current_screen - last_screen
        else:
            next_state = None

        # Store the transition in memory
        memory.push(state, action, next_state, reward)

        # Move to the next state
        state = next_state

        # Perform one step of the optimization (on the target network)
        optimize_model()
        if done:
            episode_durations.append(t + 1)
            plot_durations()
            break
    # Update the target network, copying all weights and biases in DQN
    if i_episode % TARGET_UPDATE == 0:
        target_net.load_state_dict(policy_net.state_dict())

print('Complete')
env.render()
env.close()
plt.ioff()
plt.show()
```

详细代码可参考 PyTorch 官网：https://PyTorch.org/tutorials/intermediate/reinforcement_q_learning.html。

【说明】如果运行 gym 报错，可尝试以下方式安装：

```
pip install gym[all]
```

16.3 小结

第 15 章我们介绍了简单环境中强化学习，生成 Q 值的规则也比较简单，如果环境稍微复杂一些，Q 值的生成就变得非常困难。那如何解决这一挑战？引入深度学习的方法是非常有效的方法，DQN 就是强化学习引入深度学习的典型代表。本章先介绍 DQN 原理，然后用 PyTorch 实现 DQN。

Appendix A 附录 A

PyTorch0.4 版本变更

A.1 概述

PyTorch0.4 版本与之前版本变化较大，有些甚至是结构性的调整，如 Variable 和 Tensor 的合并、Scalar 的支持、弃用 Volatile 标签等，0.4+ 主要变更可用图附录 A-1 来概括：

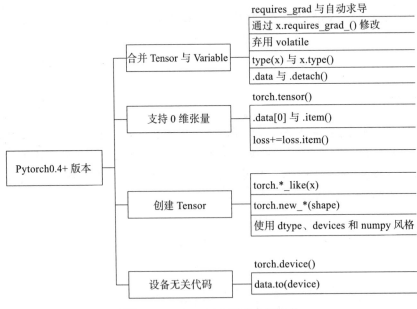

图 A-1　PyTorch0.4 迁移主要变化

A.2　合并 Variable 和 Tensor

按照以前（0.1-0.3 版本）版本，要对 Tensor 求导，需要转换成 Variable。现在 Tensor 默认是 requires_grad=False 的 Variable，torch.Tensor 和 torch.autograd.Variable 是同一个类，没有本质的区别。也就是说，现在已经没有纯粹的 Tensor，只要是 Tensor，它就支持自动求导。当然也就无须把 Tensor 转换为 Variable。

1. Tensor 中的 type() 改变了

type() 不再反映张量的数据类型。使用 isinstance() 或 x.type() 替代。

```
x = torch.DoubleTensor([1, 1, 1])
print(type(x)) #<class 'torch.Tensor'>
print(x.type()) #显示正确, torch.DoubleTensor
print(isinstance(x, torch.DoubleTensor)) #显示为True
```

2. autograd 何时开始自动求导？

equires_grad 是 autograd 的核心标志，现在是 Tensors 上的一个属性，当张量定义了 requires_grad=True 就可以自动求导了。

```
x = torch.ones(1)  # create a tensor with requires_grad=False (default)
x.requires_grad  #False
y = torch.ones(1)
z = x + y
z.requires_grad #False
z.backward()  #报错: RuntimeError: element 0 of tensors does not require grad
w = torch.ones(1, requires_grad=True)
total = w + z

total.requires_grad  #True
total.backward()
w.grad    #tensor([1.])
z.grad == x.grad == y.grad == None  #True
```

3. 还用 .data?

以前 .data 是为了拿到 Variable 中的 Tensor。但是后来，两个都合并了，所以 .data 返回一个新的 requires_grad=False 的 Tensor。然而，这个新的 Tensor 与以前那个 Tensor 是共享内存的，所以不安全。因此，推荐用 x.detach()，这个仍旧是共享内存的，也是使得 y(y=x.detach()) 的 requires_grad 为 False，但是，如果 x 需要求导，仍旧是可以自动求导。

4. clone().detach() 创建新的 Tensor

从一个 Tensor 复制结构，建议使用 sourceTensor.clone().detach()，不是 sourceTensor.detach().clone()。其中 .clone() 是把 sourceTensor 在内存复制一份，属于深度复制。

5. 支持标量（Scalar）

Scalar 是 0- 维度的 Tensor，可以用 torch.tensor 创建（不是 torch.Tensor）。

```
torch.tensor(3.1416)  # 用torch.tensor来创建scalar
torch.tensor(3.1416).dim()   # 维度是0
vector = torch.arange(2, 5)  # this is a vector,其值为tensor([2, 3, 4])
vector[2].item()  #返回numpy值4
```

6. 累加 Loss

0.4 之前版本累加 Loss 一般是用 total_loss+=loss.data[0]，这里使用 .data[0]，是因为 Loss 是（1,）张量的 Variable。因 Loss 是一个标量，新版本累加 Loss，用 loss.item() 从标量中获取 Python 数字。

A.3　弃用 Volatile 标签

现在这个 Volatile 标签已经不用了。被替换成 torch.no_grad()，torch.set_grad_enable (grad_mode) 等函数。

```
x = torch.zeros(1, requires_grad=True)
with torch.no_grad():
    y = x * 2
y.requires_grad #False

is_train = False
with torch.set_grad_enabled(is_train):
    y = x * 2
y.requires_grad  #False
```

A.4　dypes、devices 以及 Numpy-style 的构造函数

PyTorch 从 0.4 开始提出了 Tensor Attributes，主要包含了 torch.dtype、torch.device、torch.layout。每个 torch.Tensor 都有这些属性，PyTorch 可以使用它们管理数据类型。

1. torch.dtype

torch.dtype 是表示 torch.Tensor 的数据类型的对象，共有 8 种类型，具体如表 A-1 所示。

表 A-1　torch.dtype 类型列表

Data	type torch.dtype	Tensor types
32-bit floating point	torch.float32 or torch.float	torch.*.FloatTensor
64-bit floating point	torch.float64 or torch.double	torch.*.DoubleTensor
16-bit floating point	torch.float16 or torch.half	torch.*.HalfTensor
8-bit integer (unsigned)	torch.uint8	torch.*.ByteTensor
8-bit integer (signed)	torch.int8	torch.*.CharTensor
16-bit integer (signed)	torch.int16 or torch.short	torch.*.ShortTensor
32-bit integer (signed)	torch.int32 or torch.int	torch.*.IntTensor
64-bit integer (signed)	torch.int64 or torch.long	torch.*.LongTensor

可以通过 dtype 来获取 Tensor 的类型，如：

```
x = torch.Tensor([[1, 2, 3, 4, 5], [6, 7, 8, 9, 10]])
print(x.dtype)  #torch.float32
```

2. torch.device

torch.device 代表将 torch.Tensor 分配到的设备的对象。

torch.device 包含一个设备类型（'cpu' 或 'cuda' 设备类型）和可选的设备的序号。如果设备序号不存在，则为当前设备。例如，torch.Tensor 用设备构建 'cuda' 的结果等同于 'cuda:X'，其中 X 是 torch.cuda.current_device() 的结果。torch.Tensor 的设备可以通过 Tensor.device 访属性。构造 torch.device 可以通过字符串 / 字符串和设备编号。

```
device = torch.device("cuda:1")
x = torch.randn(3, 3, dtype=torch.float64, device=device)
print(x.get_device()) #结果为1
print(x.requires_grad)#显示结果为False
x = torch.zeros(3, requires_grad=True)
print(x.requires_grad)  #结果为True
```

3. torch.layout

torch.layout 表示 torch.Tensor 内存布局的对象。目前支持 torch.strided(dense Tensors) 及 torch.sparse_coo (sparse tensors with COO format)。

4. 创建 Tensors

创造一个 Tensor，可以使用 dtype，device，layout，和 requires_grad 选项来指定 Tensor 属性。

5. torch.*like

可以创建与输入相同属性，包括 shape、数据类型等，除非重新定义。

```
x = torch.randn(3, dtype=torch.float64)
y=torch.zeros_like(x)
print(y.shape)   #torch.Size([3])
print(y.dtype)   #torch.float64
torch.zeros_like(x, dtype=torch.int)
#tensor([0, 0, 0], dtype=torch.int32)
```

6. tensor.new_*

创建与输入属性一致，但是 shape 可相同的 Tensor。

```
x.new_ones([2,3]) # 属性一致,但shape与x不一致。
#tensor([[1 , 1., 1.],
#        [1., 1., 1.]], dtype=torch.float64)
```

A.5 迁移实例比较

1. 0.3 旧版本代码

```
model = MyRNN()
if use_cuda:
    model = model.cuda()

# 训练
total_loss = 0
for input, target in train_loader:
    input, target = Variable(input), Variable(target)
    hidden = Variable(torch.zeros(*h_shape))   # 初始化隐含变量
    if use_cuda:
        input, target, hidden = input.cuda(), target.cuda(), hidden.cuda()
    ...   #得到损失函数及优化器
    total_loss += loss.data[0]

# 评估
for input, target in test_loader:
    input = Variable(input, volatile=True)
    if use_cuda:
        ...
    ...
```

2. 0.4 版新版本代码

```
#定义device对象，有GPU则使用GPU，没有则使用CPU
device = torch.device("cuda" if use_cuda else "cpu")

model = MyRNN().to(device)

# 训练
total_loss = 0
for input, target in train_loader:
    input, target = input.to(device), target.to(device)
    hidden = input.new_zeros(*h_shape)   #与输入input有相同的device及dtype
    ...   # get loss and optimize
    total_loss += loss.item()            # 把0维张量转换为Python number

# 评估
with torch.no_grad():                    # 不跟踪历史信息
    for input, target in test_loader:
        ...
```

附录 B · Appendix B

AI 在各行业的最新应用

现在 AI 正在快速融入各行各业，各行各业也在 AI 的作用下转型升级。这里简单列举典型的 9 个行业对 AI 的最新应用。

B.1　AI+ 电商

1. 广告设计

阿里巴巴公司代号为"鲁班"的人工智能，其图形、广告设计水平已经达到了高级设计师的水准。

2. 机器翻译

人们使用研发的机器翻译致力于"让商业没有语言障碍"，商家只需要提供一个版本、一个语言的信息，就自动给它转化成其他的语言，为商家吸引来更多的用户，从而带来潜在的商机。

3. 智能推荐

除了智能翻译和作图外，人工智能还被广泛应用在电商的其他环节，例如智能推荐商品、推荐符合客户个性特点的搭配衣服、提包、鞋子等，人工智能客服，快递的自动分拣甚至配送等，把人从相对基础的岗位中解放出来，从事更有价值的工作。

B.2 AI+ 金融

1. 智能风控

运用多种人工智能技术，全面提升风控的效率与精度。

风险作为金融行业的固有特性，与金融业务相伴而生，风险防控是传统金融机构面临的核心问题。智能风控主要得益于以人工智能中机器学习、深度学习为代表的新兴技术近年来的快速发展，在信贷、反欺诈、异常交易监测等领域得到广泛应用。

2. 智能支付

以生物识别技术为载体，提供多元化消费场景解决方案。

在海量消费数据累积与多元化消费场景叠加影响下，手环支付、扫码支付、NFC 近场支付等传统数字化支付手段已无法满足现实消费需求，以人脸识别、指纹识别、虹膜识别、声纹识别等生物识别载体为主要手段的智能支付逐渐兴起，科技公司纷纷针对商户和企业提供多样化的场景解决方案，全方位的提高商家的收单效率，并减少顾客的等待时间。

3. 智能理赔

简化处理流程，减少运营成本，提升用户满意度。

传统理赔过程好比是人海战术，往往需要经过多道人工流程才能完成，既耗费大量时间也需要投入许多成本。智能理赔主要是利用人工智能等相关技术代替传统的劳动密集型作业方式，明显简化理赔处理过程。以车险智能理赔为例，通过综合运用声纹识别、图像识别、机器学习等核心技术，经过快速核身、精准识别、一键定损、自动定价、科学推荐、智能支付这 6 个主要环节实现车险理赔的快速处理，克服了以往理赔过程中出现的欺诈骗保、理赔时间长、赔付纠纷多等问题。根据统计，智能理赔可以为整个车险行业带来 40%以上的运营效能提升，减少 50% 的查勘定损人员工作量，将理赔时效从过去的 3 天缩短至30 分钟，大大提升了用户满意度。

4. 智能客服

构建知识管理体系，为客户提供自然高效的交互体验方式。银行、保险、互联网金融等领域的售前电销、售后客户咨询及反馈服务频次较高，对呼叫中心的产品效率、质量把控以及数据安全提出严格要求。智能客服基于大规模知识管理系统，面向金融行业构建企业级的客户接待、管理及服务智能化解决方案。

5. 智能投研

克服传统投研模式弊端，快速处理数据并提高分析效率。

当前，中国资产管理市场规模已超过 150 万亿元，发展前景广阔，同时也对投资研究、资产管理等金融服务的效率与质量提出了更高要求。智能投研以数据为基础、算法逻辑为核心，利用人工智能技术由机器完成投资信息获取、数据处理、量化分析、研究报告撰写及风险提示，辅助金融分析师、投资人、基金经理等专业人员进行投资研究。

6. 智能反洗钱

中信银行研究出来跨境资金网络可疑交易的一套 AI 模型，这套模型结合了知识图谱，由感知模型提升为认知模型，并成功应用于反洗钱。使用该模型后，每年的可疑交易预警量从 50 万份下降到 10 万份，减少了 80% 的人工甄别的工作量，同时把结果的准确度提升了 80%。

B.3　AI+ 医疗

1. 智能诊断

1）2019 年 6 月，华为与金域医学联合宣布，双方合作研发的 AI 辅助宫颈癌筛查模型在排阴率高于 60% 的基础上，阴性片判读的正确率高于 99%，阳性病变的检出率也超过 99.9%。这是目前国际已公布的国内外 AI 辅助宫颈癌筛查的最高水平。

2）DeepMind 还在 Nature Medicine 上发表了一项里程碑式的医疗 AI 研究成果，它的 AI 系统能够对常规临床实践中的眼球扫描结果进行快速诊断，可识别 50 余种眼部疾病，准确率与眼科专家一样出色，甚至更好。

2. 医疗机器人

目前实践中的医疗机器人主要有两种：

1）能够读取人体神经信号的可穿戴型机器人，也成为"智能外骨骼"。

2）能够承担手术或医疗保健功能的机器人，以 IBM 开发的达·芬奇手术系统为典型代表。

3. 智能药物研发

智能药物研发是指将人工智能中的深度学习技术应用于药物研究，通过大数据分析等技术手段快速、准确地挖掘和筛选出合适的化合物或生物，达到缩短新药研发周期、降低新药研发成本、提高新药研发成功率的目的。

4. 智能诊疗与健康管理

智能诊疗就是将人工智能技术用于辅助诊疗中，让计算机"学习"专家医生的医疗知识，模拟医生的思维和诊断推理，从而给出可靠诊断和治疗方案。智能诊疗场景是人工智能在医疗领域最重要、也最核心的应用场景。

5. 智能影像识别

智能医学影像是将人工智能技术应用在医学影像的诊断上。人工智能在医学影像应用主要分为两部分：

1）图像识别，应用于感知环节，其主要目的是将影像进行分析，获取一些有意义的信息。

2）深度学习，应用于学习和分析环节，通过大量的影像数据和诊断数据，不断对神经元网络进行深度学习训练，促使其掌握诊断能力。

B.4　AI+零售

AI 技术在新零售行业的应用主要体现在从智慧门店、智能买手、智能仓储与物流、智能营销与体验、智能客服等各环节场景中。在具体应用中，AI 能通过视觉模块、AI 大数据分析等实现图像识别、动作语义识别和人脸识别技术的最终集合与升级，从而为传统零售业态插上智慧的翅膀。

未来，自助售货机、便利店等，每一种小业态的年增长量都将呈爆发式增长。而无人零售的目的就在于提升效率、降低成本，最终目标也是运用人、货、场的数据，撬动整个产业链。

B.5　AI+投行

1. 智能财务

德勤财务机器人的 H5 界面里，可以看到它具备了以下几大功能：

1）可替代财务流程中的手工操作（特别是高重复的）；

2）管理和监控各自动化财务流程；

3）录入信息，合并数据，汇总统计；

4）根据既定业务逻辑进行判断；

5）识别财务流程中优化点；

6）部分合规和审计工作将有可能实现"全查"而非"抽查"；

7）机器人精准度高于人工，7*24 小时不间断工作；

8）机器人完成任务的每个步骤可被监控和记录，从而可作为审计证据以满足合规要求；

9）机器人流程自动化技术的投资回收期短，可在现有系统基础上进行低成本集成。

2. 智能投融资

摩根大通家的 AI 将 36 万小时的工作缩至秒级。

曾经汇聚全球顶尖金融人才的华尔街可能率先被人工智能攻陷。据外媒报道，摩根大通利用 AI 开发了一款金融合同解析软件。经测试，原先律师和贷款人员每年需要 360000 小时才能完成的工作，这款软件只需几秒就能完成。而且，不仅错误率大大降低，重要的是它还从不放假。

B.6　AI+ 制造

互联网＋ 5G ＋人工智能的应用，最终将服务于以下 3 种场景。

1. 产品注智
从软件和硬件对制造业进行升级，通过互联网将信息注入，为产品提供人工智能算法，促成制造业新一代产品的智能升级。如谷歌开发出的专用于大规模机器学习的智能芯片 TPU，腾讯 AI 对外提供计算机视觉 AI 能力的开放平台均是如此。

2. 服务注智
通过人工智能和互联网的结合，为制造企业提供精准增值服务。售前营销阶段通过人工智能对用户需求进行分析，实现精准投放。在售后服务方面，以物联网、大数据和人工智能算法，实现产品检测和管理，同时为可能出现的风险进行预警，进一步加强对售后的管理。在此方面比较好的一个例子就是三一重工结合腾讯云，把分布全球的 30 万台设备接入平台，利用大数据和智能算法，远程管理庞大设备群，这样的方式大大提升了设备运营效率，同时还降低了运营成本。

3. 生产注智
通过互联网将人工智能技术注入生产流程，使机器能够应对多种复杂情况的生产，进一步提升生产效率。这种场景应用目前比较多的应用于工艺优化，通过使机器学习健康的产品模型，完成质检，视觉识别等功能。

B.7　AI+IT 服务

1. 智能维护
人工智能驱动的预测分析通过利用数据、复杂的算法和机器学习技术来基于历史数据预测未来的结果，给 IT 服务商提供更好的服务。

2. 虚拟助手
沃达丰推出了新的聊天机器人 TOBi 来处理一系列客户服务的问题。聊天机器人对简单的客户查询进行分级响应，从而满足客户的速度需求。诺基亚的虚拟助手 MIKA 提出了解决网络问题的方案，使首次解决率从 20% 提高到 40%。

3. 机器处理自动化
服务商都有大量的客户和无穷无尽的日常事务，而每个事务都容易出现人为错误。机器处理自动化（RPA）是一种基于 AI 的业务处理自动化技术。RPA 让服务商可以更容易地管理其后台操作和大量重复的、基于规则的处理任务，给工作带来更高的效率。

B.8 AI+汽车

1. AI 重新定义驾驶

在国内方面，汽车企业也开始争先在这一领域布局。北汽首款 AI 智能汽车绅宝智行正式上市，北汽也借此开启智能化转型道路；长安汽车发布首款搭载腾讯车联生态系统的车型 CS35 PLUS，将 AI 与智能打造成为核心卖点；东风风神发布其人工智能车机系统 WindLink3.0，该系统由东风风神、百度、博泰三方共同开发等。

国外方面，特斯拉推出 ROADSTER、Model S 和 Model X 等多款具备自动驾驶 L2 级别的轿车，车辆具备半自动驾驶能力；AI 芯片巨头英伟达 2017 年底推出面向自动驾驶应用的人工智能超级计算机 Drive PX Pegasus，该平台能够赋予车辆半自动驾驶能力；谷歌母公司 Alphabet 旗下自动驾驶公司 Waymo 将于今年年底推出商业化无人驾驶网约车业务。

2. 全面升级传统产业

除了自动驾驶的应用外，在汽车产业的上下游，也有着对于人工智能的使用。

一个典型的例子就是智能工厂。在汽车生产制造和物流方面，人工智能有着天然的优势。以往汽车制造业属于劳动密集型产业，经过智能化改造后的生产线几乎可以实现全自动化。新京报记者此前在北京奔驰制造工厂参观时发现，车间内几乎实现无人化生产，只有技术人员进行必要的检修操作，生产效率大大提升。

B.9 AI+公共安全

1. 犯罪侦查智能化

依托安防行业的信息化基础以及积累的专业知识，犯罪侦查成为人工智能在公共安全领域最先落地的场景。各大安防巨头和人工智能独角兽企业纷纷在该方向上进行智能化布局，相关产品涌现，大致可分为 3 类：

1）身份核验类产品。

2）智能视频监控类产品。

3）视频结构化类产品。

2. 交通监控场景智能化

人工智能在交通监控的应用主要有两类产品：一是交通疏导类。该类型产品利用获取的路口路段车流量、饱和度、占有率等交通数据，通过优化灯控路口信号灯时长，以达到缓解交通拥堵的目的。如，山东青岛公安交警部门通过布设的 1200 余台高清摄像机，4000

处微波、超声波、电子警察检测点，组建智能交通系统，实时优化城市主干道、高速公路及国省道的红绿灯情况，使得整体路网平均速度提高 9.71%，通行时间缩短 25%，高峰持续时间减少 11.08%。二是违法行为监测类。一些智能交通系统可利用视频检测、跟踪、识别等技术，根据车辆特征、驾乘人员姿态等图像数据，有效地识别违法行为。特别是针对"假牌"、"套牌"、"车内不系安全带"、"开车打电话"等需要人工甄别的违法行为，这些智能交通系统不仅事半功倍，而且有效地减少人工投入，大幅提升工作效率。

3. 自然灾害监测智能化

英国邓迪大学的研究人员利用自然语言理解等人工智能技术，在 Twitter 中提取的社交数据，来判断洪水灾害侵袭的重点区域和受灾程度，为政府救灾部门提供支持。

推荐阅读